NONGYE YONGSHUI DONGTAI PINGJIA
YU XUSHUI YUCE

农业用水动态评价与需水预测

沈莹莹　崔　静　王　蕾　彭致功　陈梦婷　著

·北京·

内 容 提 要

随着水资源供需矛盾日益突出和对供水保障要求的提高，迫切需要对水资源实行更加精细化的管理，传统的农业用水统计核算一般在年时间尺度上进行，在时效性和精细化程度上难以支撑水资源动态管理的现实需求，迫切需要服务于水资源管理调度和基于多源动态监测数据，以月为时间尺度的农业用水评价新理论、技术与方法。本书系统总结了课题组近年来在农业灌溉用水量监测分析、农业用水量统计核算与分析评价、预测等方面的研究成果，主要内容包括基于多源融合信息的典型区农业灌溉用水量分析技术、农业用水动态综合评价方法、全国不同区域农业用水量动态评价及变化规律分析、农业灌溉需水月尺度预测等。

本书可为从事农业灌溉用水管理的技术人员和管理人员使用，可为基于不同时间尺度的农业用水监测分析、统计核算与分析评价、预测等提供参考依据。

图书在版编目（CIP）数据

农业用水动态评价与需水预测 / 沈莹莹等著. -- 北京 : 中国水利水电出版社, 2024.6
ISBN 978-7-5226-2314-6

Ⅰ. ①农… Ⅱ. ①沈… Ⅲ. ①农田水利－水资源管理－研究－中国②农村给水－水价－研究－中国 Ⅳ. ①S279.2②F426.9

中国国家版本馆CIP数据核字(2024)第028579号

审图号：GS京（2024）0706号

书　　名	**农业用水动态评价与需水预测** NONGYE YONGSHUI DONGTAI PINGJIA YU XUSHUI YUCE
作　　者	沈莹莹　崔静　王蕾　彭致功　陈梦婷　著
出版发行	中国水利水电出版社 （北京市海淀区玉渊潭南路1号D座　100038） 网址：www.waterpub.com.cn E-mail：sales@mwr.gov.cn 电话：(010) 68545888（营销中心）
经　　售	北京科水图书销售有限公司 电话：(010) 68545874、63202643 全国各地新华书店和相关出版物销售网点
排　　版	中国水利水电出版社微机排版中心
印　　刷	天津嘉恒印务有限公司
规　　格	170mm×240mm　16开本　15.75印张　318千字
版　　次	2024年6月第1版　2024年6月第1次印刷
印　　数	0001—1000册
定　　价	**79.00**元

前言

PREFACE

我国南方水多、地少，北方地区地多、水少，水土资源不匹配，北方地区耕地面积占全国的58%，水资源仅占全国水资源量的19%；南方地区耕地面积占全国的42%，水资源量却占全国的81%。降雨与农作物生长需水时间不匹配，水土资源空间不匹配，使得我国农业生产、粮食安全高度依赖于灌溉排水。随着水资源供需矛盾日益突出和对供水保障要求的提高，需要对水资源实行更加精细化的管理。目前国内外传统的农业用水评价主要基于调查统计数据，重点服务于水资源规划配置，一般在年时间尺度上进行，在时效性和精细化程度上难以支撑水资源动态管理的现实需求。

目前我国粮食供求处于紧平衡状态，从长远看，随着我国城镇化进程加快和城乡居民消费结构升级，对粮食等主要农产品的需求呈持续增长态势。在水资源等资源环境压力日益加大的背景下，粮食和农产品生产面临的水的挑战越发突出。应对这些挑战，保障粮食安全、水安全、生态安全，迫切需要大力发展农业节水灌溉，转变粗放用水管理方式，严格与精细化农业用水管理，动态跟踪分析与评估逐月、逐季农业用水过程和变化规律；迫切需要及时、准确预测农业用水需求，适时优化配置有限水资源，为农业生产、粮食安全提供用水保障，提高农业抗灾减灾能力。

综上，开展农业用水月尺度动态评价和需水预测技术研究，分析农业用水月尺度变化规律和关键影响因素，提出月尺度农业用水综合评价方法和灌溉需水预测方法，对于保障国家粮食安全、促进农业用水精细化管理与灌溉需水大尺度精准预测、提高水资源严格管理与精细化管理能力、提升水资源利用效率具有重要的现实意义和理论价值，十分必要。

本书系统总结了课题组近年来在农业灌溉用水量监测分析、农业用水量统计核算与分析评价与预测等方面的研究成果，主要内容包括基于多源融合信息的典型区农业灌溉用水量分析技术、农业用水动态综合评价方法、全国不同区域农业用水量动态评价及变化规律分析、农业灌溉需水月尺度预测等，可为基于不同时间尺度的农业用水监测分析、统计核算与分析评价、预测等提供参考依据。

本书共分6章：第1章介绍研究背景及意义，并系统总结了相关的研究进展；第2章提出了基于多源融合信息的典型区农业灌溉用水量分析技术，并介绍了典型区的多源融合月尺度农业灌溉用水监测分析成果；第3章在对农业灌溉用水关键影响因素和农业用水时空变化特征进行分析的基础上，提出了基于模型计算和调查统计的两种农业用水月尺度动态评价方法；第4章按照第3章所述方法，基于现实可获取的监测、调查和统计数据，建立了区域农业灌溉用水月尺度动态评价模型，得到了全国不同区域农业用水量月尺度计算结果，并开展了全国不同区域农业用水量月尺度时空动态变化规律分析；第5章提出了基于中长期天气预报的参考作物需水量预报方法和基于自反馈技术的灌溉需水量预测实施动态修正方法，通过建立预测模型，开展了全国不同区域农业灌溉用水月尺度需水预测工作。第6章对本书进行总结，并对后续的研究进行了展望。

相关研究成果除在多次国际、国内会议上进行交流外，还分别以学术论文的形式在 *Agricultural Water Management*，*Desalination and Water Treatment*，*Sensors*，*Water*，*Irrigation & Drainage*，《灌溉排水学报》、《中国农村水利水电》等国内外多家期刊上进行发表，主要成果也被水利部相关司局在编制《用水统计调查制度》时采纳。

本书主要基于“十三五”重点研发计划课题——农业用水动态评价与需水预测（课题编号：2018YFC0407703）研究工作，特别感谢课题负责人韩振中、张绍强两位二级教高，罗玉峰教授、霍再林教授、苏涛副教授、张倩副教授，以及孙浩然、林一凡、魏童彤、宫俪芹、周亮、李文君、王伟等研究生。

作者真诚感谢在研究过程中先后合作过的同事和朋友，感谢多次对本书提出宝贵意见的各位专家，特别对各位典型灌区和试验站的各位同事表示衷心的谢意。

在本书编写过程中，参考和引用了相关资料和许多国内外文献，在此对相关专家、教授和同事表示感谢。

由于编写组水平有限，书中难免有不足之处，敬请读者和有关专家予以批评指正，我们将会在收到意见时积极研究采纳。

作者

2023年12月

目录 ↘

CONTENTS

第1章 综　　述

1.1 研究背景

我国降水时空分布不均、水土资源组合不平衡非常突出。全国多年平均降水量650mm。在空间上，降水量由东南沿海向西北内陆递减，东南地区年平均降水量1000mm以上，西北地区年平均降水量不足400mm，一些地区甚至不足50mm，一半以上的国土面积处于干旱半干旱地区；在时间上，降水量和径流量的年内年际变化大，据统计，我国大部分地区连续最大4个月降水量占全年的70%左右，南方大部分地区连续最大4个月径流量占全年径流量的60%左右，华北、东北的一些地区可达全年径流量的80%以上。我国南方水多、地少，北方地区地多、水少，水土资源不匹配，北方地区耕地面积占全国的58%，水资源仅占全国水资源量的19%；南方地区耕地面积占全国的42%，水资源量却占全国的81%。降水与农作物生长需水错位，水土资源错位，使得我国农业生产、粮食安全高度依赖于灌溉排水。

2019年我国政府发布了《中国的粮食安全》白皮书，根据白皮书的数据，我国谷物自给率超过95%，实现了由"吃不饱"到"吃得饱"，并且"吃得好"的历史性转变。在人多、地少的不利条件下，我国基本保障了粮食安全，主要是因为，过去20年来，持续加大节水供水重大水利工程建设，不断完善农田水利设施，提高水资源利用效率；推进种植结构调整，增加绿色优质粮油产品供给。我国是一个农业大国，农业是用水大户，也是水资源消耗大户。农业用水包括农业灌溉用水和鱼塘补水、畜牧养殖等用水，其中，农业灌溉用水包括耕地、林地、园地和牧草地等灌溉用水量。根据《2019年中国水资源公报》，2019年，我国经济社会用水总量为6021.2亿m^3，农业用水量达到了3682.3亿m^3，占总用水量的61.2%；农业用水量中，耕地灌溉用水量3244.3亿m^3，占农业用水量的88.2%，是农业用水的主要部分；林果灌溉用水量196.8亿m^3，占农业用水量的5.3%；草场灌溉用水量27.5亿m^3，占农业用水量的0.7%；渔塘补水用水量132.8亿m^3，占农业用水量的3.6%；牲畜用水量80.9亿m^3，占农业用水量的2.2%。农业耗水量2387.6亿m^3，为农业用水总量的64.8%。灌溉水有效利用系数0.559，还有提升潜力。

人多、地少、水资源不足是我国的基本国情，目前我国粮食供求处于紧平衡状态。从长远看，随着我国城镇化进程加快和城乡居民消费结构升级，对粮食等主要农产品的需求呈持续增长态势。在水资源等资源环境压力日益加大的背景下，粮食和农产品生产面临的水的挑战越发突出。一是水旱灾害频繁发生。东北、华北地区几乎年年发生春旱；长江以南地区降水丰富，但降水时间分布不均，经常发生夏旱、秋旱。对农业生产不利的自然降水条件，加上灌排设施落后，使得水旱灾害发生频繁。近10年来，由于水旱灾害造成年均粮食减产2000万～3000万t，占同期粮食年均总产量的4%～6%，世界先进国家水旱灾害粮食损失不足粮食总产的2%，差距非常明显。二是农业生产用水供需矛盾日益突出。由于农业生产的季节性强，区域性、季节性缺水给农业生产带来很大影响。据估计，正常年份全国农田灌溉缺水在250亿 m^3 以上。三是随着城镇化进程加快与工业发展，城市用水、工业用水与农业用水的矛盾越来越尖锐，尤其是在北方干旱缺水地区、南方水质污染导致的水资源紧缺地区尤为严重。四是水资源过度开发利用引起一系列生态环境问题，河流断流、湿地湖泊萎缩、地下水超采、粗放灌溉引起农业面源污染等问题突出。应对这些挑战，保障粮食安全、水安全、生态安全，迫切需要大力发展农业节水灌溉，转变粗放用水管理方式，严格与精细化农业用水管理，动态跟踪分析与评估逐月、逐季农业用水过程和变化规律；迫切需要及时、准确预测农业用水需求，适时优化配置有限水资源，为农业生产、粮食安全提供用水保障，提高农业抗灾减灾能力。

2012年，《国务院关于实行最严格水资源管理制度的意见》（国发〔2012〕3号）中提出，到2020年，全国用水总量力争控制在6700亿 m^3 以内。2013年，国务院办公厅印发《实行最严格水资源管理制度考核办法》（国办发〔2013〕2号）第四条明确提出将对各省（自治区、直辖市）实行最严格水资源管理制度目标完成、制度建设和措施落实情况进行考核。为支撑水资源管理考核工作，需要科学、合理地核算农业用水量指标。另外，随着水资源供需矛盾日益突出和对供水保障要求的提高，需要对水资源实行更加精细化的管理。目前国内外传统的农业用水评价主要基于统计数据，重点服务于水资源规划配置，一般在年时间尺度上进行，在时效性和精细化程度上难以支撑水资源动态管理的现实需求，迫切需要服务于水资源管理调度和基于多源动态监测数据的以月为时间尺度的农业用水动态评价和需水预测的新理论、新技术和新方法。

综上所述，开展农业用水月尺度动态评价和需水预测技术研究，分析农业用水月尺度变化规律和关键影响因素，提出月尺度农业用水综合评价方法和灌溉需水预测方法，对于保障国家粮食安全、促进农业用水精细化管理与灌溉需水大尺度精准预测、提高水资源严格管理与精细化管理能力、提升水资源利用效率具有重要的现实意义和理论价值，十分必要。

1.2 研究现状

1.2.1 农业用水动态评价技术

在农业用水动态评价方面，目前国外发达国家仍以抽样调查等统计分析方法为主，基本按照供水水源、行政区划、行业类别等类型统计。少数国家对个别月度进行重点调查和抽样问卷调查，对于区域月尺度农业用水调查与评价仍未见相关报道。近年来，随着数据获取、传输和处理技术的发展，新技术新方法越来越多地应用于灌溉耗水与用水监测，开始利用基于星、机、地多源数据融合技术监测分析作物耗水和灌区用水，进行年度农业用水调查与评价，分析年际农业用水量变化情况。

我国农业用水动态评价方面，利用样点统计与综合分析方法对全国、各省（自治区、直辖市）及流域的年度农业用水量进行分析；通常与灌区用水计划、水费计收、水量调配等相关管理工作结合，进行灌区尺度下的灌溉季节灌溉供用水量分析，成果限于灌区管理单位使用，尚未形成一套规范的技术方法。目前，国内尝试利用卫星遥感等先进技术在特定区域开展作物耗水规律研究，但尚未开展区域月尺度农业灌溉供用水动态变化规律相关研究。

1.2.1.1 基于多源融合信息的典型区农业灌溉用水量监测

灌区耗水、用水的监测和分析是开展灌溉规划与管理的技术基础，一直是发达国家水资源管理的研究重点，在水量平衡、能量平衡以及作物生长特性、环境因子监测和变化规律分析等方面有大量的研究成果。传统方法以地面站点观测数据和空间统计分析方法为主导建立灌溉用水模型，大部分基于 Penman 公式估算作物需水，通过水平衡和灌溉效率分析估算灌溉用水。随着数据获取、传输和处理技术的发展，新技术新方法越来越多地应用于灌溉耗水与用水监测，地面无线传感器网络结合遥感技术反演成为区域作物耗水监测的国际研究热点，基于星、机、地多源数据融合的近地遥感作物耗水监测和灌区用水分析方法，将逐渐成为现代灌区水资源监控和管理的必然选择和重要支撑。

开展月尺度灌溉用水监测分析，是未来我国农业灌溉宏观层面管理和水资源管理迈向精细化、动态化和全面现代化的必然要求，近年来，我国卫星、无人机遥测技术突飞猛进，大尺度数据直接观测能力的提升，为大区域大尺度行业应用研究开辟了新的数据来源，同时也对区域数据的分析方法提出了新的要求。国内多家科研单位在利用传统观测手段和分析方法进行短期灌溉预报方面取得了丰富的成果，在遥感反演耗水及应用方面也开展了相关研究，融合多源信息开展耗水用水监测评价研究是当前国内农业灌溉水资源管理研究热点之一。

作物种植结构、耗水和实际灌溉范围，是农业灌溉用水分析的关键基础数

据，其空间分布也是空间精细化管理的必需数据，除统计方法外，国内外研究者基于遥感数据也开展了大量研究。作物种植结构主要基于影像所呈现的光谱特征、时相特征、空间特征提出分类指标［常见指标如NDVI（归一化植被指数）、LSWI（地表水分指数）、EVI（增强型植被指数）、后向散射系数、时相变化指标、纹理特征指标等］，结合面向对象和面向像元的常见分类方法（如最大似然法、决策树法、随机森林、支持向量机、深度学习方法等），开展常见农作物分类（如水稻、小麦、玉米、油菜等）。基于遥感数据的作物耗水分析方法包括统计经验法、特征空间法和能量平衡法，国内外应用较多的代表性遥感反演模型包括SEBAL（陆地表面能量平衡算法）模型、METRIC（使用内部校准绘制蒸散量图）模型、SEBS（地表能量平衡系统）模型、TSEB（双源能量平衡）模型等，经多年发展，基于地表能量平衡的方法逐渐成为蒸散发遥感反演的主流方向，其中单源模型更适宜较湿润和植被较丰富地区，双源模型更适宜干旱、植被稀疏地区。灌溉面积的遥感监测可通过反演地表参数，根据其中敏感指标的差异性进行分类，从而获得灌溉面积空间分布，常用的地表参数通常包括土壤含水量（SM）、土壤粗糙度、地表温度（LST）、蒸散等。

目前虽然利用遥感数据开展农业耗水、用水相关的研究较多，但是大多针对个别区域典型作物采用单一指标进行分析，受遥感影像可获得性以及时空分辨率制约，难以针对月尺度或逐次灌溉进行较高精度的连续监测分析，如MODIS（中分辨率成像光谱仪）有较为成熟的短时间尺度ET（陆面蒸散）产品MOD16，但空间精度较低，8d数据分辨率为500m，月数据分辨率为1km，适用于流域、省级以上较大空间尺度分析，对于较小尺度区域如市、县、灌区等，其空间精度和数据精度均难以满足灌溉水资源管理的需求。此外，利用多源遥感数据与地面多源融合信息开展区域月尺度的耗水与灌溉用水关系分析尚无成熟方法，需开展相关研究。

1.2.1.2 农业用水动态综合评价方法

多数国家和国际组织在农业灌溉供用水信息统计方面采取统计评估报告的形式，辅以遥感技术等多种手段，统计方法一般以抽样调查为主，统计周期多为1年，一般会定期开展普查。美国的统计报表制度以抽样调查为主，其他手段为补充，并定期进行普查，普查周期为5年，抽样调查的周期为1年，而且每月还进行月度重点调查和抽样问卷调查，以保证统计信息的客观、及时和准确。另外，美国农业部（USDA）每5年进行一次农场和牧场灌溉调查，对上一年的农业普查进行补充。加拿大供用水的统计方法与美国类似，即采用普查与抽样调查相结合的方法，并用邮寄问卷的方式收集数据。欧盟统计局供用水统计也采用问卷调查的方式。英国环境、食品与农村事务部自2012年起每年更新一次全国取水统计信息，基本按照供水水源、行政区划、行业类别等类型统计，重点关注行业年

尺度用水变化，尤其重视污水排放量、再生水利用在总用水量中的比重。

1997年起，水利部每年发布《中国水资源公报》，内容包括各流域、各省级行政区域年度农业用水量等相关信息，各流域和省级行政区域也均发布地方水资源公报。灌区尺度下的灌溉用水量统计，通常与灌区用水计划、水费计收、水量调配等相关管理工作结合，供用水量信息仅限于供水单位使用，并未形成一套公开的公报制度。目前，国内尝试利用卫星遥感等先进技术在特定区域开展作物耗水规律相关研究，但尚无从水资源管理角度出发，针对月尺度农业灌溉供用水动态变化规律的相关研究。随着水资源矛盾的日益突出，作为用水大户的农业灌溉，已逐步形成灌溉单元标准化、用水管理精细化、供水系统智能化的发展态势。

1.2.1.3 农业用水动态评价及变化规律分析

目前，国外对农业用水评价一般为年尺度，以行政区为评价单元。如美国地质调查局自1950年起每5年发布一次美国用水评估报告，抽样调查的周期为1年，每月还进行月度重点调查和抽样问卷调查，主要是保证数据质量可靠。英国环境、食品与农村事务部每年更新一次全国取水统计信息，也主要关注年尺度用水变化。在农业用水评价方面，美国地质勘探局（USGS）在国家水资源普查项目中开发了新的水量核算工具并评估区域和国家层面的水供应情况，整合关于水供应和利用的各种研究，加强对水质和水供应之间联系的了解；联合国粮食及农业组织（FAO，以下简称“联合国粮农组织”）的水土司和德国伯恩大学合作开发了一个全球灌溉制图工具，该工具绘制的全球灌区地图（GMIA）提供了大多数国家的地区灌溉统计数据，包括有关灌溉用水源的信息。国外目前对年度不同行业包括灌溉用水评价做了大量工作，但对于不同区域不同行业月尺度供用水时空变化尚未开展相关研究。

我国在区域农业用水量月尺度动态评价方面还没有相关研究，目前还停留在对农业用水量按年度或季度进行统计的层面。我国农业用水量的权威统计数据主要来自每年发布的全国及各省（自治区、直辖市）、流域水资源公报。2014年3月水利部办公厅印发了《用水总量统计方案（试行）》，方案中农业用水量（包括农业灌溉和畜禽养殖）充分借鉴了2011年水利普查中典型调查、由点及面、综合推算的技术方法，并对统计的工作量和可操作性进行了统筹考虑，比水资源公报传统的定额匡算方法在准确性上有了很大的提高。用水总量统计方案下发后，水资源公报的统计精度有了很大提高，截至2016年底，共有4461个农业灌区调查对象和部分规模化养殖场调查对象按季度填报了农业灌溉用水量相关资料，但距离农业用月尺度水动态评价还有较大差距。在灌区研究层面，除调查统计方法外，国内有学者采用水量平衡原理分析计算多个典型灌区的实际农业用水量，并分析影响因素及其变化规律；随着遥感技术的发展，有的学者开发了基于多源遥感数据的胶东黄岛区农业用水量动态检测系统，进行农作物的长势及灌溉需水量、用水量的动态监测，可为农业生产和区域用水总量检测工作提供及时准确的检测与评估信息。

2018年以来，利用本书中间研究成果，逐步完善了全国用水总量统计网络和统计内容，全国灌区调查对象数量不断增加，初步形成了以灌区调查对象为基础的调查统计网络。在最新的“用水统计调查直报管理系统”中，部、流域、省、市、县、灌区等不同层级的技术人员利用统一的技术方法、统一的软件平台开展工作。灌区管理单位技术人员利用平台进行灌区数据填报，县、市、省和流域水行政主管部门技术人员进行数据的复核、核算、汇总和成果的上报，部级技术人员利用平台对各省（自治区、直辖市）上报成果进行复核与汇总，得到全国、省域和水资源分区年度农业用水量数据。截至2020年10月，“用水统计调查直报管理系统”中的灌区名录已经基本填报完成，约13000处，包括全部大中型灌区（约7000处）和典型小型灌区（约6000处），以灌区调查对象为基础的农业用水量统计网络基本构建完成。截至2021年2月底，灌区已经基本完成年度农业用水量数据填报工作。

1.2.2 农业灌溉需水预测技术

面对日益严峻的农业水资源短缺形势，农业用水优化配水管理尤为必要，农业用水量精准预报是优化配水管理的前提。作物需水量研究始于水量平衡理论（如称重法），而后随着能量平衡法与水汽扩散理论等获得突破性进展，特别是彭曼在能量平衡法基础上提出了彭曼公式，该公式仅依靠气象观测资料就可计算，突破了地域限制。在20世纪80年代中期，水利部曾组织全国各省（自治区、直辖市）的200多个灌溉试验站，对全国主要农作物的需水量与灌溉制度进行了试验研究。此后，在南水北调规划项目中，水利部农田灌溉研究所与中国水利水电科学研究院合作，对北方地区20多种作物在不同典型年下作物需水量与灌溉需水量进行了研究。由于经验法推广受限制，而水量平衡法也受制于土壤水分特性参数与作物特征参数等不易获取，区域主要作物需水量研究多以作物系数法计算作物需水量为主，并结合生育期内有效降水量推求，估算作物灌溉需水量。上述研究成果多以作物整个生育期尺度进行，主要用于“静态用水计划”，特别是在编制不同水文年灌溉用水计划时基本合理，但是在实际灌溉过程中，由于现状气候因素、土壤因素及作物因素等难以与典型年的情况相同，利用该成果编制“静态用水计划”，在时效和精细化程度上难以支撑宏观尺度上农业用水动态化管理需求，也不利于农业用水节水增效稳产等目标实现。随着人类活动对自然水循环影响程度加深与水危机加重，为保障水资源可持续开发利用，对水资源时效性与准确性的要求不断提高，亟待开展月尺度水资源评价等相关技术研究，而农业作为第一用水大户，其月尺度用水规律与用水预报研究尤为关键。目前作

物灌溉需水量预测研究以1～10d内的短期预报研究为主，由于短期天气预报精度大幅提升，加之大多短期灌溉水量预报研究与田间观测试验密切结合，短期灌溉需水量预报精度较高，能够满足站点尺度农业用水精细化管理要求，但是对于10d以上的中长期灌溉需水量预报研究成果偏少，迫切需要开展相关研究以满足宏观农业用水动态化与精细化管理要求。对于规模化农业用水管理和农业用水优化配置，配水所需时间较长，一般要大于10d，甚至较1个月更长，所以短期灌溉需水量预报就仍难以满足规模化灌区动态化、精细化配水管理要求。由于短期灌溉需水量预报以土壤墒情测报为主，而中长期灌溉需水量预报主要通过预报作物需水量与有效降水量差值获得，月尺度灌溉需水量预报涉及的关键参数主要包括参照作物需水量、作物系数及有效降水量等，各关键参数研究进展具体如下。

1.2.2.1 参照作物需水量

FAO－56 Penman－Monteith（P－M）公式因需要率定的参数少、且在多地广泛应用、公认精度较高，被联合国粮农组织推荐为计算参照作物需水量的标准方法。在我国2000多个气象观测站点中仅114个能获得实测太阳辐射数据，所以在P－M公式中太阳辐射主要采用Ångström－Prescott公式（Å－P公式）的估算获得，且Å－P公式的a、b系数多采用FAO的推荐值。如果没有多年实测的太阳辐射值来标定参数a和b，推荐采用$a=0.25$，$b=0.50$。FAO推荐的a、b值是联合国粮农组织在国外多年平均区域气候资源的基础上提出的，具体到我国由于受到天空云量、地理位置、海拔、气候等因素的影响，FAO推荐值与国内实际情况能否相符有待进一步研究。

灌溉需水量预报的前提是作物需水量预报，利用实测气象资料进行预测势必会造成预报结果的滞后。国内外学者对ET_0预报研究主要归为两类：一类为包括时间序列法、灰色模型法及人工智能算法的直接法；一类为以天气预报数据为基础的间接法，具体分为温度法、辐射法及综合法。直接法计算精度以Penman－Monteith计算结果为评价标准，多以单个站点研究为主，各地经验参数存在较大差异，难以大规模推广应用。近年来随着气象参数预报精度逐步提高，利用天气预报信息为基础的间接法估算ET_0已被证实是可行的。天气预报分为数值天气预报及公共天气预报，数值天气预报信息进行ET_0预报的准确率高，但我国数值天气预报信息还未对公众开放，进行ET_0预报较为困难；公共天气预报信息获取较为方便，利用公共天气预报信息进行ET_0预报研究具有可行性。国内外以1～10d预报周期的参照作物需水量研究为主，而中长期或月尺度的参照作物需水量研究较少涉及，开展中长期参照作物需水量预报研究是进行月尺度农业灌溉需水量预报的关键。

1.2.2.2 作物系数

作物系数是估算作物需水量的关键因子，其大小受土壤水分状况、作物栽培技术、田间管理水平、作物生物学性状等因素影响。目前，作物系数的计算方法主要有 FAO 推荐的单作物系数法、双作物系数法。双作物系数法估算作物需水量精度较高，适用于农田水分精细化管理和农田水分的规律研究，但其计算过程比较复杂，需要的参数较多。单作物系数法估算过程相对简单，一般适用于灌溉制度的确定。同一作物在不同地区种植，其作物系数存在一定差异，应该根据当地实际情况对 FAO 推荐的作物系数进行必要修正。由于影响作物系数的因素较多，确定作物系数最合理的方法就是通过当地试验结合 FAO 推荐值，在没有实测资料的情况下，采用 FAO 推荐值或修正作物系数，估算作物需水量。本书在充分调研各灌溉试验站的多年实测作物系数数据的基础上，结合当地实际情况对 FAO 推荐的单作物系数进行修正，作为全国各作物灌溉需水量预报中作物系数取值。

1.2.2.3 有效降水量

有效降水量是指在旱作条件下满足农作物蒸散过程的那部分降水量，而未用于农作物蒸散的部分降水量，诸如地表径流、渗漏至作物根系层以下无法被作物吸收利用的部分以及淋洗盐分所需的深层渗漏等则被认为是无效水分。影响有效降水量变化的因素错综复杂，作物种类的不同、生长发育阶段以及各阶段的需水耗水特性、某时段的降水强度、降水前土壤含水率、土壤结构与质地、地形平整程度、地下水埋深以及田间耕作与管理措施等因素都对其有所影响。作物生育期有效降水量的计算是进行灌溉需水量计算最为关键的环节之一，国内外学者对此做了大量研究工作，主要分为水量平衡法与经验公式法，其中水量平衡法计算结果准确可靠，但由于所需数据资料繁杂，诸如作物生长参数、土壤含水量、土壤质地、灌溉制度等，难以大规模进行推广应用，而参数简洁易推广的经验公式法以 USDA 法、USDA－SCS（美国农业部土壤保持局）法、USDA－SCS 修正法与比值法等 4 种方法为代表。

1.3 研究目标与主要研究内容

1.3.1 研究目标

国内外农业用水评价主要基于统计调查数据，重点服务于水资源规划配置，一般在年时间尺度上进行，在时效性和精细化程度上难以满足水资源动态管理的现实需求；基于遥感数据开展局部区域针对单个因素的研究较多，但系统地将遥感和传统监测评估体系以及灌区工程管理等信息有机融合、用于月尺度灌溉用水监测和分析的较少，多源数据融合和利用不充分，在实地监测和统计上报过程中也未考虑与遥感监测手段配合，尚未形成长期、立体的监测网络；农业灌溉需水预报方面，利用传统观测手段和分析方法进行短期灌溉预报方面取得了丰富的成

果，但中长期预报水平普遍不高。为满足水资源与农业用水精细化、智慧化管理要求，迫切需要研究提出以月为时间尺度的农业用水动态评价和需水预测的新理论、新技术和新方法。

针对月尺度农业用水管理中存在的农业用水动态变化规律不清晰、多源融合信息对农业用水监测支撑不明确、中长期农业灌溉需水量预测水平不高等问题，本书开展农业用水动态评价与预测技术研究，提出多源信息融合的典型区农业灌溉用水量月尺度分析、月尺度农业灌溉用水动态评价及灌溉需水预测等关键技术，为水资源和农业用水精细化、动态化管理提供科技支撑。

1.3.2 主要研究内容

本书所述“动态”是指针对农业用水开展“月”时间尺度上的用水评价、变化规律分析和需水预测。研究提出农业灌溉用水立体监测网络构建方法，结合农业用水动态综合评价方法和遥感监测等多种技术手段，利用历史资料、统计数据、理论计算模型等，开展不同区域月尺度农业用水变化与分布规律研究；以农业用水动态评价模型为基础，利用基于多因子时空变异性与自反馈动态修正技术预测关键影响因子，开展月尺度灌溉需水预测。研究方法与结果在黄河流域、黑龙江省等区域进行了实践应用，同时，全国不同区域的农业用水评价和需水预测成果为本书开展水资源动态情势研判提供基础依据，农业灌溉用水月尺度动态综合评价分析模型为本书构建国家水资源月度动态评价与预测系统平台提供农业用水模块的技术支持。

1.3.2.1 基于多源融合信息的典型区农业灌溉用水量分析技术研究

(1) 根据全国种植的大宗作物选择典型区，以多源遥感影像数据为主，地面观测、无人机航拍为辅的验证手段，分析并融合多源、多时空分辨率遥感数据，以种植结构和耗水反演为主要目标，本书适用于月尺度农业灌溉用水监测的数据筛选优化技术。

(2) 基于月尺度高分辨率遥感耗水反演模型、种植结构分析模型，结合作物生长特征指标动态分析，构建多源信息融合的作物耗水和灌溉用水动态监测方法，以及月尺度农业灌溉用水空间数据管理体系。

(3) 以遥感反演种植结构数据、耗水数据、土壤水动态变化数据、灌区用水监测数据为基础，开展典型灌区耗水与用水关系研究，提出月尺度农业灌溉用水量分析方法。

1.3.2.2 农业用水动态综合评价方法研究

(1) 以历年水资源公报、水利统计年鉴、第一次全国水利普查成果、灌溉用水效率测算分析样点灌区数据等相关资料为基础，识别月尺度区域农业灌溉用水关键影响因素，基于区域时空数据相关分析及空间统计，研究其与农业灌溉用水量的定量关系。

(2) 分析不同区域主要作物不同生育期需水量和月度灌溉用水需求，基于作物需水模型及土壤水平衡模拟时空拓展等，定量研究月尺度及年尺度农业灌溉用水量时空变化特征。

(3) 以不同影响因素与农业灌溉用水量定量关系及农业灌溉用水量时空变化特征为基础，传统监测统计与遥感监测相融合，提出农业灌溉用水月尺度动态综合评价方法，构建评价分析模型。

1.3.2.3 农业用水动态评价及变化规律分析

(1) 全面系统地整理水利普查、灌溉分区、水资源分区等基础资料，分析区域不同规模类型灌区现状分布情况；基于农业用水动态综合评价方法，构建区域农业灌溉月度用水监测统计网络，建立农业灌溉月度用水量统计上报制度。

(2) 以月尺度农业灌溉用水量动态综合评价方法研究成果为基础，结合渔塘和规模化畜禽养殖场用水特征，提出区域全口径农业用水月尺度动态评价方法，构建区域农业用水月尺度评价模型。

(3) 收集区域农业用水月尺度调查统计数据和典型灌区用水调查统计数据等，并对相关数据进行整理和分析，在此基础上开展区域农业用水月尺度动态评价，生产12期数据产品；在月尺度及年尺度农业灌溉用水量时空变化特征分析研究的基础上，总结区域月尺度农业用水变化规律。

1.3.2.4 农业灌溉需水月尺度预测

(1) 提出参照作物需水量、作物系数与有效降水量等关键技术参数计算方法，以多年水文气象资料为基础，计算主要农作物灌溉需水量并分析其变化趋势，研究主要农作物灌溉需水量主控因子及其不确定性，并筛选出其关键影响因子。

(2) 融合数据挖掘与天气预报信息解析技术，提出参照作物需水量中长期预报方法，综合考虑各主要农作物灌溉决策指标下限及各分区生产实际需求，采用基于自反馈技术的灌溉需水量预测实时动态修正方法，建立主要农作物月尺度灌溉需水量动态预测模型。

(3) 研究作物布局与土壤、气候、灌溉工程及水源条件等因子的时空变异性，提出区域月尺度农业灌溉需水量预测技术，并进行区域农业用水月尺度动态预测，生产12期动态预测数据产品。

1.3.3 研究思路

本书按照“资料收集与整理→理论方法研究→月尺度动态评价与预测预报”这一主线进行。资料收集与整理包括灌区资料、气象资料、灌溉试验站资料、典型区遥感影像资料等。理论方法研究包括典型区农业灌溉用水月尺度监测与分析方法、农业灌溉用水月尺度动态综合评价方法研究等，通过选取典型区，基于多源信息的种植结构提取、月尺度耗水反演和实际灌溉范围提取等监测方法，构建

典型区月尺度灌区用水分析模型，构建作物耗水与灌溉用水关系模型，提出基于多源信息融合的典型区农业灌溉用水月尺度监测与分析方法；在分析不同区域农业用水关键影响因素、开展不同区域农业用水时空变化特征研究的基础上，结合典型区多源信息融合监测分析方法，研究提出农业用水月尺度综合分析评价方法；融合天气预报信息与自反馈实时动态修正等技术，研究主要作物灌溉需水量主控因子及其不确定性，建立关键参数中长期估算方法，建立区域农业灌溉需水量月尺度预测技术。根据农业用水月尺度综合评价方法要求，构建农业用水监测统计网络与数据体系，结合现实可获取的数据基础，开展不同区域农业用水月尺度动态评价和时空变化规律分析；利用研究提出的区域农业灌溉需水量月尺度预测技术对全国及不同区域农业灌溉需水量进行预测。

技术路线图如图 1.1 所示。

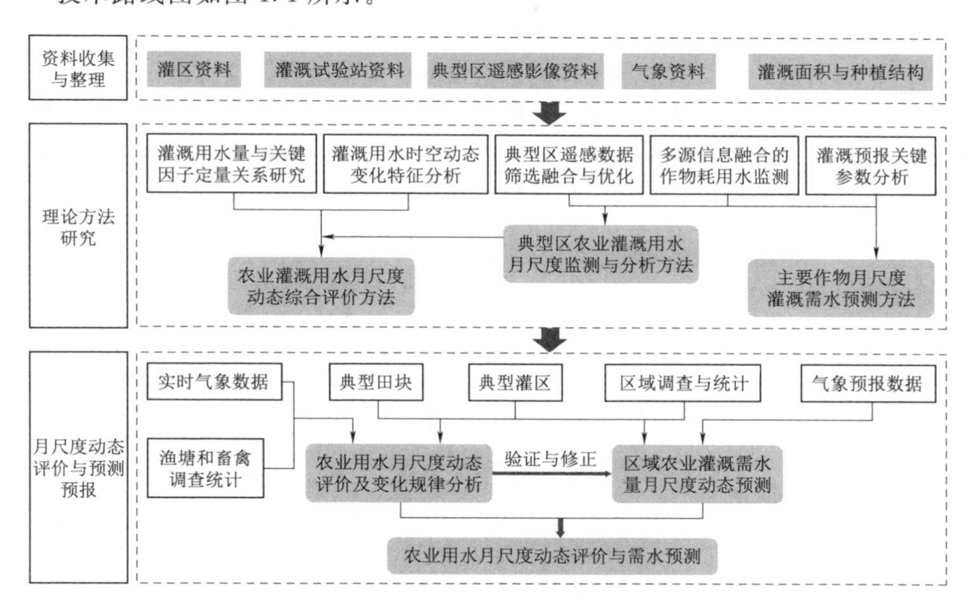

图 1.1 技术路线图

第2章　基于多源融合信息的典型区农业灌溉用水量分析技术

由于传统监测手段和统计方法在区域灌溉用水监测方面效率不高、人力物力需求大，现状监测设施建设难以满足大范围、多频次灌溉用水监测统计的要求，因此有必要利用遥感等日益成熟的新技术方法，结合传统监测统计方法和数据，开展基于多源融合信息的月尺度农业灌溉用水量分析。本书以我国广泛种植的大宗作物小麦、玉米、水稻、棉花等为重点研究对象，结合项目需求，在全国粮食主产区选取典型区。黄河流域选择山东位山灌区为典型区，北方地区选取黑龙江省五常市民意乡为典型区，南方选取四川省乐山市青衣江灌区为典型区，开展多种主要作物耗水和灌溉用水分析，通过典型研究，为月尺度灌溉用水评价分析提供技术支撑和数据支持。研究典型区位置如图2.1所示。

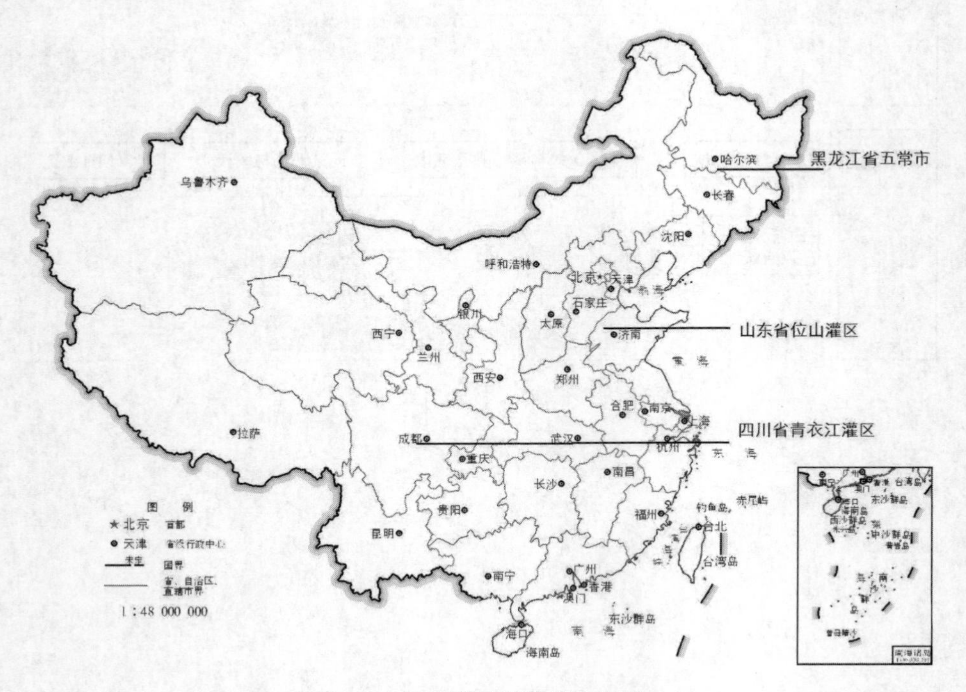

图2.1　研究典型区位置示意图

2.1 典型区概况

2.1.1 山东省位山灌区

位山灌区位于山东省西部的聊城市境内，是我国第五大灌区，也是黄河下游最大的引黄灌区，主要灌溉方式为渠道输水地面灌溉。位山灌区属黄泛冲积平原，地势西南高、东北低，微地貌相对较为复杂，岗、坡、洼相间分布，高差不大但对地表水的分配、地下水的埋深及盐分的运行规律等有较大的影响，旱、涝、盐碱的形成与地域分布深受这种地貌结构的制约。灌区土壤自然肥力低、保肥性差，造成土壤有机质及氮磷含量低，但灌区土层深厚，沙土黏土配比适中，处于温带季风气候区，属半干旱大陆性气候，具有明显的季风气候特征，光热条件好，适于多种作物生长。种植作物主要分夏收作物和秋收作物两季，秋收作物主要为玉米、棉花、花生、大棚蔬菜，夏收作物主要为小麦和大棚蔬菜。农业在灌区整个国民经济构成，以及解决群众生活来源、提高群众生活水平方面占有重要地位。

灌区内平均降雨量 550mm，年降水量最大为 987mm，最少为 310mm，多年平均水面蒸发量为 1288mm，为降雨量的 2.3 倍；年内降雨量不均，全年降水约 70%集中于 6—9 月，冬春季干旱频发，因此作物灌溉主要依赖引黄、卫运河水以及地下水。由于当地降水产生的河川径流量少且难以利用，黄河是灌区赖以生存与发展的主要客水资源，灌溉增产效益显著。

灌区渠首工程位山引黄闸设计引水流量 $240m^3/s$，设计灌溉面积 540 万亩（1 亩≈$666.67m^2$）；灌区骨干工程设有东、西 2 条输沙渠，2 个沉沙区和 3 条干渠，总长 274km。灌区工程控制范围涉及东阿、东昌府区、茌平、高唐、阳谷、冠县、临清、夏津 8 县（市）区 90 个乡（镇）（北纬 36°07′～37°10′，东经 115°16′～116°33′）。根据灌区地形条件，逐渐形成了支渠及其以上骨干工程排灌分设、田间工程灌排合一的工程模式。由于农业灌溉需水量巨大，而引黄指标有限，灌区用水供需矛盾突出，而且引水必引沙，容易造成泥沙淤积，亟须对灌溉用水进行精细化管理。

2.1.2 四川省青衣江灌区

青衣江灌区位于四川省乐山市，成都平原向高原高山过渡带，耕地主要分布在海拔 450m 以下，设计灌溉面积 35.77 万亩，现状有效灌溉面积 33.32 万亩。青衣江流域属亚热带湿润气候区，受地理位置、地形制约和季风环流的影响，具有春早气温多变化，夏无酷热雨集中，秋多绵雨湿度大，冬无严寒霜雪少的特点。耕地以水稻-油菜种植为主，其他作物包括蔬菜、玉米、薯类等，按种植季节分为大春、小春，多年以来复种指数在 2 左右。灌区包括丘陵和平原，大部分区域地势平坦，土地肥沃，雨量丰沛。灌区内多年平均降水量1558mm，但降水量空间变异性较大，大致从西向东逐渐减少，西部峨眉山区为1600mm左右，东部市中区1300～1400mm。同时降水的年内分配不均，在6—9月占全年降水量的70%～75%，7—8月特别集中，占全年的50%左右，春秋两季节相接近，占全年的23%～25%，冬季占全年降水量的2%～5%，降雨具有明显的季节性变化，多年平均蒸发量西部为500mm，东部约560mm，因此农作物存在季节性干旱缺水。灌区内耕地受地形影响，普遍地块较小，在我国中、西、南部省份具有一定代表性。

2.1.3　黑龙江省五常市典型区

黑龙江省五常市位于黑龙江省南部，属中纬度温带大陆性季风气候，夏短冬长，寒暑悬殊，平均气温3～4℃，7月气温较高，平均为23℃，最高达35.6℃，1月气温较低，月平均为零下19.1℃，最低达零下45.4℃，全年无霜期130d左右，年平均降水量625mm。五常市属多类型地貌，地貌构成为六山一水半草二分半田，由东往西依次为山区半山区、浅山丘陵区和河谷平原区。典型区为五常市民意乡，位于五常市中部龙凤山灌区内，面积27.9万亩，有耕地17.02万亩，其中水田7.73万亩，地势偏高，旱地较多，主要种植水稻、玉米和少量黄豆，主要为地表水灌溉，水源为龙凤山水库，在东北水稻主产区具有代表性。

2.2　月尺度灌溉用水监测多源数据筛选优化

2.2.1　多源数据概况

基于多源融合信息的典型区农业灌溉用水量监测，以种植结构反演、作物耗水估算以及实际灌溉面积的遥感估测为主，其他信息数据为辅开展相关研究。因此分析和利用的多源信息数据包括遥感数据、地面观测数据和统计调查数据。

2.2.1.1　遥感数据

1. Landsat 8影像

Landsat 8 OLI（陆地成像仪）分别提供15m、30m空间分辨率的全色图像、多光谱图像，其热红外传感器获取了两景空间分辨率为100m的原始热红外图像。经过LaSRC插件的处理之后，美国地质调查局官方网站发布了30m空间分辨率热红外图像。TIRS（热电红外传感器）所提供的热红外图像是世界上能够获取的高空间分辨率热红外卫星影像之一，广泛应用于地表温度反演、陆面蒸散反演等一系列应用中。本书获取了2018—2019年冬小麦-夏玉米生育期内受云量影响较小的长时间序列Landsat 8表观反射率产品以反演瞬时陆面蒸散。陆面蒸散估算涉及定量化的地表参数，因此需要对遥感图像执行图像预处理。首先，对Landsat 8 OLI图像进行辐射定标处理以获取像元的辐射亮度值（L）；对定标后图像进行正射校正、图像镶嵌、裁剪等数据预处理以获取研究区可用数据。

2. MODIS 影像

Terra 和 Aqua 卫星是美国地球观测系统（EOS）计划中用于观测全球生物和物理过程的重要卫星。它们携带中分辨率成像光谱仪获取陆地和海洋温度、陆地表面覆盖、水汽、汽溶胶等图像，实现对太阳辐射、大气、海洋和陆地的综合观测。MODIS 影像具有 36 个中等分辨率水平（0.25～1μm）的光谱波段，其高时间分辨率（1d）和大范围监测特点促使该产品在全球土地利用和土地覆盖、气候季节和年际变化、自然灾害监测和分析等研究中广泛应用。NDVI 和地表反照率在 8d 时间内变化较小，为了获得高质量遥感图像，研究采用 500m 空间分辨率的 MODIS 影像 8d 合成反射率产品（MOD09A1）计算 NDVI 和地表反照率。

MODIS 日尺度地表温度产品（MOD11A1）的空间分辨率为 1000m，是经过对陆地产品进行去云、在昼夜算法中综合考虑 Terra 和 Aqua 数据等处理，最终利用劈窗算法反演得到的地表温度产品。由于不同日期的地表温度具有较大的差异性，研究采用日尺度的地表温度数据，并采用时空插值方法对缺失值进行处理。时空插值方法通过构建正常像元值与相邻日期图像像元值在时间的对应关系预测缺失的像元值。

MOD16 是蒸散发 8d 合成产品，空间分辨率为 1000m，能够定量化描述地表植被陆面蒸散状况。由于 MOD16 具有高时间分辨率，该数据能够客观反映出作物生育期内耗水变化规律。因此，研究获取长时间序列 MOD16 数据，可为日和月尺度蒸散发反演模型估算结果的规律分析、尺度扩展和验证提供参考。

3. Sentinel 卫星数据

卫星影像空间分辨率、时间分辨率及光谱分辨率的不断提高有利于提高农业及灌溉用水的精细化管理水平。Sentinel 系列卫星是由欧盟委员会（EC）领导、欧洲空间局（ESA）参与的陆基、空基和天基联合观测计划——“哥白尼”计划的专用卫星。Sentinel 系列卫星数据的高时间、空间分辨率，以及免费获取，为地表信息监测带来前所未有的机遇。

Sentinel-1 卫星携带的 C 波段 SAR（合成孔径雷达）传感器具有全天候成像能力，能够为自然资源监测、洪水监测、地震监测和其他地表形变量测提供连续白天、夜晚、多种气象条件的图像和中高分辨率陆地、沿海、冰的测量数据。同时运作的 A、B 两颗卫星能够将观测效率提高 1 倍，重访期缩短为 6d。Sentinel-1 卫星的成像模式一共有 4 种，分别是条带模式（Stripmap Mode）、干涉宽测绘带模式（Interferometric Wide Swath Mode）、超宽测绘带模式（Extra Wide Swath Mode）和波模式（Wave Mode），特征参数如表 2.1 所示。

表 2.1 Sentinel-1 卫星 4 种成像模式特征参数

成像模式	分辨率/m	宽幅/km	极化方式
条带模式	5×5	80	HH+HV，VH+VV，HH，VV
干涉宽测绘带模式	5×20	250	HH+HV，VH+VV，HH，VV
超宽测绘带模式	20×40	400	HH+HV，VH+VV，HH，VV
波模式	5×5	20×20	HH，VV

Sentinel-2 卫星重访周期 10d，影像时间分辨率最高可达 5d，携带一枚多光谱成像仪，覆盖 13 个光谱波段（波长范围：443～2190nm），幅宽达 290km。在光学数据中，哨兵-2A 数据是唯一一个在红边范围含有三个波段的数据，这对监测植被健康信息非常有效，从可见光和近红外到短波红外，具有不同的空间分辨率，可见光图像空间分辨率高达 10m。各波段参数如表 2.2 所示。

表 2.2 Sentinel-2 卫星数据波段参数

波段号	波段名	波长范围/μm	中心波长/μm	空间分辨率/m	波段宽度/μm
B1	深蓝	0.430～0.457	0.443	60	0.027
B2	蓝	0.440～0.538	0.490	10	0.098
B3	绿	0.537～0.582	0.560	10	0.045
B4	红	0.646～0.684	0.665	10	0.038
B5	红边 1	0.694～0.713	0.705	20	0.019
B6	红边 2	0.731～0.749	0.740	20	0.018
B7	红边 3	0.769～0.797	0.783	20	0.066
B8	近红外	0.760～0.908	0.842	10	0.148
B8a	窄近红外	0.848～0.881	0.865	20	0.033
B9	水汽波段	0.932～0.958	0.945	60	0.026
B10	卷云	1.337～1.412	1.375	60	0.075
B11	短波红外 1	1.539～1.682	1.610	60	0.143
B12	短波红外 2	2.078～2.320	2.190	20	0.242

2.2.1.2 地面观测数据

1. 观测站点数据

本书利用田间尺度站点观测资料验证遥感反演蒸散发量及日尺度蒸散发估算结果。清华大学水沙科学与水利水电工程国家重点实验室山东位山水热通量观测站位于灌区东北部（北纬 36°39′，东经 116°03′）。观测站布设于土质均匀的农田中心，农田作物种植情况为冬小麦-夏玉米的轮作，田间管理方式在灌区具有较好的代表性，能够对灌区田间的水循环要素进行有效的观测。

2. 气象站数据

计算逐日参照腾发量（ET_0）需要逐日气象数据，本书中采用的气象站（聊城，编号：54806）观测数据来自国家气象信息中心（中国气象局气象数据中心），除站点的经纬度、高程、观测仪器参数等基础数据之外，监测数据主要包括逐日降水量、日最低温、日最高温、相对湿度、日照时数和平均风速等。

2.2.1.3 统计调查数据

典型灌区的统计调查数据，包括种植结构、土壤含水量、灌溉用水量、作物株高、叶面积指数、实际灌溉范围和面积等，在灌区调研时需调查搜集不同作物的灌溉制度，包括灌溉次数、时间、灌溉水量、灌溉习惯。

2.2.2 优化原则

研究所需的遥感数据、地面监测数据和统计调查数据在不同研究区域的可获得性、时间尺度、空间尺度精度差异较大，实际应用中多源遥感数据需考虑卫星访问周期，数据获取的经济性、实用性原则多方面因素，地面监测数据受监测设备和条件制约，调查数据一般限于短时间和局部区域，而长系列统计数据往往缺乏高精度空间信息的匹配，因此需要根据月尺度灌溉用水分析的数据需求以及区域的实际情况进一步优化筛选。

本书主要基于遥感分析的，应充分利用免费下载的多源数据，栅格像元空间精度不低于30m，在具体分析过程以及与其他多源数据的联合应用中，还需满足以下原则：

（1）种植结构分析数据：种植结构以遥感反演为主，综合利用免费的多源光学数据和雷达数据，结合分类的分析指标，在单个主要作物生育期内可用影像应不少于3景，时间上应能够反映分类指标在主要生育阶段的变化，能够区分不同作物的特征，收集验证对比资料图形比例尺一般应不低于1：10000，统计数据应涵盖播种面积90%以上的主要作物名称，面积数据单位应精确到亩。

（2）作物耗水分析数据：以遥感反演日耗水常用的免费光学影像为主，月尺度扩展时所利用气象数据时间尺度为日，地面观测对比所用耗水监测数据为月尺度，如结合灌溉试验数据开展验证，土壤水变化量和有效降水量分析可用月尺度或日尺度数据。

（3）遥感地面验证数据：典型区主要作物生育期内种植结构，田间调研时结合遥感数据初步分类结果，在主要作物较集中分布区域开展针对性实地调研，记录数据包括作物类型、分布田块经纬度坐标，每种主要作物的验证田块数量应不少于30个，调研田块选取应在空间上较均匀分布，不小于遥感影像3×3个像元，田块较小、空间上较为分散区域，调研选取田块应不小于1个像元。

（4）实际灌溉面积分析数据：验证田块可与作物种植结构地面验证田块结合，考虑实际灌溉与月尺度的差异，按逐次灌溉的时段和范围进行分析。

（5）灌溉制度调查数据：应区分一般年份、干旱和湿润年份。

2.2.3　多源数据筛选

多源遥感数据中，光学数据具有光谱波段多、信息丰富、易于识别植被特征的优点，是植被和作物分类、耗水反演、灌面估测常用的传统数据，但数据质量易受云雾水汽影响。雷达数据具有不受云雾水汽的干扰、对地物含水量敏感的优点，在平原地区，地表平坦，雷达数据对水体的分类结果高于同分辨率级别的多光谱数据，对水田和旱地的区分较为准确，有较多成功的应用，但在山地丘陵区，沟壑容易对分类结果造成严重影响。

本书可利用的多源遥感数据特点如表2.3所示。

表2.3　本书可使用的多源遥感数据特点

数据类型	数据源	空间分辨率/m	时间分辨率	数据适用性
光谱数据	MODIS	250～1000	每天	空间分辨率较低，适用于大区域时间变化分析，可用于种植结构分类、耗水反演
	Landsat-8	30	16d	能有效反映植被特征，受云影响较大，难以保障每月有1景高质量数据
	Sentinel-2	10～60	5d	
	环境卫星HJ-1A、HJ-1B	30	2d	
	高分一	2～16	2～4d	系列短，缺红外波段
雷达数据	Sentinel-1	5×20	6d	提取水田作物、分析土壤水变化，不受云影响，下载较慢
	高分三	1～500	1.5～3d	数据系列短

根据不同遥感数据的特点，在各类信息监测过程中进行筛选：

（1）种植结构反演中主要使用高精度的哨兵卫星Sentinel-1、Sentinel-2、Landsat-8和国产高分卫星、环境卫星等影像数据，光学影像空间分辨率不低于30m，综合多源数据可保障每月均能获取遥感监测数据。由于典型区位山灌区主要作物为冬小麦、夏玉米等旱作物，2017—2019年Landsat-8数据质量较好，能够用于种植结构反演，如遇影像受云影响较大的年份，可用其他光学影像（Sentinel-2、国产高分卫星、环境卫星）补充分析。在种植水稻的典型区如黑龙江省、四川省，增加了哨兵卫星Sentinel-1雷达数据用于提取水田作物，提取结果重采样为30m。

（2）月尺度耗水估算模型中主要使用高空间精度的Landsat-8影像数据，并利用高时间分辨率的MODIS数据进行验证，推求作物生育期内的耗水变化过程。

（3）实际灌溉范围的估测中，主要使用Landsat-8、Sentine-1等高精度影

像卫星数据，辅以高时间分辨率的 MODIS 光学影像数据进行分析。

综合考虑月尺度灌溉用水分析研究需要，与区域监测条件和设备制约，对地面观测数据筛选如下：

（1）地面观测数据：国家气象站逐日气象数据，典型区月尺度耗水观测数据。

（2）调研数据：典型区小麦、玉米、水稻、油菜、薯类、蔬菜等主要作物，田间调研时结合遥感数据初步分类结果，针对性开展实地调研，每种主要作物的验证田块数量不少于 30 个，调研田块选取应在空间上较均匀分布，位山灌区和五常市典型区田块选取不小于 90m×90m，四川青衣江灌区，调研选取田块不小于 30m×30m，此外调查收集了当地不同作物的灌溉制度。

（3）统计数据：历史数据主要需收集典型区所在地区历年统计作物播种面积，逐次记录的灌溉用水量（监测流量或估算水量值）、灌溉面积、灌溉的主要作物面积，灌溉工程分布和运行调度规律、农民灌溉习惯等。

2.3 典型区种植结构遥感反演分析

2.3.1 理论基础

农作物种植结构指一年内农作物的时空分布。随着卫星遥感技术的发展，遥感已成为作物种植结构信息获取的重要手段。由于学者们对农作物种植结构的定义不同，所进行的农作物种植结构的内容也不尽相同，目前的研究多面向某个具体时期的农作物空间分布，进而研究其分类方法，或针对某种作物开展专题研究其提取方法。

遥感影像所呈现的光谱特征、时相特征、空间特征是农作物分类的理论基础，如何构建有效的特征组合使得农作物间可分性增强是当前研究的重点。农作物具有常见的植被光谱特性，由于时空环境变化的影响，其生长具有空间变异性，因此在分类时会受到同物异谱或同谱异物现象的干扰，但不同农作物通常内部结构不一，对于不同波段的光谱响应存在差异，研究其光谱特征差异并用于分类是比较常见的农作物分类方法之一[8,9]。在应用光谱特征进行植被分类过程中，因植被对红边波段的敏感性，可作为一种有效的特征性指标进行农作物分类[10,11]，特别是免费的 Sentinel-2 MSI 影像数据，其特有的 20m 分辨率红边波段可为农作物分类提供重要的信息[12]。农作物具有明显的生长周期，并且在生长过程中会呈现特有的物候状态，分析农作物生长特性，寻找最佳分类时相是农作物分类的一个重要环节[13]，利用多时相或时间序列的影像，构建农作物物候特征，进行监督分类或知识决策分类也是农作物分类主要研究方向之一。

除光谱特征和时相特征外，农作物生长过程中由于株高、冠层结构、耕作方

式等差异形成的空间特征、纹理特征也是实现农作物分类的一种有效特征。综合利用光谱、时相、纹理特征，实现不同特征组合、优选，可有效地提高农作物分类精度。

总的来说，农作物分类大多基于先验知识对其进行光谱特征分析、时相特征分析、纹理特征分析，通过组合、优化，遴选出最佳的农作物分类特征组合，从而实现区域的农作物分类及提取。对于单一农作物开展分类研究，一般根据其独有的特征，设计算法，实现主题农作物提取，比较常见的有水稻、小麦、油菜，其他的如大豆、玉米等也有相关研究。

水稻是全世界最重要的粮食作物之一，对水稻提取的方法研究也相对较多。Dong 等总结了全球水稻提取方法，将其分为 4 类：基于反射率统计信息的分类、基于植被指数等统计信息的分类、基于植被指数和雷达后向散射特征相结合的分类以及基于物候特征的分类。其中，以基于物候特征的水稻提取方法应用最为广泛，该方法于 2002 年提出，主要分析了水稻与其他农作物生长过程最独特的物候特征，即水稻移栽前后田块会主要呈现出水体覆盖的特征，待到水稻生长至全覆盖田块时呈现植被的特征，并在持续的研究中发现了移栽灌水期的 LSWI 与 NDVI、EVI 存在独特关系：LSWI≥NDVI 或 EVI，利用此特征可以初步提取出水稻种植区域，然后通过时序影像分析一系列的非水稻类别存在的特征，排除水体、湿地等干扰类别，实现水稻提取。该方法已成功应用到我国南方，南亚和东南亚；在东北等寒冷区域进行改进，引入地表温度特征，优化水稻移栽灌水期的识别，实现水稻提取；很多学者也针对此算法进行改进，提出普适性更强及水稻自动提取方法。其他方法包括基于水稻移栽灌水期的 MNDWI（Normalized Weighted Difference Water Index，归一化水体指数）与 NDVI 建立关系进行水稻提取，基于面向对象和物候特征的水稻提取，基于长时间序列的水稻物候特征分析而建立的知识决策方法的水稻提取等，总的来说，水稻提取方法已有较为深入的研究，其不确定性在于特定区域的算法和参数规律，对于其他未开展实验的区域的适用性，以及其他具有相同波段的影像的适用性。

油菜是人类最主要的油料经济作物，主要生长在温和的气候区（如中国、欧洲、澳大利亚等），针对油菜提取的方法可以分为两类：基于高光谱遥感的细节光谱特征提取、基于花期光谱特征的监督分类。其中，高光谱遥感影像由于其较高的光谱分辨率，可以反映农作物的具体细节，也是农作物分类的一种主要数据源，但高光谱遥感影像幅宽小、获取成本高，不适于大面积制图等应用需求。基于花期光谱特征的分类主要是利用油菜在花期时绿波段、红波段呈现高反射率与其他农作物或植被表现出差异，但这种方法会受到地域、油菜种植时间的影响，当油菜种植的时间不均一时，其花期会呈现巨大差异，进而影响监督分类的精度。Wang 等基于 HSV（色调、饱和度、值）颜色空间，发现油菜在不同花期与其他农作物均表现出较好的可分离性，进而设计了一种提取油菜的新指数RRCI（Ratio Oilseed Rape Colorimetric Index，比率油菜籽比色指数）用于油菜提取，并分析了非植被、林地等类别的光谱特性，从而设计了分类决策树，实现油菜提取，并且评价了方法的鲁棒性，在 GF－2 PMS 影像上也取得了较好的效果。该方法能较好地实现油菜提取，存在的不确定性即该方法是否适用于更多的影像数据源，如 Landsat－8 OLI、Sentinel－2 MSI 等，以满足当影像受云影响较大而缺乏数据时，也能实现大区域制图。

针对其他作物提取的研究相对较少，Gusso 等发现 Landsat－5 TM（专题制图仪）数据的第 3、4、5 波段反射率可以很好地识别大豆，通过 ERDAS9.1 的模块功能构建基于反射率的大豆识别算法，通过选择不同时间不同地点 9925 个像元样本，计算算法中的各个阈值，将识别结果与参考图对比，精度大于 90%。Liu 等利用多时相的 GF－1 WFV、Landsat－8 OLI 影像，构建 NDVI、SAVI（Soil－Adjusted Vegetation Index，土壤调整植被指数），然后利用随机森林方法进行分类，实现小麦种植面积提取。Li 等利用 MODIS 时序 NDVI 数据集和基于 HJ－1 CCD、Landsat 影像的 30m 分辨率 NDVI 校正，得到 30m 分辨率的时序 NDVI，并用于特征提取，实现棉花种植面积的提取。Chu 等以 MODIS 时序数据为数据源，计算 NDVI 并用 S－G 算法进行去噪处理，对山东黄河流域（东营、滨州）首先进行非植被区域掩膜（NDVI<0），然后提取计算时序 NDVI 的均值、标准差等 6 个特征，用于冬小麦提取。

除上述利用光谱、时相、空间特征构建特定作物的提取算法外，深度学习也在近两年被应用于种植结构分析，实现农作物的高精度分类。如 Kussul 等将深度学习方法引入土地覆盖分类和农作物分类，取得了较好的分类结果。Ji 等将 3D（三维）卷积神经网络与主动学习策略相结合，用于 1417×2652 的 GF－2 PMS 影像、5400×6500 的 GF－1 WFV 影像，实现了玉米、水稻等农作物的分类。Ndikumana 等利用深度神经网络实现农作物分类，将其与随机森林、最近邻等机器学习算法进行比较，证明了深度学习方法的优势。但深度学习方法用于农作物分类目前还存在着一些不确定性，最主要的是深度学习网络需要大量的训练样本，当农作物类别或外在表型等发生较大变化时，可能需要重新训练网络，对于大尺度的农作物种植结构分类的适用性还在处于研究中。

本书主要利用 Landsat、Sentinel 系列数据，采用多源遥感信息融合方法提取典型区种植结构：针对不同典型区作物特征，在各类作物的常用的指标基础上，针对不同地物和作物分析筛选特征性指标，融合面向像元和面向对象两大类方法的优点，根据指标和分类方法的适用性，构建分层分类方法，充分利用多源信息指标和多分类方法提升分类精度。

在面向像元的分析方法中，对多时相 Sentinel－1 雷达数据进行预处理及最

佳时相假彩色合成，分析后向散射系数变化趋势，主要用于水体、水田与旱地的识别和区分；使用高分辨的 Sentinel－2 光谱数据，分析归一化植被指数，可对光谱特征区分度较大的旱地作物进一步分类。

在面向对象的分类方法中，加入不同作物的纹理信息，通过灰度分布关系对地物进行识别以提高分类精度；加入邻近时间的 Landsat－8 影像计算得到的 NDVI、NDBI（归一化建筑指数）、地表温度、地表反照率等分类指标，对哨兵数据分类结果中可能受云影响的个别地物进行分析，可通过多指标的时相变化特征分析进一步提高结果精度。

最终根据实地调研结果对分类精度进行评定。基于多源融合信息的种植结构反演技术路线图如图 2.2 所示。

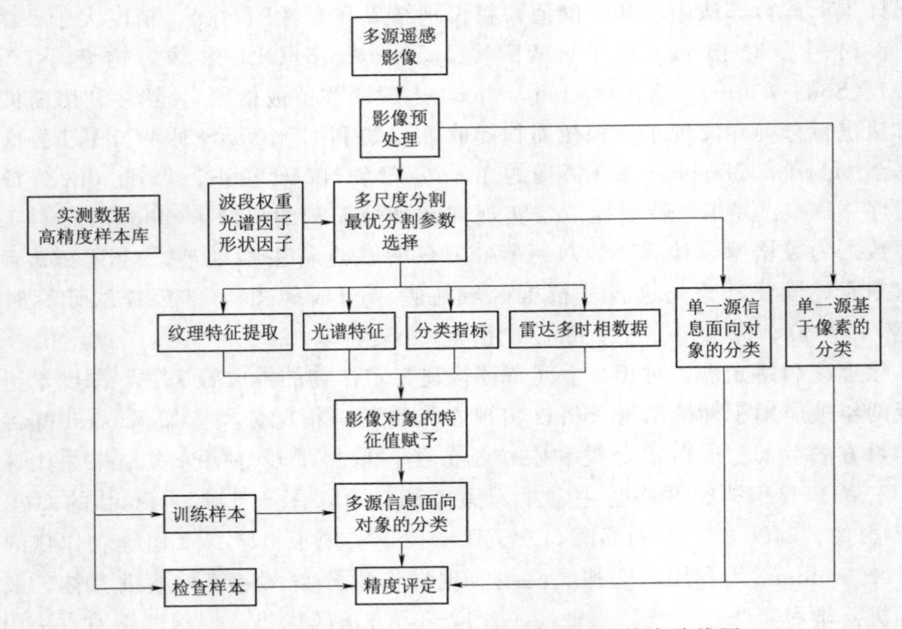

图 2.2　基于多源融合信息的种植结构反演技术路线图

2.3.2　分类指标

种植结构分类中常用的分类指标包括以归一化植被指数为代表的光谱特征指标，和以后向散射系数为代表的雷达数据影像指标。

2.3.2.1　归一化植被指数

归一化植被指数，作为能够有效监测农作物长势的估产指标之一，被广泛地应用于遥感影像分类中。其计算公式为

$$\mathrm{NDVI}=\frac{\rho_{\mathrm{NIR}}-\rho_R}{\rho_{\mathrm{NIR}}+\rho_R} \tag{2.1}$$

式中：ρ_{NIR} 为 Sentinel 2 影像中近红外 Band 8 的反射率值；ρ_R 为 Sentinel 2 影像中红外 Band 4 的反射率值。NDVI 值范围为－1～1，负值表示地面覆盖为云、水、雪等；0 表示有岩石或裸土等；正值表示有植被覆盖，且随覆盖度增大而增大。

2.3.2.2 后向散射系数

雷达天线发射天线为中心的球面波，地物获取由天线发射的光束能量，并反射同一球面波的能量。通常，为了使天线接收增益与发送增益相同，雷达接收和发送天线使用相同的天线，则雷达天线所接收的地物反射回来的波束有效功率即为

$$P_r=\frac{P_t G^2 \lambda^2 \sigma}{(4\pi)^3 R^4} \tag{2.2}$$

式中：P_r 为接收机接收的回波功率；P_t 为雷达发射功率；G 为天线增益；R 为地面目标与天线之间的距离；σ 为地物目标有效的散射面积；λ 为电磁波波长。

该方程被称为雷达方程，它揭示了系统、地面以及接收功率之间关系。实际中，大多地物为分布式目标，地物目标有效的反向散射截面积 σ 就可以表示为（S 为雷达波束照射到目标地物的面积）

$$\sigma=\sigma^0 S \tag{2.3}$$

后向散射系数（σ^0）表示入射方向上的散射强度的参数，是入射方向目标单位截面积的雷达的反射率，入射角、波长、极化方式、地表粗糙度及地物介电常数有较大相关性，常用于表达地物的散射特性。后向散射系数变化的动态范围不大，且数量级都比较小，所以实际应用中经常用分贝的形式来表示：

$$\sigma^0(\mathrm{dB})=10\times\log\sigma^0 \tag{2.4}$$

对于灌区中的水体、建筑物、森林这些基本地物，可以通过目视解译来直接判别分类，地物表面的粗糙程度不同，后向散射系数有非常明显的差异。水体表面光滑，对雷达波束的反射近似漫反射，后向散射系数很小，影像上呈现为暗黑色；建筑物高低不平，表面粗糙，后向散射系数较大，影像上呈现为灰白色；灌区森林为常绿阔叶林，且地形复杂，雷达波速很难到达地表，被树木冠层体散射，影像上呈现纹理状（表 2.4）。

表 2.4　　基本地物目视解译特征及样本

地物	颜色	后向散射系数	特　征	影　像
水体	黑色	负值，变化稳定，绝对值大	光滑平整，无杂色	

续表

地物	颜色	后向散射系数	特　征	影　像
建筑物	灰白色	正值，变化稳定，绝对值小	不规则白块集中分布	
森林	暗灰色	负值，变化稳定	无规则纹理	

根据基本地物目视解译特征，从 Sentinel－1 的 VV 极化影像上选取不同地物的多个感兴趣区域，并绘制各地物的平均后向散射系数曲线，如图 2.3 所示。可以看出，水体、建筑物、森林的后向散射系数年内变化微小，基本趋于水平，说明它们年内随时间变化小；建筑物的后向散射系数比较大，并且为正值；水体后向散射系数最小，森林后向散射系数比水体大，它们同为负值；耕地的后向散射系数大于森林的后向散射系数，灌区主要地物类型为耕地，作物种类复杂多样，后向散射系数差异不大，特征并不是特别明显，和其他基本地物分类不同，直接目视解译几乎不可能实现，而且精度很难达到要求。

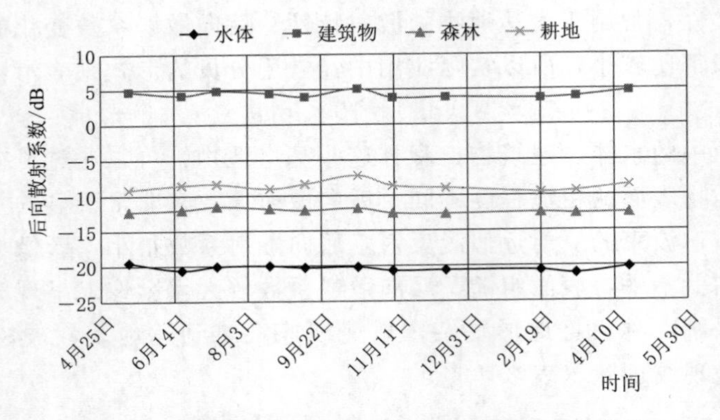

图 2.3　基本地物平均后向散射系数年内变化趋势

2.3.3　分类方法

在面向像元的分析方法中，最常用的分类方法有最大似然法（Maximum Likelihood Method，ML）和决策树法（Decision Tree Method）等。

2.3.3.1　最大似然法

监督分类中的最大似然法是通过求出每个像素对于各类别的归属概率，把该像素分到归属概率最大的类别中去的方法。像素归为类别的归属概率表示如下：

$$L_k(x)=\left[(2\pi)^{\frac{n}{2}}\times\left(\sum_k\right)^{\frac{n}{2}}\right]^{-1}\times\exp\left[\left(-\frac{1}{2}\right)\times(\boldsymbol{x}-\boldsymbol{\mu}_k)^t\sum_k^{-1}(\boldsymbol{x}-\boldsymbol{\mu}_k)\right]P(k) \tag{2.5}$$

式中：n 为特征空间的维数；$P(k)$ 为类别 k 的先验概率；$L_k(x)$ 为像素 x 归并到类别 k 的归属概率（指：对于待分像元 x，它属于分类类别 k 的后验概率）；$\boldsymbol{x}$ 为像素向量；$\boldsymbol{\mu}_k$ 为类别 k 的平均向量（n 维列向量）；$\sum_k$ 为类别 k 的方差、协方差矩阵（$n\times n$ 矩阵）。

2.3.3.2 决策树法

基于专家知识的决策树分类方法基于遥感图像数据及其他空间数据，通过准假经验总结、简单的数学统计和归纳法等，获得分类规则并进行遥感分类。CART（分类回归树）算法采用经济学中的基尼系数（Gini Index）作为选择最佳测试变量的准则。基尼系数的定义如下：

$$\text{Gini Index}=1-\sum_j^J P^2(j/h) \tag{2.6}$$

$$P(j/h)=\frac{n_j(h)}{n(h)},\sum_j^J P(j/h)=1 \tag{2.7}$$

式中：$P(j/h)$ 为从训练样本集中随机抽取一个样本，当某一测试变量值为 h 时属于第 j 类的概率；$n_j(h)$ 为训练样本中测试变量值为 h 时属于第 j 类的样本个数；$n(h)$ 为训练样本中该测试变量值为 h 的样本个数；J 为类别个数。

2.3.4 精度评定方法

分类之后，需要对分类结果进行评价，一般常采用取混淆矩阵进行精度评定。输出的混淆矩阵报表包含总体分类精度（overall accuracy）（被正确分类像元总和除以总像元数）、Kappa 系数（代表分类与完全随机的分类产生错误减少的比例）、错分误差、漏分误差、制图精度、用户精度。

其中总体分类精度计算式为

$$P_c=\sum_{k=1}^n\frac{x_{ii}}{N}\times 100\% \tag{2.8}$$

Kappa 系数的计算公式为

$$K=\frac{N\sum_{i=1}^k x_{ii}-\sum_{i=1}^k x_{i+}x_{+i}}{N^2-\sum_{i=1}^k x_{i+}x_{+i}} \tag{2.9}$$

式中：k 为类别数；x_{ii} 为分类结果中第 i 类与参考类型数据第 i 类所占的组成成分；N 为像元总数；x_{i+}、x_{+i} 分别为混淆矩阵第 i 行和第 i 列的元素之和。

本书主要利用的数据包括遥感反演的时空分布数据和调查、监测、统计数据，其中遥感反演采用内业解译和野外调查相结合的方式，通过野外调查采集数据样本、收集相关监测数据和统计数据，对所建立的模型进行参数率定和验证。

种植结构野外调研数据包括现场观测记录当年数据和调研访谈记录历史数据，现场观测记录的样本包括现场照片、经纬度记录，信息较为准确，历史数据则受访谈对象记忆准确性、记录准确性影响，在种植结构比较复杂多变的地区不够可靠，因此主要采用现场观测记录的数据信息。在一年的调研数据中选取一部分作为模型参数确定和率定的样本，剩余部分作为模型精度验证的样本，进行空间尺度验证。在开展多年的反演和监测时，可在后续年份持续增加调研数据，扩充模型率定和验证的样本，从而持续提升模型精度。

除此之外，在种植结构影像纹理特征比较明显的地区，在实地调研分析得出作物纹理规律之后，通过收集 Google Earth 影像、高分卫星影像或无人机拍摄历史影像，特征明显的地块经目视解译作为调研样本，也是较为准确的。

由于我国南方北方不同的区域主要种植作物类型不同，耕地田块的大小、耕作方式、复种情况等下垫面情况差异也非常大，本书因地制宜采用不同的种植结构反演方法。为了对种植较广的代表性作物开展研究，选择了南北方多个典型区开展不同方法的研究分析，典型区包括以小麦-玉米等旱作物为代表作物的山东位山灌区，同时种植有水稻和旱作物的四川省青衣江灌区、黑龙江省五常市民意乡。结合典型区进行种植结构反演方法的应用和评估。为进行种植结构反演方法应用和验证，项目组开展了实地调研，调研内容包括地形地貌、自然环境、耕作方式、种植结构、生育期等。

以位山灌区为例，首先以遥感影像特征分析为主，收集的其他来源空间数据为辅，对耕地和非耕地进行区分，并针对耕地进行作物的初步分类；其次，在主要作物生育高峰期，在各个主要作物分类的代表性区域选取调研点开展调研，如图 2.4 所示，2019 年调研点 1489 个，在调研点周边采样、拍照记录 8213 条，从中选取地块较大（地块边长在 3 个像元 90m 以上）、种植较为集中区域的代表性样本 1210 个，面积约 1.5 万亩，随机选取其中 500 个样本，用于模型参数率定，其余 710 个样本用于精度验证。

在四川省青衣江灌区和黑龙江省五常市典型区开展调研的情况如图 2.5 所示，通过现场调研结合高分辨率卫星影像或无人机影像纹理分析，可在种植田块较大的区域得到明显的特征样本，作为实地调研样本的补充，如图 2.6 所示。

2.3.5　典型区应用

2.3.5.1　山东省位山灌区

位山灌区种植面积较大的主要大宗农作物为小麦、玉米，此外用水较多的还有蔬菜等大棚作物，因此本书结合实地调研数据，对多时相遥感数据进行特征分

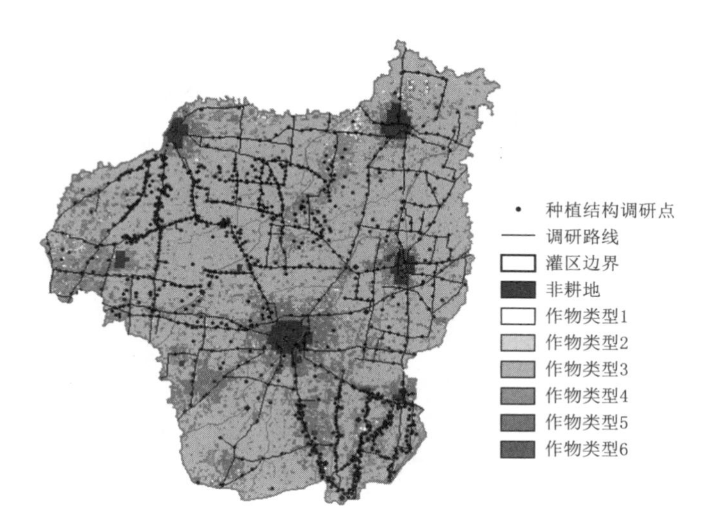

图 2.4 位山灌区作物初步分类与种植结构实地调研点分布

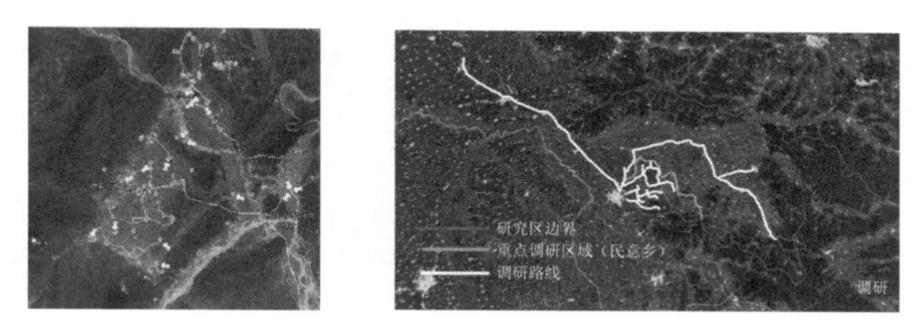

图 2.5 四川和黑龙江典型区实地调研图

图 2.6 黑龙江典型区实地调研与卫星影像纹理分析图

析，选择分类特征，并结合 1D－CNN（一维卷积神经网络）分类算法实现灌区范围内的大宗农作物分类识别以及大棚作物分布区域的识别。深度学习 1D－CNN 分类算法不仅具有较高的地物识别准确率，同时针对多时相影像分析分类具有很高的效率。山东位山灌区冬小麦-夏玉米种植结构图（2017—2019 年）如图 2.7 所示。

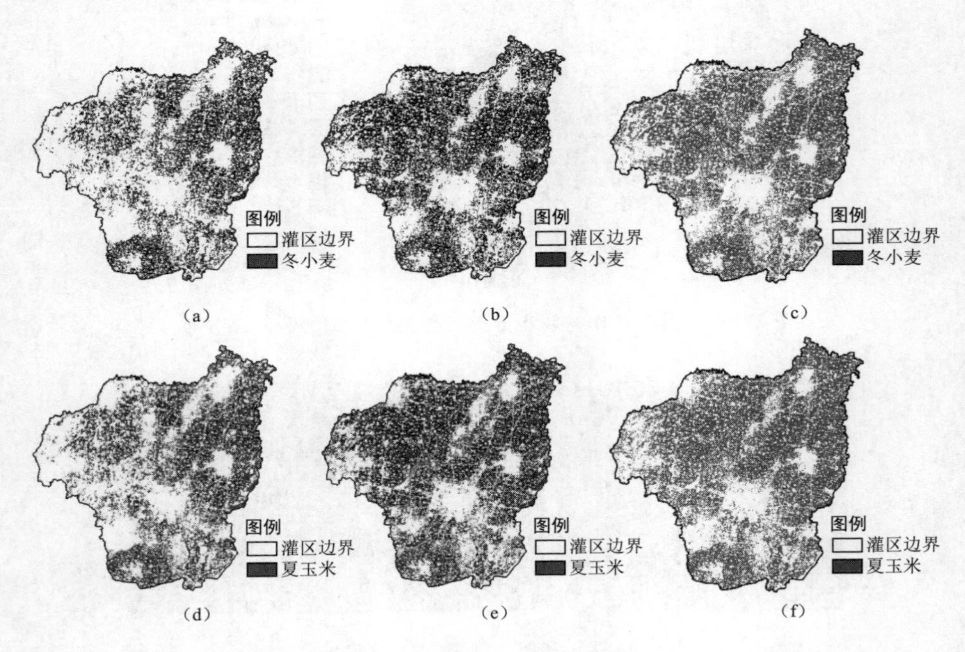

图 2.7　山东位山灌区冬小麦-夏玉米种植结构图（2017—2019 年）

(a) 2017 年冬小麦空间分布；(b) 2018 年冬小麦空间分布；(c) 2019 年冬小麦空间分布；(d) 2017 年夏玉米空间分布；(e) 2018 年夏玉米空间分布；(f) 2019 年夏玉米空间分布

通过地物特征分析，覆膜区域地物红边与近红外波段反射率变化与时间有着高度相关性，其中 865nm、740nm 处反射率的变化与时间相关性最大，平均相关系数分别为 0.81 和 0.80。随着覆膜区域内作物生长时间的增加，覆膜区域的红边波段与近红外波段反射率逐渐增高。

覆膜区域各波段反射率在 3 月保持较低水平，5 月达到峰值。参照归一化植被指数计算突出温室大棚地物特征的特征。实验结果表明，反射率在窄通道（narrow band）近红外波段变化最具有规律性，因此采用该波段和温室大棚指数（RPGI）计算特征指标。

$$T_1=\frac{\rho_{5\_B_8}-\rho_{3\_B_8}}{\rho_{5\_B_8}+\rho_{3\_B_8}} \tag{2.10}$$

$$T_2=\frac{\rho_{5\_B_8}-\rho_{3\_B_8}}{\rho_{5\_B_8}+\rho_{3\_B_8}}\cdot \text{RPGI} \tag{2.11}$$

式中：$\rho_{5\_B_8}$ 为 5 月 Sentinel - 2 图像的窄通道近红外波段（中心波长 865nm），而 $\rho_{3\_B_8}$ 为 3 月 Sentinel - 2 图像的窄通道近红外波段。

不同类型下垫面 NDVI 随时间变化如图 2.8 所示。不同时相光谱曲线及组合光谱曲线变化如图 2.9 所示。

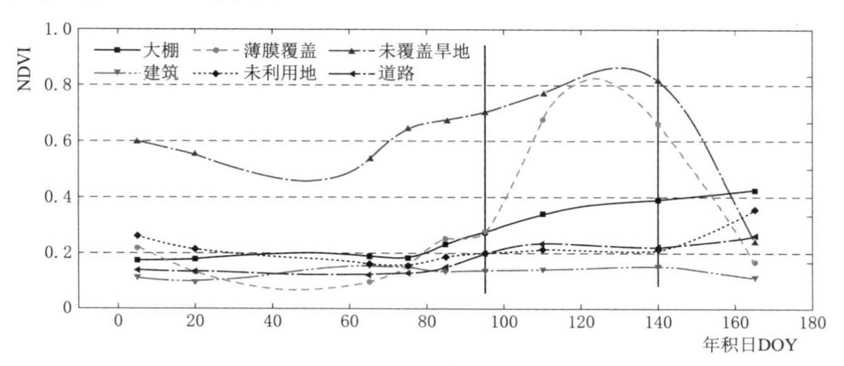

图 2.8 不同类型下垫面 NDVI 随时间变化

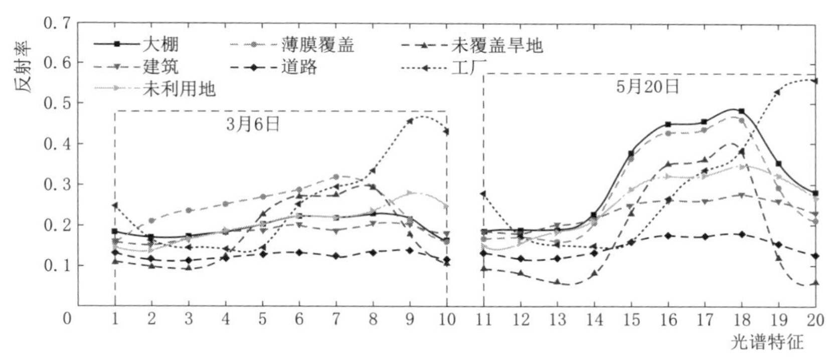

图 2.9 不同时相光谱曲线及组合光谱曲线变化

覆膜区域的波谱响应在单个 S2 图像中与其他地物没有显著差异。但是，3 月和 5 月叠加的 S2 图像显示了更多的信息。3 月覆膜区域的光谱曲线几乎未受人工干预和作物的影响，而 5 月覆膜区域位于红边光谱区域的反射率，受内部作物的影响呈上升趋势，达到峰值。这两种特征结合起来，既反映了塑料薄膜的特征，又具有内部植被的特征，增加了覆膜农田和温室大棚的可分离性。因此，可利用两个关键时相的 Sentinel - 2 影像数据即可实现覆膜农田的提取。分别利用 3 个基于像元的分类器（SVM，RF，1D - CNN）获取覆膜农田和大棚的空间分布，结果表明：制图结果与实地调查结果基本一致，如图 2.10 和图 2.11 所示。然而，不同方法的精度存在明显的差异，由于 1D - CNN 能够挖掘覆膜区域的特

征曲线，捕捉到了红边波段的变化，提取结果空间分布与样本图像的一致性更高，密集型分布和离散型分布的覆膜区域及大棚提取结果的准确度都比较高。温室大棚（PG）空间分布如图 2.12 所示。

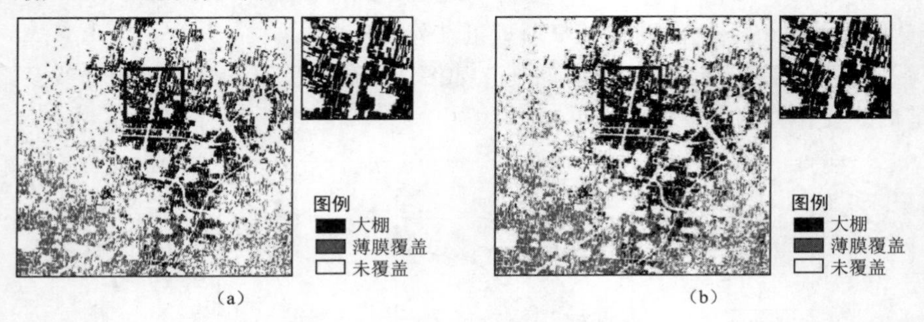

图 2.10 基于不同分类器的温室大棚制图结果

(a) SVM - R 制图结果；(b) 随机森林制图结果

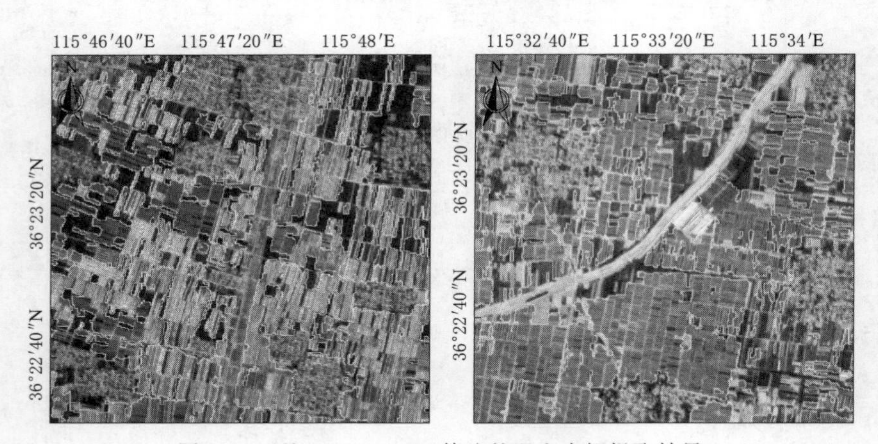

图 2.11 基于 1D - CNN 算法的温室大棚提取结果

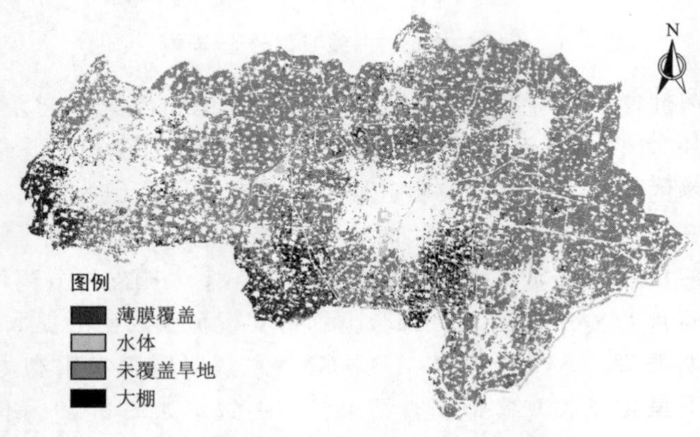

图 2.12 温室大棚（PG）空间分布

2.3.5.2 四川省青衣江灌区

四川省青衣江灌区研究区主要作物生育期如表 2.5 所示。四川省青衣江灌区水稻与玉米空间分布如图 2.13 所示。

表 2.5 四川省青衣江灌区研究区主要作物生育期

作物		播种时间/(月/日)	收获时间/(月/日)	生育天数/d	播种面积占比/%
大春作物	水稻	3/26	8/31	159	47
	大春蔬菜	6/1	10/20	142	21
	玉米	4/11	7/31	112	15
	大春薯类	6/1	11/10	163	12
小春作物	油菜籽	10/21	4/20	182	46
	小春蔬菜	11/11	4/10	151	22
	小春洋芋	11/21	3/10	110	17

利用最大似然法和决策树法对多时相 Sentinel-1 数据以及单时相 Sentinel-2 数据进行大小春作物分类，利用评价样本对分类结果进行精度评价。作物分类结果评价如表 2.6 所示。

表 2.6 作物分类结果评价

数据类型	精度	大春作物		小春作物	
		最大似然法	决策树分类法	最大似然法	决策树分类法
Sentinel-1 数据	总体分类精度/%	73.38	82.39	71.65	80.75
	Kappa 系数	0.64	0.73	0.61	0.69
Sentinel-2 数据	总体分类精度/%	82.81	91.47	81.98	90.56
	Kappa 系数	0.78	0.85	0.75	0.82

由结果可知，对于耕地作物分类，基于 Sentinel-2 光学影像数据的分类与基于 Sentinel-1 雷达影像数据的分类，结果的精度都比较高，但在旱作物的分类过程中使用光学影像的 NDVI 等常用分类指标，精度明显优于后者，而在水田作物分类或受云影响较难获取高质量光学影像时，基于雷达影像数据进行分类的优势更大。两种分类方法对比，决策树分类法的分类精度高于最大似然法，决策树分类法总体分类精度达到了 90%以上，分类精度较最大似然法提高了近 10%，说明决策树分类法更适合于种类较多的作物分类。

2.3.5.3 黑龙江省五常市典型区

本书区内因缺乏统计数据，开展了两次实地调研，沿牤牛河进行数据采集，终点为龙凤山水库。调研行程 350km，共采集 3865 张照片（包含位置坐标），通过拍照和实地走访，对种植结构反演结果进行了实地验证。

利用环境卫星光谱数据和 Sentinel-1 影像数据单一数据对民意乡种植结构进行反演，与统计数据对比，环境卫星分析结果耕地总面积与统计数据较为接

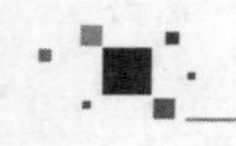

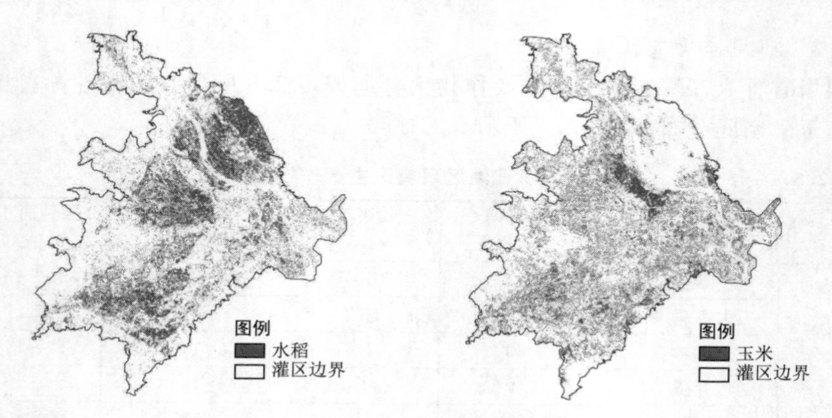

图 2.13　四川省青衣江灌区水稻与玉米空间分布

近，Sentinel-1 影像数据反演结果耕地总面积较大，水田面积与统计数据情况较为接近。在实际调研中发现，因 Sentinel-1 影像空间分辨率高，农村居民区种植有较大面积旱作物被识别为旱地，纳入耕地总量，因此导致耕地面积偏大，水田的识别准确性较高，与实地调研情况吻合。此外考虑雷达数据不受云影响，因此采用 Sentinel-1 影像数据进行水稻分布的反演可行，且精度较高。

引入多个分类参数可以更加准确地对特定地物进行分类，如 Landsat-8 影像数据具有红外波段，可以提取地表温度，从而计算相关参数，辅助地物分类工作。本书使用归一化差异植被指数、归一化差异水分指数（NDWI）、归一化建筑指数、地表反照率、植被覆盖度、地表比辐射率、地表温度、净辐射通量、土壤热通量、感热通量等共计 11 个分类参数，为提取种植结构工作提供更多数据源选择，联合 Sentinel-1 数据形成多层分类方法，可以有效避免“椒盐化”的问题，减少噪点，又可减少云雾干扰，充分发挥各类遥感数据的优势，扬长避短，提高农作物种植结构的整体分类精度。分类层次-黑龙江省五常市典型区如图 2.14 所示。

雷达影像数据图像上的信息是地物目标对雷达波束的反映，主要是地物目标的后向散射形成的图像信息。像元内表面越粗糙，后向散射越强，越光滑的表面越接近镜面反射，后向散射则较弱；另外，后向散射与散射体的介电常数有关，含水

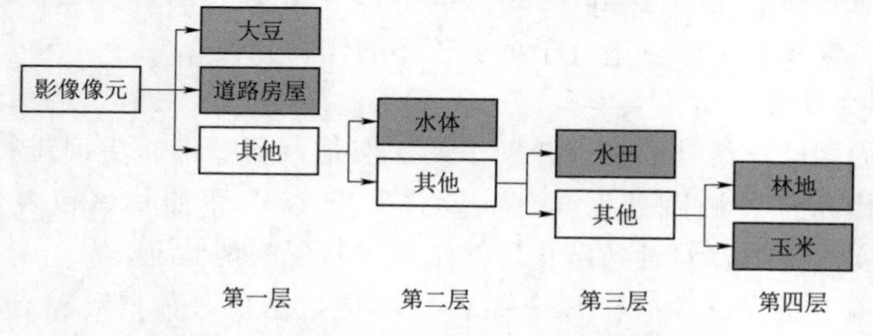

图 2.14　分类层次-黑龙江省五常市典型区

量越大，后向散射越强。水稻田块的多时相后向散射系数在9月和10月水稻生长旺盛的时候出现峰值，在冬季迅速下滑，直到5月出现小幅上升，正好属于水稻田灌水期间，雷达数据后向散射系数与地面介电常数有着紧密联系，地表土壤的含水量直接影响着土壤的介电常数，从而对雷达后向散射系数产生影响。玉米田块的多时相雷达数据显示，其峰值出现在7月和8月，在冬季，田块的后向散射系数均明显降低，经调查冬季有积雪长时间覆盖，对雷达数据有一定影响（图2.15）。

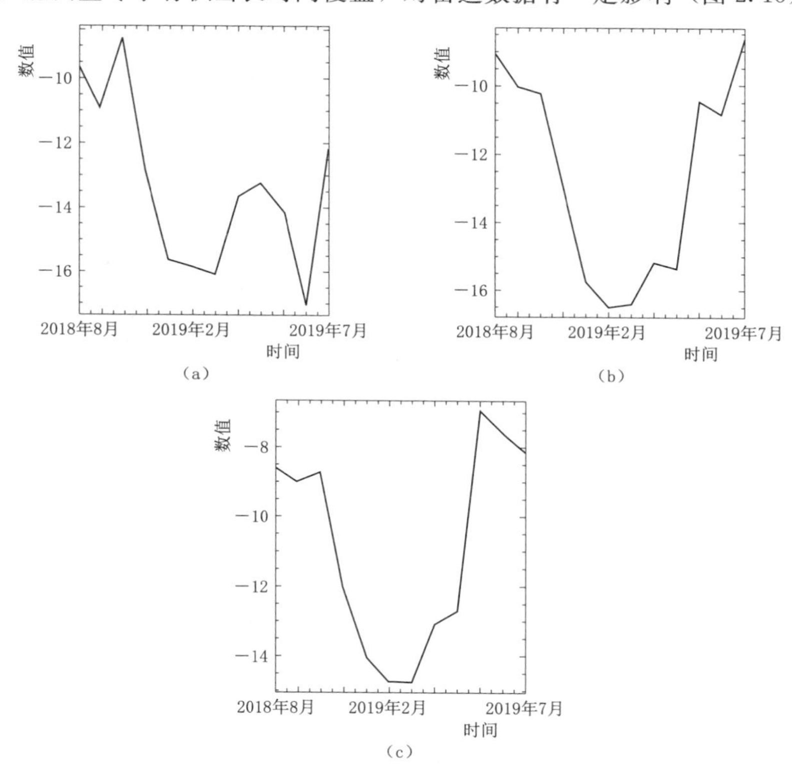

图2.15 不同作物的雷达后向散射特征曲线

(a) 水稻后向散射系数曲线；(b) 玉米后向散射系数曲线；(c) 大豆后向散射系数曲线

基于多源遥感信息计算多个分类参数，采用面向对象的地物分类方法在研究区进行种植结构提取，其总体分类精度87%，Kappa系数为0.83。大豆由于实际的种植地块较为稀少，样本数据和验证数据较少，而且基本为零散分布的边角小地块，直接导致分类结果不佳，其生产者精度和用户精度均为60%。林地和水稻的生产者精度较高，分别96%和94%，玉米的错分比较严重，由于旱地、林地、房屋道路、裸地和大豆均有错分，其用户精度为67%。水体的用户精度为95%，为所有地类中用户精度最高的地类。土堤分类精度评价如表2.7所示。基于多源遥感信息的农作物识别结果如图2.16所示。

表2.7　　地类分类精度评定

分类方法	精度	水体	建筑物	玉米	水稻	大豆	林地
单一尺度分割多光谱	生产者精度	0.73	0.80	0.57	0.86	0.50	0.88
	用户精度	0.76	0.86	0.62	0.76	0.60	0.84
多尺度分割多光谱	生产者精度	0.73	0.81	0.58	0.88	0.40	0.95
	用户精度	0.80	0.93	0.67	0.78	0.40	0.84
多尺度分割多源数据	生产者精度	0.90	0.88	0.65	0.94	0.60	0.96
	用户精度	0.95	0.93	0.70	0.91	0.60	0.85

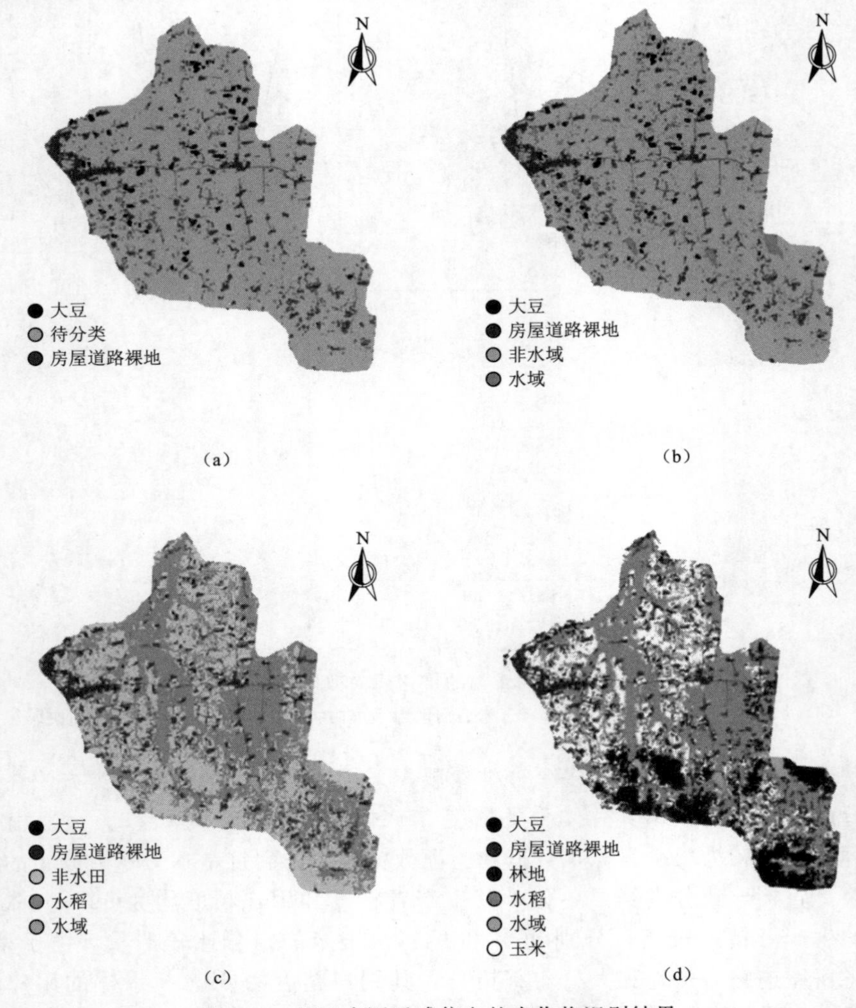

图2.16　基于多源遥感信息的农作物识别结果

(a) 1级；(b) 2级；(c) 3级；(d) 4级

在基于面向对象图像分析分类中，无论是单一尺度还是多尺度，小型道路都没有很好地被分离出来。在多源遥感数据的支持下，小型道路在第一层被分离出来，较为细碎的大豆田也被提取出来。单一源的多光谱影像地物分类结果显示大豆田地地块较大；实地调研发现大豆种植在地势较高、浇灌不便的山林地带，种植分布比较零散，周边种植一些玉米，与林地接壤。而基于单一源遥感数据分类结果与实地调研结果不符。

结合多源遥感数据和面向对象图像分析方法，在第三层利用多时相雷达信息提取水稻种植面积，有效避免了云对分类结果的影响。在第四层中，借助冬季归一化植被指数，林地和玉米被准确地提取出来。因此，多尺度分层次的方式，能够提升研究区种植结构分析的准确性多源遥感信息分类结果对比如图 2.17 所示。分类总体精度评定如表 2.8 所示。

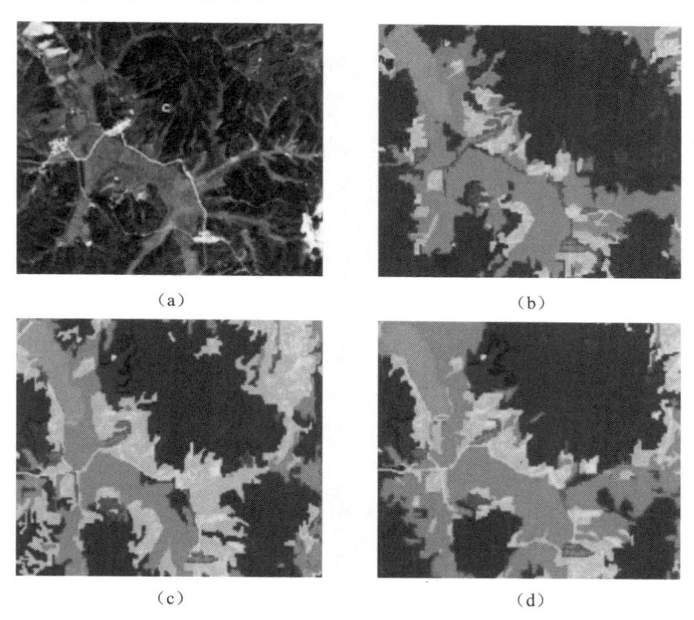

图 2.17　多源遥感信息分类结果对比
(a) 谷歌影像对照；(b) 多源遥感信息多尺度分类；(c) 单一尺度分类；(d) 多尺度分类

表 2.8　　分类总体精度评定

分类方法	单一尺度分割多光谱	多尺度分割多光谱	多尺度分割多源数据
总体精度	0.77	0.79	0.86
Kappa	0.71	0.73	0.83

从总体精度来看，结合多源信息多尺度分割方法分类结果的总体精度达到86.4%，Kappa 系数为 82.68，较多光谱多尺度分割分类结果总体精度提高约

7.55%。结合多尺度多光谱分类结果总体的精度为 78.85%，高于单尺度多光谱分类结果总体精度 1.58%，说明多尺度面向对象的地物分类比单一尺度面向对象的地物分类总体精度有一定程度的提高，同时采用多源遥感信息多尺度地物分类比单一源信息具有更明显的优势。从各地类分类精度上看，纹理特征和分类参数的增加对于水稻、林地两个地类的分类精度有明显的提高，尤其水稻的用户精度提高最为显著，增幅高达 13.28%。由于使用了多时相雷达数据，不受云雾的干扰且对水分较为敏感，水域分类的总体精度提高了 17.27%。

2.4　月尺度灌溉多源信息融合农作物耗水遥感反演分析

蒸散发是陆面水循环中最重要的水文过程之一，是联系气候、水、热和碳循环的关键生态水文过程，对区域水循环和水量平衡有重要作用。然而，随着气候变化和人类活动的影响，下垫面、水分条件、土地利用方式和生态环境的变化等引起了全球或区域蒸散发发生了显著变化，尤其是气象因素，如太阳辐射、气温、相对湿度和风速等指标直接控制着蒸散发速率。蒸散发对气候变化响应十分敏感，但受多种因素的共同影响，如何精确估算与测定蒸散发量仍相当困难。评估陆地近地表蒸散发变化对水量平衡、水资源和工程调控管理、灌溉系统设计与管理、作物估产以及灾害评估等都具有重要的现实意义。

获取蒸散发的传统途径大多通过估算和实测，包括空气动力学法、涡度相关法、大孔径闪烁仪法、植物生理学法、波文比能量平衡法以及水量平衡法和蒸渗仪法。这些方法大多是基于局地尺度，并不能获取较大空间范围上的蒸散发情况，大空间尺度下的气象条件和陆面特征是不可能完全均匀一致，遥感手段能够快速获得较大空间尺度的地面物理参数，从而模拟区域尺度上实际蒸散发分布情况，因此逐渐受到气象、水利、农业等部门科研人员的重视。从 20 世纪 70 年代至今，发展了多种遥感反演蒸散发的模型，总体上可以分为三大类：

(1) 统计经验法，通过蒸散发量与各地表参数之间的联系建立不同的经验公式，如基于 Penman - Monteith 公式的空间扩展模型、Priestley - Taylor 模型、互补相关模型、经验统计模型等。

(2) 特征空间法，指根据从遥感影像中获得的各个地表参数，如地表反照率、植被指数、地表温度等，在散点图上呈现出一定的形状，利用该形状取得特征点并将特征点的蒸散发发量，以插值的方式得出各像元腾发量的方法。不同的形状产生不同的蒸散发发量计算模型。如 Moran - VITT 模型（梯形）、三角形模型特征空间由地表温度和地表反照率组成 S - SEBI（简化表面能平衡指数）模型等。

(3) 能量平衡法，指基于能量平衡计算潜热通量，从而求得蒸散发量的方

法，根据模型显热计算中下垫面植被和土壤热通量描述不同，分为单源蒸散发模型（植被与土壤简化为单层“大叶”）、双源（植被与土壤分别考虑）多层蒸散发模型（最常用的为植被和土壤两层）等。国内外应用较多的代表性模型包括SEBAL模型、METRIC模型、SEBS模型、TSEB模型等：①SEBAL模型，该模型应用于晴朗天气条件下具有“极干”和“极湿”表面的研究区，利用遥感数据，结合较少气象参数，就可以得到不同土地覆被类型的净辐射通量、土壤热通量和感热通量，用余项法计算潜热通量从而得到瞬时蒸散发量。②SEBS模型通过归一化处理显热通量计算相对蒸散发，避免了因表面温度或气象资料的不确定性引起的计算误差，具有比较高的精度。③TSEB模型有两种阻抗结构形式，一种是土壤和植被各自独立参加与大气的热量交换；另一种是热量先从土壤和植被表面传输到植被冠层中，再从植被冠层传到参考高度的大气中。

经多年发展，基于地表能量平衡的方法逐渐成为蒸散发遥感反演的主流方向，其中单源模型更适宜较湿润和植被较丰富地区，双源模型更适宜干旱、植被稀疏地区。国内学者在模型研究、国外模型的参数本地化和模块改进方面开展了大量工作，在国内多个流域和地区成功应用。

本书以较广泛使用的SEBAL模型公式为基础，首先利用Landsat-8、HJ-1数据进行计算，得到瞬时和日蒸散发量。在此基础上，结合其他遥感数据源（MODIS数据）、日尺度Penman-Monteith公式、气象站观测数据、耗水观测数据等，参照FAO-56所定义作物系数在生育期内变化的曲线形式，推求作物生育期内作物系数K_c的变化曲线，将日尺度蒸散发反演模型进行月时间尺度的扩展，从而建立了基于多源数据的月尺度作物蒸散发反演模型。遥感反演耗水模型月尺度扩展技术路线如图2.18所示。实际耗水系数K参考作物曲线形式如图2.19所示。

2.4.1 地表参数计算

在研究区地表反射率的基础上，分别计算用以反演陆面蒸散所需的NDVI、地表反照率和地表温度3种地表参数。研究首先获取窄波段大气上层反照率，并参照梁顺林等针对植被和土壤大气提出的宽表观反照率经验公式反演大气表观反照率，最终将大气表观反照率转化为地表反照率。

$$\alpha=\frac{\pi \cdot L \cdot D^2}{\mathrm{ESUN} \cdot \cos(\theta)} \tag{2.12}$$

$$\begin{aligned}\mathrm{albode}_{\mathrm{OLI}}=&0.356\alpha_{\mathrm{Blue}}+0.13\alpha_{\mathrm{Red}}+0.373\alpha_{\mathrm{NIR}}+0.085\alpha_{\mathrm{SWIR1}}\\&+0.072\alpha_{\mathrm{SWIR2}}-0.0018\end{aligned} \tag{2.13}$$

$$\begin{aligned}\mathrm{albode}_{\mathrm{MODIS}}=&0.16\alpha_{\mathrm{Blue}}+0.291\alpha_{\mathrm{Green}}+0.243\alpha_{\mathrm{Red}}+0.116\alpha_{\mathrm{NIR}}+0.112\alpha_{\mathrm{SWIR1}}\\&+0.081\alpha_{\mathrm{SWIR2}}-0.0015\end{aligned} \tag{2.14}$$

$$P=(\mathrm{albode}-0.003)/\tau_{\mathrm{sw}}^2 \tag{2.15}$$

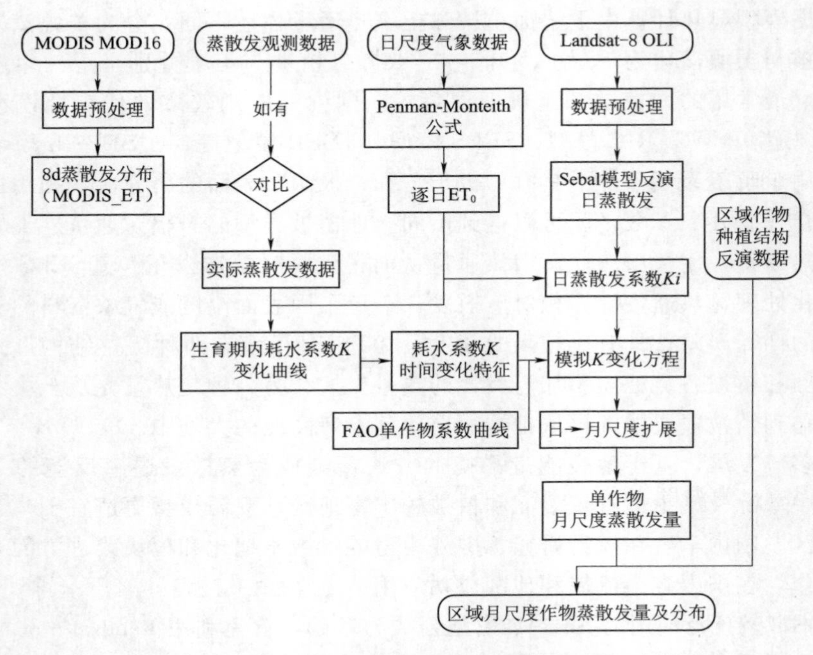

图 2.18　遥感反演蒸散发模型月尺度扩展技术路线

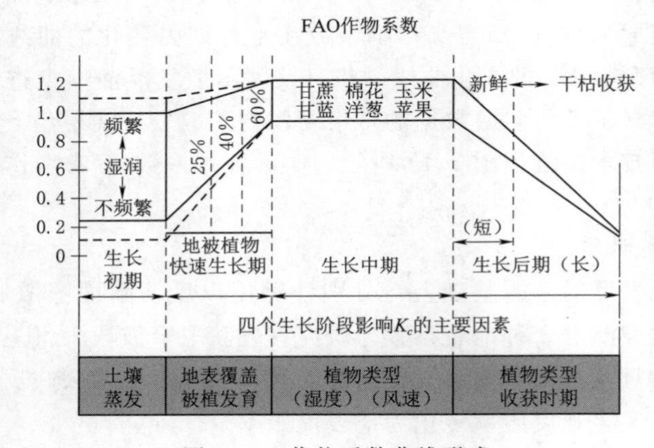

图 2.19　作物系数曲线形式

（图中作物系数 $Kc=ET_a/ET_0$，ET_a 为作物实际蒸散发量，ET_0 为潜在蒸散发量。）

$$\tau_{sw}=0.75+0.00002Z \tag{2.16}$$

式中：α 为窄波段大气表观地表反射率，无量纲；π 为常量（球面度）；L 为大气层顶进入卫星传感器的光谱辐射亮度，W/(m^2 · sr · μm)；D 为日地之间距离（天文单位）；ESUN 为大气层顶的平均太阳光谱辐照度，W/(m^2 · sr · μm)；θ 为太阳的天顶角（$\theta=90°-\beta$，β 为太阳高度角）；$albode_{OLI}$ 和 $albode_{MODIS}$ 分别

为 Landsat－8 OLI 影像和 MODIS 影像宽波段大气表观反照率，均由窄波段表观反射率计算而来；P 为地表反照率；τ_{sw} 为大气透射率，根据地表高程估算而来；Z 为数字地表高程。

研究以 Landsat－8 影像的 TIR1 波段为基础数据，采用辐射传输模型反演地表温度，同时获取表征植被生长状态的归一化植被指数。地表温度和 NDVI 反演方法如下所示：

$$\mathrm{LST}=K_2/\ln\left(\frac{K_1}{B_{(T_s)}}+1\right) \tag{2.17}$$

$$B_{(T_s)}=[L_\lambda-L_\uparrow-(1-e)\cdot L_\downarrow\cdot\tau]/(\tau\cdot e) \tag{2.18}$$

$$e=0.004\cdot\mathrm{VFC}+0.986 \tag{2.19}$$

$$\mathrm{NDVI}=\frac{\mathrm{NIR}-\mathrm{Red}}{\mathrm{NIR}+\mathrm{Red}} \tag{2.20}$$

式中：$B_{(T_s)}$ 为温度为 T_s 的黑体在传感器接收到的辐射亮度；L_λ、$L_\uparrow$、$L_\downarrow$ 分别为 TIR1 波段辐射亮度值、入射到水平地面的长波辐射和地面向上的长波辐射；e 为地表比辐射率；τ 为大气透射率；VFC 为植被覆盖度；K_1 和 K_2 为传感器特定的定标常数，分别取 774.89、1321.08。NIR 代表近红外波段的反射率，Red 代表红光波段的反射率。

2.4.2 改进的时空数据融合方法

时空自适应反射率融合模型（Spatial and Temporal Adaptive Reflectance Fusion Model，STARFM），融合结果适用于区域尺度上快速变化地物的监测，尤其是农作物生长监测。许多后续研究在其基础上进行了改进，如增强型时空自适应反射率融合模型（Enhanced Spatial and Temporal Adaptive Reflectance Fusion Model，ESTARFM），结合了地表反射率的时间变化趋势，更好地适用于地块破碎、景观异质性强的区域，在作物识别、物候研究等领域得到了广泛应用。

通过改进相似像元的筛选精度，基于滑动窗口获取相似像元，即滑动窗口内任一像元与中心像元满足式（2.21），则确定此像元为相似像元。

$$G(x_i,y_i,t_p,\mathrm{B})-G(x_{w/2},y_{w/2},t_p,\mathrm{B})\leqslant 2\times\sigma(\mathrm{B})/m \tag{2.21}$$

式中：x_i、y_i 为第 i 个像元；$x_{w/2}$、$y_{w/2}$ 为滑动窗口中心像元；w 为滑动窗口大小；$G(x_i, y_i, t_p, \mathrm{B})$ 和 $G(x_{w/2}, y_{w/2}, t_p, \mathrm{B})$ 分别为第 i 个像元和中心像元在 t_p 时相上对应 B 波段上高空间分辨率影像的地表反射率；$\sigma(\mathrm{B})$ 为滑动窗口内所有像元在 B 波段上地表反射率的标准差；m 为滑动窗口内可能出现的地物类型数量，通过野外调查及目视解译确定研究区有耕地、裸地、草地、建筑用地、林地和温室大棚 6 种典型地物类型，预估 m 为 6。

控制 N 为 90，设置 w 为 10 像元×10 像元至 80 像元×80 像元大小，间隔为10像元×10像元，定量分析不同滑动窗口尺度对融合结果的影响，得到最佳w；在确定最佳w的情况下，设置N为60～120，间隔为10，评价不同相似像元数量对融合结果的影响，得到最佳N。

同时，ESTARFM算法引进了邻近具有相似光谱特征的均质像元作为辅助信息来提高融合精度。因此，在一个滑动窗口中，中心像元反射率的构建方程如式（2.22）所示：

$$G(x_{w/2},y_{w/2},t_p,\mathrm{B})=G(x_{w/2},y_{w/2},t_0,\mathrm{B})+\sum_{i=1}^{N}W_i\times V_i \times[M(x_{w/2},y_{w/2},t_p,\mathrm{B})-M(x_{w/2},y_{w/2},t_0,\mathrm{B})] \tag{2.22}$$

式中：N为相似像元数量；W_i为第i个相似像元的权重大小；V_i为第i个像元的光谱转换系数。实际融合过程中，该算法采用了模拟时期前后2期高空间分辨率影像模拟滑动窗口内中心像元的反射率，进一步提高了模拟结果精度。

基于t_m与t_n时刻获取的高时间低空间分辨率（如MODIS）和高空间低时间分辨率（如Landsat）影像及t_p时刻的高时间低空间分辨率（如MODIS）影像，模拟t_p时刻高空间分辨率（如Landsat）的影像（t_p位于t_m与t_n之间）。

2.4.3 基于能量平衡的陆面蒸散反演方法

陆面蒸散是指土壤或植被的表面及水面传输到大气中的水分。蒸散水分的交换是水由液态到气态的相变过程，此过程伴随着能量吸收和地表降温。根据能量传输守恒原理，把进入大气的能量通量称为λE（其中λ为汽化潜热），则λE可由净辐射（R_n），感热通量（H）和土壤热通量（G）进行计算，即

$$\lambda E=R_n-H-G \tag{2.23}$$

$$R_n=S_n+L_{\downarrow}-L_{\uparrow} \tag{2.24}$$

式中：S_n为地表短波净辐射。

土壤热通量在能量平衡方程中占的比重较小，可用它与净辐射的关系来确定。

$$G=\frac{T_s}{\alpha}(0.0038\alpha+0.0074\alpha^2)(1-0.98\mathrm{NDVI}^4)R_n \tag{2.25}$$

式中：T_s为地表温度；α为地表比辐射率；NDVI为归一化植被指数。

由SEBAL模型求解感热通量H已广泛应用于估算区域蒸散发。以往空气温度、地表辐射温度和空气动力学温度的不确定性常造成感热通量的计算误差。SEBAL模型通过选取冷热像元来确定近地表空气温差d_T与地表辐射温度T_s之间的经验线性关系；同时，根据选取的冷热像元来确定该线性关系的系数。冷热像元可参照地表温度和植被指数进行选取；通常地表温度较高、NDVI较小的纯净农田像元被认为是热点像元，而地表温度低、NDVI大的纯净农田像元则被认为是冷点像元。基于遥感的SEBAL模型反演陆面蒸散方法如图2.20所示。

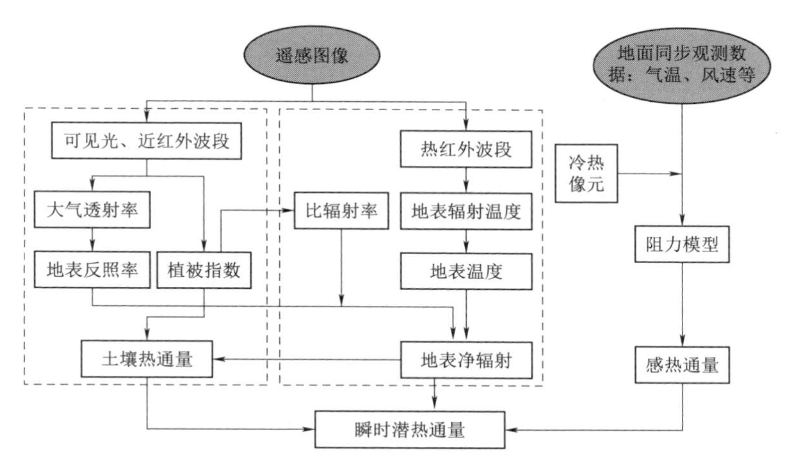

图 2.20 基于遥感的SEBAL模型反演陆面蒸散方法

2.4.4 作物月尺度耗水估算方法

光学遥感受气象条件影响，仅依赖于遥感手段很难获取高时间尺度的区域陆面蒸散发量。因此，研究在8d时间分辨率陆面蒸散发量的基础上，结合传统水文学估算作物蒸散发方法获取逐日的区域尺度作物蒸散发。首先获得表征空间尺度上作物生长状态和土壤水分状态综合影响的参数-实际耗水系数 $K(K=ET_a/ET_0)$，ET_a 为遥感反演的日蒸散发。在8d内，作物的生长状态变化较小，因此可假定参数 K 不变；此时，根据传统方法（$ET_a=K\cdot ET_0$）估算作物蒸散发。该方法所获得的日尺度蒸散发量与逐日的气象数据有关，充分考虑了短时间内气象条件变化。同时，参数 K 在空间尺度上反映不同作物的生长状态和土壤水分对实际蒸散发的影响。因此，最终获得的蒸散发量具有高时空分辨率（时间分辨率为日或月，空间分辨率为30m），能够为作物耗水和农业灌溉用水量分析提供较为精细的空间数据。

2.4.5 典型区月尺度耗水

山东省位山灌区的月尺度耗水分析主要利用2017—2019年的Landsat-8、MODIS等相关卫星影像，时间序列数据详情如图2.21所示。

通过蒸散发反演和尺度扩展，分析了区域内主要作物小麦和玉米生育期内的日耗水、月耗水空间分布规律，典型月份耗水分布如图2.22所示。

本书提出的月尺度耗水反演模型估算结果，与清华大学位山试验站大孔径闪烁仪观测数据以及MODIS的蒸散发数据进行了对比，如图2.23所示。

该观测站位于灌区中心一片农田内（约3500m×1400m），农田周边由村庄、公路、毛白杨防风林带和渠道围绕，在灌区具有代表性，每年10月中旬到次年6月为小麦生长季，6月中旬到10月为玉米生长季，其中6月中旬左右和10月中旬左右为两种作物的间歇期，地表无作物覆盖。

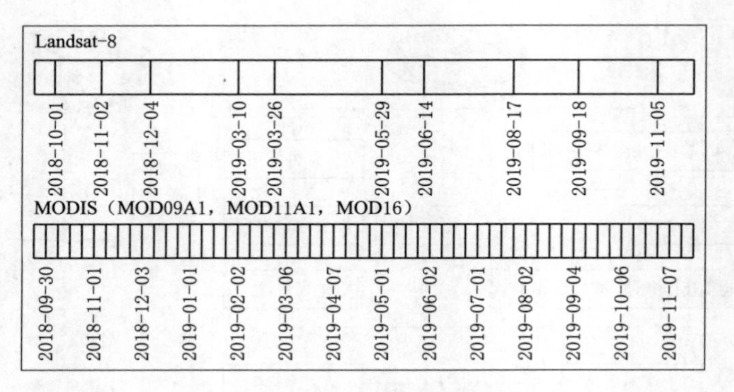

图 2.21　时间序列数据详情

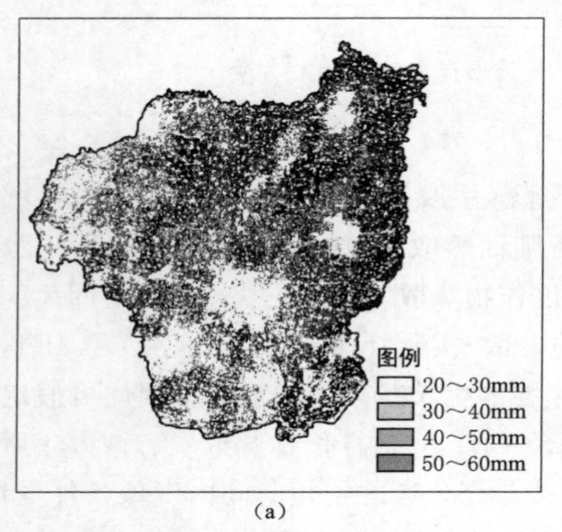

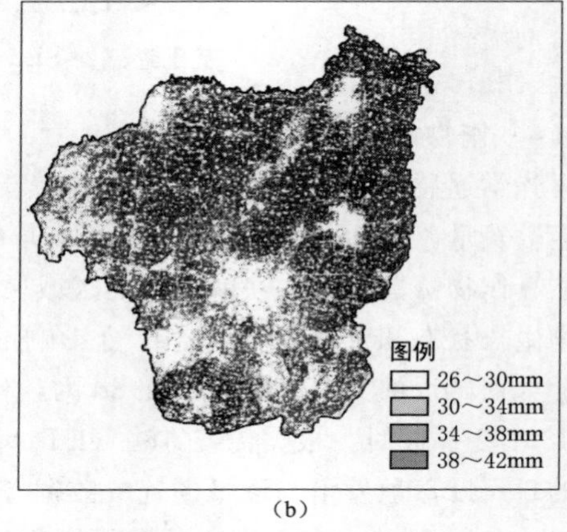

图 2.22　2019 年山东位山灌区 6 月、10 月耗水

(a) 6 月；(b) 10 月

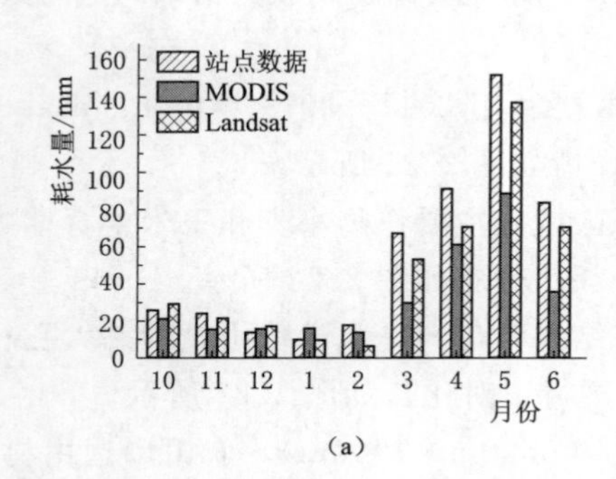

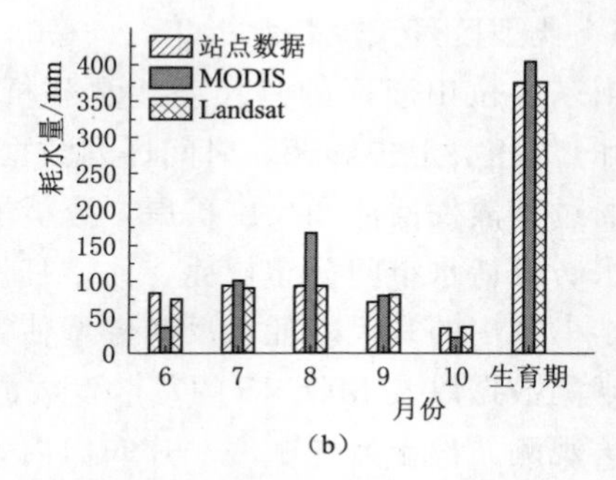

图 2.23　2019 年位山灌区月尺度耗水反演结果验证

(a) 小麦；(b) 玉米

从结果可见，本书提出的月尺度模型反演结果与观测结果更为接近，大部分月份遥感反演结果略低于观测值，误差在6%～20%；MODIS的ET_a在小麦生育期内普遍明显偏小，而玉米生育期内个别月份偏大较多，各月误差在5%～43%。二者相比，本书提出方法的反演结果从数值和变化规律上都与实际更为接近，用于作物耗水变化规律分析更为可靠。

在缺少耗水观测专门设备的区域，可在具备土壤水观测或灌溉试验数据的典型田块，依据水平衡方程推求月耗水量，与模型计算结果进行对比，进行空间尺度的验证。

2.5 典型区灌溉面积遥感反演分析

灌溉面积及其准确的分布信息对于灌区水资源的现代化管理非常重要，因地面调查缺乏快速有效的监测手段，传统上一般依靠统计上报获取灌溉面积，数据的精度往往依赖于灌区管理者的经验，加上统计上报时间严重滞后以及缺少空间分布情况等因素，往往不能满足实际管理的需要。灌溉用水管理和效果评价缺乏空间数据支撑，成为长期困扰水管理部门的问题，严重影响灌区用水精细化管理以及流域水资源合理科学配置。

除了实地统计这一传统的方法之外，当前有一些基于数理分析的预测方法，例如神经向量法、支持向量机方法、灰色预测模型等，但这些单纯依靠数学预测的方法缺少让人信服的理论基础，并且随着数据量的增大和时间上的拓展，预测的结果产生的误差也会增大。

卫星遥感技术为获取灌溉面积和分布提供了新的方法，通过关键指标的反演，可为准确、快速、大范围、多频次调查大区域灌溉面积及其分布提供有效的技术方法。

早在20世纪60年代，国外就开始采用遥感技术对地表土壤水分进行监测，后来逐渐广泛应用于农田信息获取与农业灌溉用水管理中。20世纪90年代以后，随着遥感技术飞速发展，其覆盖范围广、时效性好以及成本低等优点逐渐显现，遥感技术逐渐成为区域灌溉信息获取的主要手段。随着卫星影像数据源不断增加，数据质量也得到了很大提升，为灌溉面积的获取提供了更加丰富的数据基础，在农业灌溉面积获取方面的优势越来越突出。

灌溉能够改变土壤含水量、蒸散发和地表温度，对地表能量平衡和水平衡产生显著影响。因此，灌溉面积的遥感监测可通过反演地表水、热相关参数，以及设定合理的阈值或分析灌溉与非灌溉地指数的差异性进行分类，从而获得灌溉面积空间分布。国内外研究中常用的地表参数通常包括土壤含水量、土壤粗糙度、地表温度、地表反照率、蒸散发量等，常用指标包括归一化植被指数NDVI、归一化水分差异指数 NDWI、增强型植被指数 EVI、绿度植被指数 GVI、地面水分指数 LSWI 等。2006 年，世界水资源管理研究所使用长时间序列的 NOAA/AVHRR 卫星影像数据开发完成了世界第一份全球灌溉面积分布图。

我国开展土壤水分遥感监测的研究起步较晚，经过四十多年不断研究发展，农业灌溉面积监测方面应用也取得了很大进展。1997 年，我国水利部遥感技术应用中心在河南灌区进行试点工作，利用十万分之一比例尺的地形图和美国 Landsat 卫星的 TM 影像资料，辅以当地其他水文资料，进行了野外实地踏勘和核实验证，初步实现了灌溉面积遥感监测。随着光学和雷达等多源遥感数据的应用日益增多，干旱半干旱地区如新疆塔里木河流域、西藏高原、黑河流域、内蒙古河套地区、河北石津灌区等采用不同影像数据、不同指标和分析方法，开展了灌溉面积监测分析的研究，均取得了良好结果。

2.5.1　基于遥感反演土壤墒情的实际灌溉范围监测

灌溉能够改变地表能量平衡和水文循环，一般体现在土壤含水量、蒸散发和地表温度等敏感指标的改变。因此，灌溉面积的遥感监测可通过反演地表参数，根据其差异性进行灌溉和非灌溉地块的分类，从而获得灌溉面积的空间分布。地表参数通常包括土壤含水量 SM、地表温度 LST、蒸散（耗水）ET、土壤粗糙度甚至是作物生长指标 NDVI 等。基于遥感技术获得相关指标空间分布后，通常采用最大似然法、随机森林模型、决策树等监督分类方法确定耕地的有效灌溉面积空间分布，但是这类方法的分类精度与样本的数量和质量有着密切的联系。此外，利用常见的水体或土壤含水量敏感光谱指数获取研究区灌溉状况时，常需要设定阈值，阈值数值的差异性直接影响着监测灌溉面积的精度，最佳阈值的设定需要依据地面的试验样本或者感兴趣区域（ROI）才能进行判断获得，而且工作量较大，不利于自动获得研究区灌溉情况。综上，提出更客观、更方便、更具有普遍性的灌溉面积监测方法具有现实意义。

本书选用多时相 Landsat、哨兵等遥感影像作为数据源，利用常见的多类敏感指数进行计算，分析探讨了空间自相关性分析法在灌溉范围监测应用中的可能性，研究结果表明，利用空间自相关性分析法可以较好地解决在获取灌溉面积时确定阈值困难的问题。

2.5.1.1　常见水分敏感光谱指数

当前国内外研究中反映灌溉水体的水分光谱指数较多，根据 Web of Science 核心数据库检索结果，当前全球普遍应用的两种指数为 MNDWI（引用 1161 次）和 AWEI（引用 382 次）。这两种指数也多被认为是精度较高的水体指数。因此，本书选用常见的水体光谱指数包括 NDWI、改进的归一化水体指数（MNDWI）及两个自动提水指数（$AWEI_{nsh}$ 和 $AWEI_{sh}$）进行研究。其计算公式为

$$NDWI=\frac{\rho_{GREEN}-\rho_{NIR}}{\rho_{GREEN}+\rho_{NIR}} \tag{2.26}$$

$$MNDWI=\frac{\rho_{GREEN}-\rho_{SWIR}}{\rho_{GREEN}+\rho_{SWIR}} \tag{2.27}$$

$$AWEI_{nsh}=4(\rho_{GREEN}-\rho_{SWIR1})-(0.25\rho_{NIR}+2.75\rho_{SWIR1}) \tag{2.28}$$

$$AWEI_{sh}=\rho_{BLUE}+2.5\times\rho_{GREEN}-1.5\times(\rho_{NIR}+\rho_{SWIR1})-0.25\times\rho_{SWIR2} \tag{2.29}$$

式中：ρ 为 Landsat - 8 的光谱波段的反射率；BLUE 为蓝波段（0.45～0.51μm）；GREEN 为绿波段（0.53～0.59μm）；NIR 为近红外波段（0.85～0.88μm）；SWIR1 为短波红外波段（1.57～1.65μm）；SWIR2 是短波红外波段（2.21～2.29μm）。

土壤含水量敏感光谱指数常用的有植被供水指数（VSWI）和温度植被干旱指数（TVDI）。VSWI 能够综合植被指数和地表温度信息，是植被生长过程中监测土壤含水量的常用方法，其计算可描述为

$$VSWI=\frac{B\times NDVI}{LST} \tag{2.30}$$

式中：VSWI 为植被供水指数；NDVI 为归一化植被指数；B 为图像增强系数；LST 为地表温度，℃。VSWI 数值越小，表明土壤水分越小，旱情越严重；数值越大，表明土壤水分越高，区域发生灌溉的可能性越大。

TVDI 是基于在有植被覆盖区域条件下，地表温度与归一化植被指数（NDVI）构成的特征空间呈现三角形分布特征进行计算获得，计算可描述为

$$TVDI=(LST-LST_{min})/(LST_{max}-LST_{min}) \tag{2.31}$$

式中：TVDI 为温度植被干旱指数；LST_{min} 为某像元 NDVI 值对应的最低温度，℃；LST_{max} 为某像元 NDVI 值对应的最高温度，℃；LST 为像元的实际温度，℃；TVDI 数值越小，表明区域土壤越湿润；数值越大，表明土壤水分越小，旱情越严重。

地表温度 LST 计算采用劈窗算法进行反演，其中参数包括植被覆盖度的计算、亮度温度的计算和地表比辐射率的计算。

LST 根据 NASA（美国航空航天局）官方的 Landsat 用户手册提供的算法进行计算：

$$L_{(\lambda)}=gain\times DN+offset \tag{2.32}$$

式中：$L_{(\lambda)}$ 为热辐射亮度；DN 为像元灰度值；gain 为增益值；offset 为偏移值，可通过影像的头文件获取。

$$T_B=\frac{K_2}{\ln(K_1/L_{(\lambda)}+1)} \tag{2.33}$$

式中：T_B 为地表亮度温度；K_1，K_2 为亮度反演常数，经过计算的 T_B 需要经

过比辐射率纠正转为地表温度 LST：

$$LST=\frac{T_B}{1+(\lambda T_B/\rho)\ln \varepsilon} \tag{2.34}$$

式中：λ 为热红外波段的中心波长，Landsat - 8 为 10.9μm，$\rho=h\times c/\sigma=1.438\times10^{-2}$mK（其中斯特潘-波尔茨曼常数 $\sigma=1.38\times10^{-23}$J/K，普朗克常数 $h=6.626\times10^{-34}$Js，光速 $c=2.998\times10^{8}$m/s），ε 为地表比辐射率，其取值可采 Sobrino 提出的 NDVITEM 方法进行地表比辐射率估计：

（1）对于水体，采用 $\varepsilon=0.995$，即直接采用水体的比辐射率。

（2）对于城镇区域，采用 $\varepsilon=\varepsilon_m(1-P_v)+\varepsilon_v+0.003796P_v$。

（3）对于自然表面土地，采用：

$$\varepsilon=\varepsilon_s(1-P_v)+\varepsilon_v P_v+0.003796P_v \quad (P_v\leqslant0.5)$$
$$\varepsilon=\varepsilon_v(1-P_v)+\varepsilon_s P_v+0.003796P_v \quad (P_v>0.5)$$

式中：$\varepsilon_m=0.97$，为各种建筑比辐射率；$\varepsilon_s=0.972$，为裸土的比辐射率；$\varepsilon_v=0.986$，为全植被覆盖区域的比辐射率；P_v 为植被构成比例，可根据式（2.35）来计算：

$$P_v=\left(\frac{NDVI-NDVI_{min}}{NDVI-NDVI_{max}}\right)^2 \tag{2.35}$$

对于光学影像难以满足指标计算的情况，采用雷达数据计算后向散射系数。对于哨兵 1A 合成孔径雷达数据，可利用 ENVI 软件的 Sarscape 模块对雷达影像进行图像配准、滤波处理、辐射定标、地理编码各项处理，再根据耕地表面是否有植被覆盖，可选择相对应的模型进行处理，从而获取能反映地物信息特征的多时相 VV 和 VH 后向散射系数（参见种植结构遥感反演中相关计算公式）。

2.5.1.2 空间自相关性分析

空间自相关（spatial autocorrelation）是指地理事物分布于不同空间位置的某一属性值之间的统计相关性，通常距离越近的两值之间的相关性越大。全局 Moran's I（莫兰指数）侧重对空间数据中某一属性值的整体分布状态进行分析。

全局 Moran's I 计算公式为

$$I=\frac{N\sum_i\sum_j W_{ij}(X_i-\overline{X})(X_j-\overline{X})}{(\sum_i\sum_j W_{ij})\sum_i(X_i-\overline{X})^2} \tag{2.36}$$

$$Z=\frac{1-E(I)}{\sqrt{\mathrm{var}(I)}} \tag{2.37}$$

式中：N 为数据数目；W_{ij} 为空间权重；X_i 和 X_j 分别为空间对象在第 i 和第 j 处的属性值；$\overline{X}$ 为 X 的平均值；Z 为标准化统计量值，$E(I)$ 为观测变量自相关性的期望值，$\mathrm{var}(I)$ 为方差。

Moran's I 的取值范围为［−1，1］，$I>0$ 代表属性值呈现空间正相关，趋于空间聚集特征；$I<0$ 代表属性值呈现空间负相关，趋于空间分散特征；$I=0$ 代表属性值趋于空间随机分布特征。研究采用 Z 值进行显著性检验，当 $Z\geqslant 1.96$ 或 $Z\leqslant -1.96$ 时，表示空间相关性显著（$p<0.05$）。

局部空间自相关用于进一步度量每个单元与其邻近空间单元的属性值之间的相似性和相关性，其结果能够以图形的形式直观地展现区域内部地理要素的空间集聚和分散状况，揭示其空间分布的结构特征。局部 Moran's I 计算公式为

$$I_i=\frac{X_i-\overline{X}}{S_X^2}\sum_j\left[W_{ij}\left(X_j-\overline{X}\right)\right] \tag{2.38}$$

$$S_X^2=\frac{\sum_j\left[W_{ij}(X_j-\overline{X})^2\right]}{N} \tag{2.39}$$

其中，各项含义同式（2.36）和式（2.37）。将局部 Moran's I 进行区域可视化，通过构建 LISA（Local Indicators of Spatial Association，局部空间关联性指标）集聚图，表示出属性值的不同空间分布类型。

常用的 Moran's I 包括 local Moran's I，local Geary's C 和 Getis - Ord G_i 指数。虽然 local Moran's I 和 local Geary's C 指数都能够用于检验局部空间自相关性分析，但是无法区分冷点和热点区域。而 Getis - Ord G_i 指数是一种基于距离权重矩阵的局部空间自相关性指标，能够探测出高值集聚和低值集聚，可以利用 Z 得分和 P 值获得高值或低值要素的空间集聚分布。

2.5.2 基于多源数据的实际灌溉范围监测

基于多源数据的实际灌溉范围监测，首先对于多源多时相光学遥感数据按照上述提取灌溉水体面积的方法进行分析筛选，确定该次灌溉可利用的遥感数据以及对应的敏感指标，再利用 AWEIsh 分类器获得灌溉日期前后的灌溉水体变化情况，卫星影像数据缺失或质量不高时，改为利用地表温度 LST 或土壤墒情（可利用雷达数据）等对灌溉敏感的指标，分析其变化情况，依据热点分析法将该时间段的灌溉面积提取为初步的灌溉范围，同时根据种植结构反演和耗水反演结果分析区分灌溉与雨养地块，结合灌溉工程分布和控制灌面分布等多种来源的空间数据，通过将多源数据进行掩膜提取、多信息图层叠加运算，获得最终的灌溉面积，最后根据统计调查的灌溉面积或区域典型地块调查情况，对分析结果进行精度评价。基于多源数据的实际灌溉范围估测技术路线如图 2.24 所示。

在山东位山灌区的灌溉面积提取中，选用 Landsat - 8 OLI/TIRS 影像作为主要遥感数据（整个研究区域需 2 景合成），以已知灌溉制度中的时间节点为依据，获取光学遥感数据。由于气候等原因部分月份的光谱数据会出现缺失，因此，在本区域研究中还增补了部分时相的哨兵 1 卫星雷达数据，以提高月尺度监测灌溉状况的精度，具体数据如表 2.9 所示。

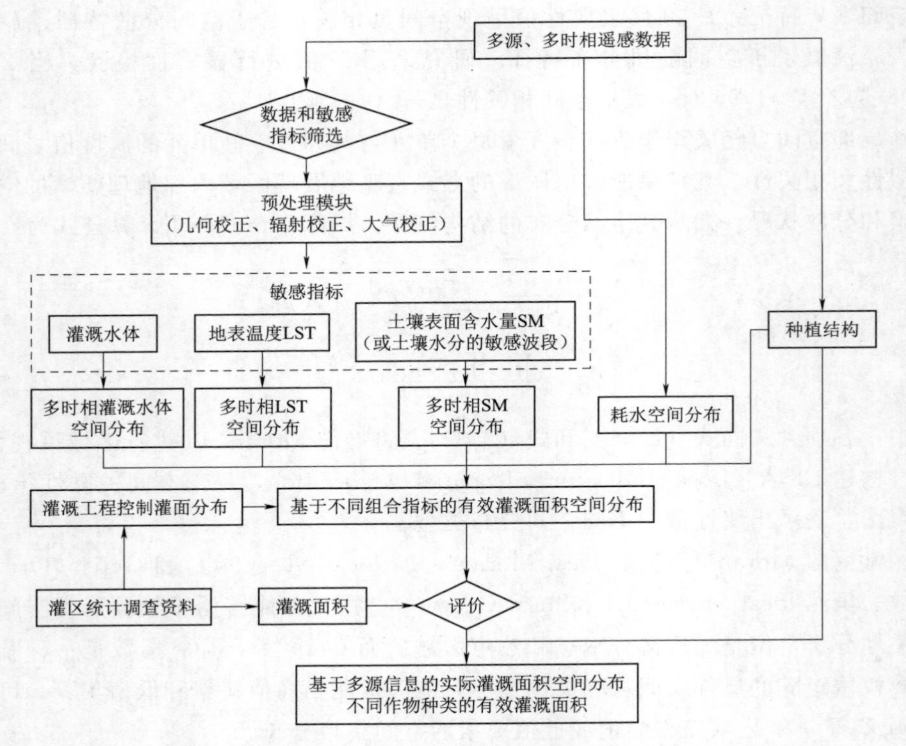

图 2.24　基于多源数据的实际灌溉范围估测技术路线

表 2.9　　　　　　山东位山灌区遥感数据列表

时　间	卫星	轨道号（Path/Row）	数　据　源
2017-02-16	Landsat-8	123/34、123/35	USGS https：//glovis. usgs. gov/
2017-02-25	哨兵 1	026464（绝对轨道号）	ASF https：//search. asf. alaska. edu/
2017-04-02	哨兵 1	026464（绝对轨道号）	ASF https：//search. asf. alaska. edu/
2017-04-26	哨兵 1	026464（绝对轨道号）	ASF https：//search. asf. alaska. edu/
2017-05-07	Landsat-8	123/34、123/35	USGS https：//glovis. usgs. gov/
2017-05-08	哨兵 1	026464（绝对轨道号）	ASF https：//search. asf. alaska. edu/
2017-06-25	哨兵 1	026464（绝对轨道号）	ASF https：//search. asf. alaska. edu/

续表

时 间	卫星	轨道号（Path/Row）	数 据 源
2017-07-10	哨兵1	026464（绝对轨道号）	ASF https：//search. asf. alaska. edu/
2017-09-28	Landsat-8	123/34、123/35	USGS https：//glovis. usgs. gov/
2017-10-03	Landsat-8	123/34、123/35	USGS https：//glovis. usgs. gov/
2017-10-25	哨兵1	026464（绝对轨道号）	ASF https：//search. asf. alaska. edu/
2017-11-04	哨兵1	026464（绝对轨道号）	ASF https：//search. asf. alaska. edu/
2018-02-03	Landsat-8	123/34、123/35	USGS https：//glovis. usgs. gov/
2018-03-04	哨兵1	026464（绝对轨道号）	ASF https：//search. asf. alaska. edu/
2018-03-28	哨兵1	026464（绝对轨道号）	ASF https：//search. asf. alaska. edu/
2018-04-08	Landsat-8	123/34、123/35	USGS https：//glovis. usgs. gov/
2018-05-03	哨兵1	026464（绝对轨道号）	ASF https：//search. asf. alaska. edu/
2018-05-15	哨兵1	026464（绝对轨道号）	ASF https：//search. asf. alaska. edu/
2018-07-02	哨兵1	026464（绝对轨道号）	ASF https：//search. asf. alaska. edu/
2018-07-14	哨兵1	026464（绝对轨道号）	ASF https：//search. asf. alaska. edu/
2018-10-01	Landsat-8	123/34、123/35	USGS https：//glovis. usgs. gov/
2018-10-18	哨兵1	026464（绝对轨道号）	ASF https：//search. asf. alaska. edu/
2018-11-02	Landsat-8	123/34、123/35	USGS https：//glovis. usgs. gov/
2019-01-21	Landsat-8	123/34、123/35	USGS https：//glovis. usgs. gov/
2019-02-27	哨兵1	026464（绝对轨道号）	ASF https：//search. asf. alaska. edu/

续表

时间	卫星	轨道号（Path/Row）	数据源
2019-03-10	Landsat-8	123/34、123/35	USGS https：//glovis. usgs. gov/
2019-03-23	哨兵1	026464（绝对轨道号）	ASF https：//search. asf. alaska. edu/
2019-04-28	哨兵1	026464（绝对轨道号）	ASF https：//search. asf. alaska. edu/
2019-05-22	哨兵1	026464（绝对轨道号）	ASF https：//search. asf. alaska. edu/
2019-06-27	哨兵1	026464（绝对轨道号）	ASF https：//search. asf. alaska. edu/
2019-07-09	哨兵1	026464（绝对轨道号）	ASF https：//search. asf. alaska. edu/
2019-09-18	Landsat-8	123/34、123/35	USGS https：//glovis. usgs. gov/
2019-10-25	哨兵1	026464（绝对轨道号）	ASF https：//search. asf. alaska. edu/
2019-11-05	Landsat-8	123/34、123/35	USGS https：//glovis. usgs. gov/

对2017—2019年灌区逐次灌溉前后的多源数据进行分析，获得月尺度的灌溉面积，如图2.25～图2.27所示。

本书提出的实际灌溉范围提取方法得到的逐月各次灌溉面积，与灌区地面监测统计数据对比如表2.10所示。

表2.10　位山灌区2017年、2018年和2019年各月份灌溉面积统计

年份	月份	遥感提取灌溉面积/万亩	地面监测记录灌溉面积/万亩	相对误差
2017	2	55.07	47	0.171
	3	159.61	155	0.031
	4	201.45	187	0.077
	5	52.11	47	0.109
	6	71.11	68	0.046
	10	77.93	68	0.146
	11	22.27	16	0.392
2018	2	73.06	67	0.091
	3	187.69	181	0.037

续表

年份	月份	遥感提取灌溉面积/万亩	地面监测记录灌溉面积/万亩	相对误差
2018	4	196.25	189	0.038
	5	7.63	5	0.526
	6	45.57	40	0.1393
	8	10.36	9.5	0.091
	10	54.75	47	0.165
2019	2	86.46	75	0.153
	3	239.51	225	0.064
	4	153.34	120	0.278
	5	77.81	55	0.415
	6	205.22	200	0.026
	7	166.72	160	0.042
	10	88.14	85	0.037
	11	6.36	5	0.272

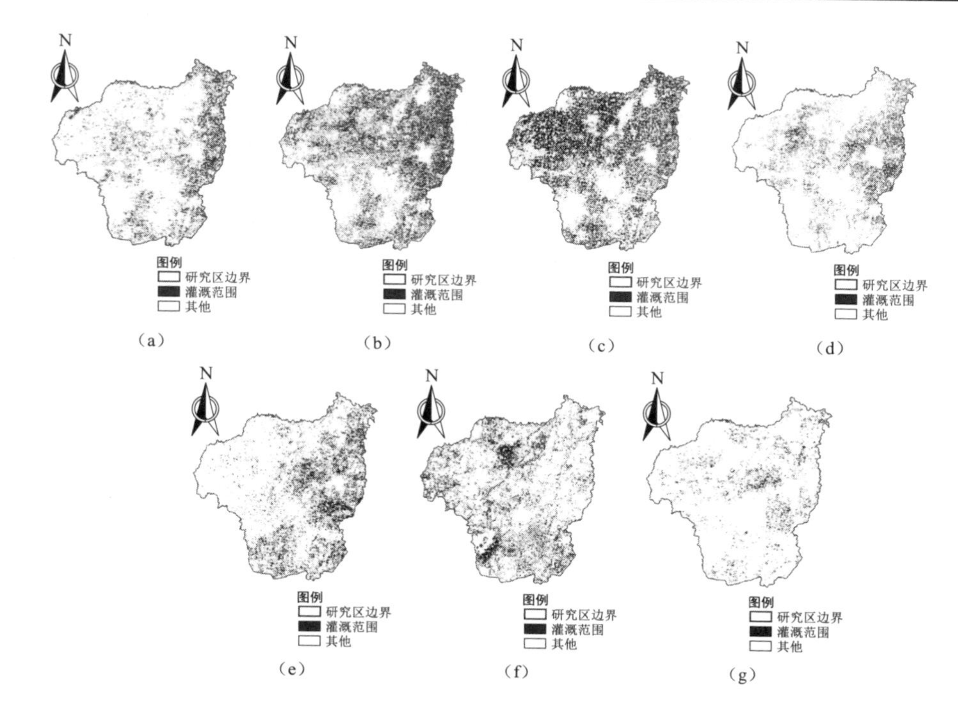

图 2.25 位山灌区 2017 年月尺度灌溉面积提取

(a) 2月；(b) 3月；(c) 4月；(d) 5月；(e) 6月；(f) 10月；(g) 11月

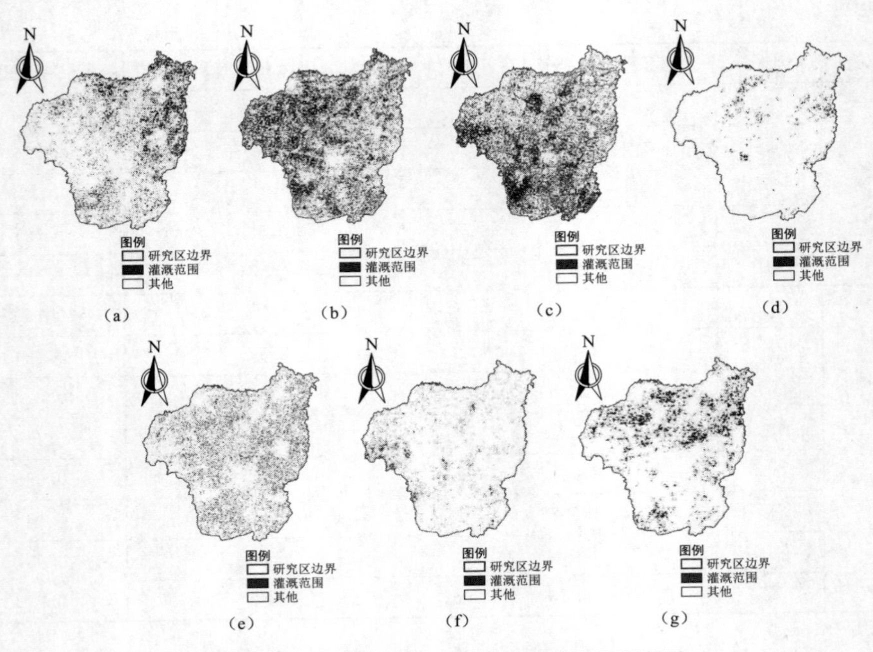

图 2.26　位山灌区 2018 年月尺度灌溉面积提取

(a) 2 月；(b) 3 月；(c) 4 月；(d) 5 月；(e) 6 月；(f) 8 月；(g) 10 月

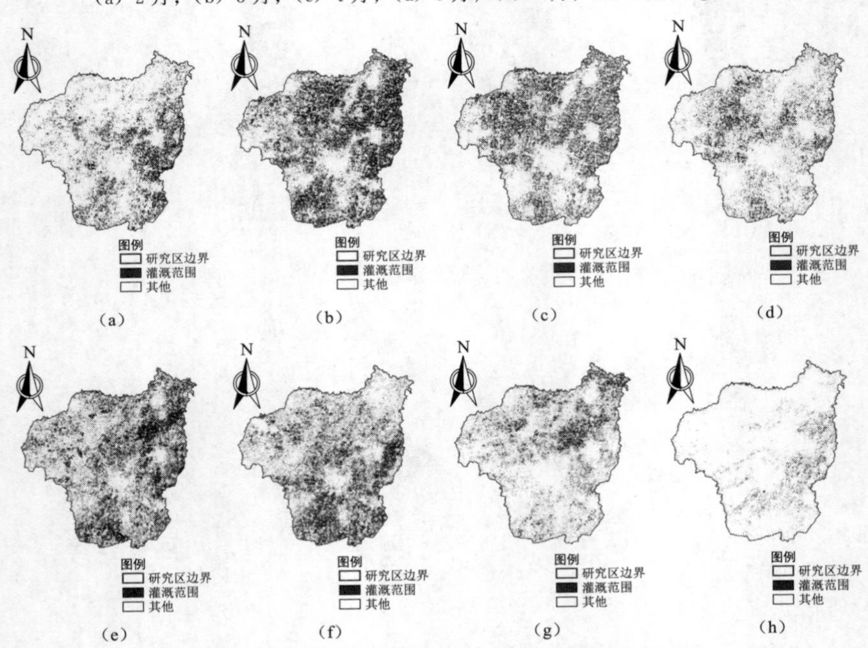

图 2.27　位山灌区 2019 年月尺度灌溉面积提取

(a) 2 月；(b) 3 月；(c) 4 月；(d) 5 月；(e) 6 月；(f) 7 月；(g) 10 月；(h) 11 月

2017—2019年各月的灌溉面积对比可知，各月尺度的灌溉面积提取数值与地面监测记录数据相比精度较高，个别月份灌溉面积提取数值上有较大偏差，主要原因可能是遥感影像时相与灌溉制度的时相相差较大，或灌区内有部分内部水源灌溉未完全统计、降水空间变异性等因素影响。

灌溉范围的空间验证点在位山灌区开展灌水统计上报的典型田块中选择，按每条干渠控制范围，在上中下游分别选取6～9个田块，用于逐次灌溉范围和面积的验证，经2018—2019年对比，灌溉面积估测的空间准确率在85%以上。

总体而言，采用多时相多源遥感影像为数据源，利用敏感指标作为分类器，结合空间分析法进行基于多源信息的灌溉面积提取，具有较好的提取精度。

2.6 多源信息融合月尺度农业灌溉用水监测方法

2.6.1 监测内容

月尺度农业灌溉用水量监测需对作物种植结构、实际耗水、特殊灌溉用水、工程调度调蓄水量、土壤水蓄变量等主要因素进行调查、统计和监测。月尺度农业灌溉用水监测流程图如图2.28所示。

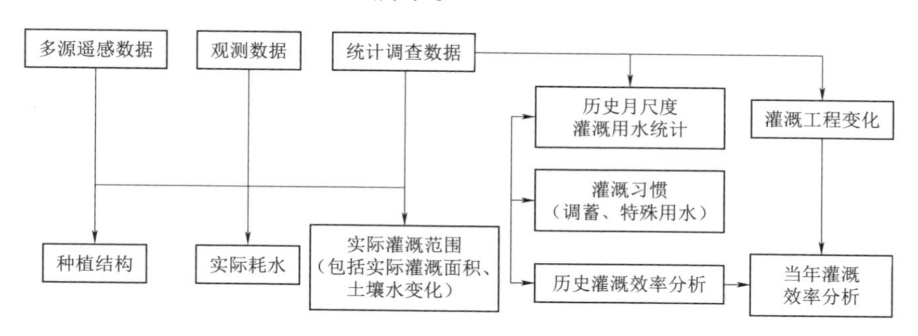

图2.28 月尺度农业灌溉用水监测流程图

2.6.2 监测数据分析

通过在灌区开展遥感反演分析以及实地调研，收集作物种植结构、实际耗水观测数据以及灌区逐月上报的单次灌溉用水数据（包括灌溉的作物种类、面积，以及灌溉起止时间、用水量），对灌溉用水量进行时空监测和验证。

2.6.2.1 种植结构

以多时相遥感影像为基础，结合主要作物生育期特征分析，进行初步的种植结构分类提取。通过实地调研，可对当前种植的作物进行现场确认，通过调查走访，还可获取历史种植结构情况，在调研过程中记录调查点的空间坐标和种植作物名称，以便对种植结构分类初步成果进行验证，误差较大的，应根据调查数据样本对分类参数进行适当修正，进一步提升分类精度。

2.6.2.2　耗水

在位山灌区等具备灌溉试验站、水文气象观测条件的地区，通过蒸散发（耗水）直接观测，或水平衡模型计算得到耗水量，可对本书中遥感反演耗水的结果，包括日耗水、月耗水等进行验证，以便对模型参数取值进行不断的改进。在不具备耗水直接或间接观测手段的区域，可利用 MODIS 的 ET 产品对本书中月尺度耗水反演结果进行验证分析。

2.6.2.3　实际灌溉范围

实际灌溉范围通常需要结合逐次灌溉工程调度的情况、灌溉取水量、灌溉工程控制灌面、灌溉习惯等统计调查情况，综合确定逐次灌溉的范围。由于空间信息往往难以及时准确获取，地面观测调查数据通常只有实际灌溉面积的数值的统计数据。本书提取得到的逐次灌溉范围可与该统计数据进行对比分析。在实际灌溉范围分析的过程中可得到土壤水蓄变量和空间分布。

2.6.2.4　历史月尺度灌溉用水数据统计

通过种植结构、耗水分布和实际灌溉范围（包括土壤含水量）的监测，结合同期气象数据的分析计算得到有效降水量，可以计算得到每次灌溉的净用水量，即满足田间耗水所需的灌溉水量。

在地面调查统计过程中，需要对灌溉取用水过程的几个关键因素进行调查和分析，包括输配水工程效率、灌溉水轮灌和调蓄习惯，以及关键生育期所需特殊灌溉用水量。

通过月尺度农业灌溉用水计算分析数据的积累，与灌溉取用水相关监测、统计调查数据进行对比分析，对历史年份、月份的实际灌溉水利用效率进行动态评估，有利于提高当年灌溉用水量的分析精度，其结果（包括月尺度灌溉水利用效率、灌溉习惯等）还可为灌溉用水量的预测预报提供参考。

2.7　典型灌区耗水与用水关系

区域尺度的实际灌溉用水，在较短时期（如月尺度或某个作物生育期）内灌溉方式、灌溉技术及灌溉习惯不会发生显著变化时，主要受作物灌溉需水、灌溉水源和灌溉工程几方面的影响，当灌溉水源不足以满足区域内所有作物的灌溉需水时，一般灌溉条件较好、离水源较近的田块会优先得到灌溉，离水源较远、灌溉不便的区域受旱，当灌区较大时，考虑方便工程管理调度、减少输水损失、控制水位等原因，往往实行轮灌制度，一个灌溉时期集中灌溉一部分渠系的控制灌面，许多灌区还存在内部分散的灌溉水源，因此灌区用水的监测往往点多面广，存在多种困难，在监测设施不完善时，往往依赖于人工经验统计，存在较大的不确定性。区域如果有灌溉用水量测水设施，可以直接获得实测数据，用于和区域耗水进行对比分析，得到耗水与用水的关系，在缺乏实测数据时，往往依据作物需水情况、典型作物地块的用水量调查数据以及区域的实际灌溉条件进行估算。

区域毛灌溉用水量一般可由实际灌溉范围内作物种植结构、作物净灌溉水量以及灌溉系统的效率来进行简单估算，即

$$I_{m,毛}=\frac{I_{m,净}}{\eta} \tag{2.40}$$

$$I_{m,净}=\sum_{j=1}^{n}(\mathrm{ET}_{j,m}-P_m+\Delta W_j+R_j+D_j)\times A_j=\sum_{j=1}^{n}(\mathrm{ET}_{j,m}-P_{em,j})\times A_j \tag{2.41}$$

式中：m 为月份；n 为作物个数；$I_{m,毛}$ 为 m 月的区域毛灌溉水量（取用水量）；$I_{m,净}$ 为 m 月区域净灌溉水量；A_j 为实际灌溉范围内第 j 种作物的种植面积；$\mathrm{ET}_{j,m}$、P_m 和 $P_{em,j}$ 为 m 月内的 j 作物耗水、降水、有效降水；ΔW_j 为月内 j 作物地块土壤水蓄变量（含水量变化值）；R_j、D_j 为月内 j 作物地块产流量、深层渗漏水量；η 为灌溉水利用系数。

在缺少区域作物净灌溉水量实际监测数据时，往往用作物灌溉需水定额代替，传统方法常采用 FAO－56 推荐的 P－M 公式和作物系数经验值进行估算，实际灌溉面积采用灌溉工程的控制灌面代替。由于灌溉过程和作物长势的不确定性和时空变异性较大，往往造成估算得到的区域灌溉用水数据与实际情况存在一定偏差。

基于多源信息和遥感数据对区域种植结构、耗水和实际灌溉范围进行动态监测，可为灌溉用水量分析提供空间上更为直观、精度上更为准确的基础依据。考虑实际灌溉习惯的影响，部分作物在播种前和某些特殊生育时期会增加灌溉用水，以促进作物成长或减少环境不利影响，形成播前灌、返青水、拔节水、压盐水等特殊用水。对于灌溉水源来水时间有限、水量不充足的区域，通常会采取轮灌来提高骨干工程的输配水效率，并结合田间蓄水工程提高作物的实际灌溉保证率，因此对于逐月的灌溉用水，除满足田间作物的需水之外，还需考虑工程调度中的调蓄水量。

$$W_{m,灌溉}=I_{m,毛}+I_{m,特殊}+W_{m,调蓄} \tag{2.42}$$

式中：m 为月份；$W_{m,灌溉}$ 为灌溉取用水量；$I_{m,毛}$ 为满足作物田间耗水所需灌溉用水量；$I_{m,毛}$ 为特殊灌溉用水量；$W_{m,调蓄}$ 为工程调度调蓄水量。

2.8 基于多源融合信息的农业灌溉用水量分析方法与应用

2.8.1 分析流程

综合考虑各个典型区所开展实地调查、搜集种植结构、实际耗水实际灌溉范

围等各项数据的完整性，为便于对本书所建立的基于多源融合信息的农业灌溉用水量分析模型进行全面的验证，在山东位山灌区开展了灌溉用水量分析方法的应用，其技术路线如图 2.29 所示。

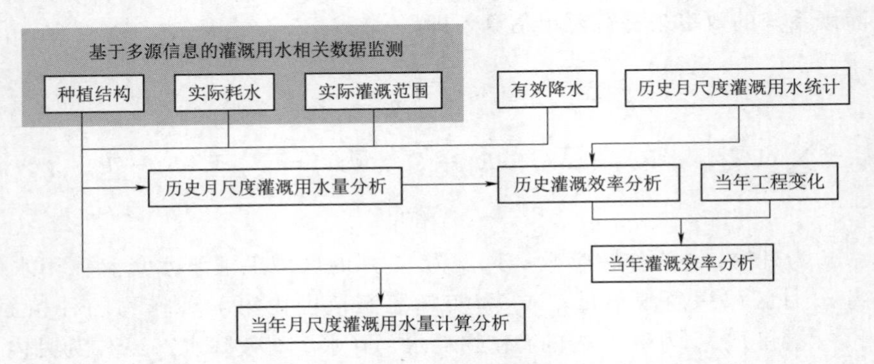

图 2.29　基于多源信息的农业灌溉用水分析方法技术路线

2.8.2　基于多源融合信息的农业灌溉用水量分析

位山灌区 2019 年冬小麦返青后有效降水、灌溉用水与遥感监测土壤水变化情况如图 2.30 所示。

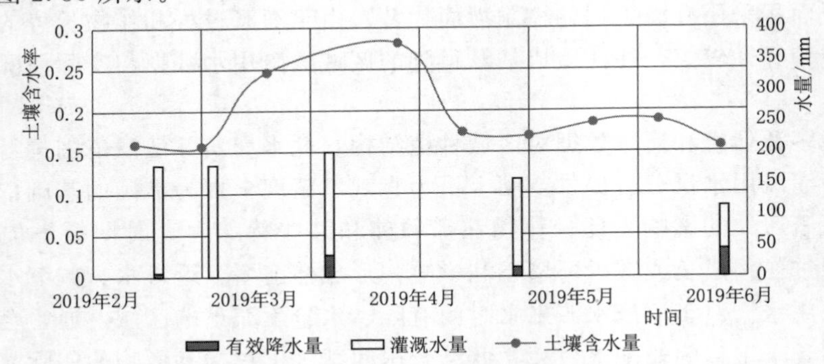

图 2.30　位山灌区 2019 年冬小麦返青后有效降水、灌溉用水与遥感监测土壤水变化情况

位山灌区近年监测统计年尺度灌溉水利用系数在 0.51～0.52 之间，根据前述基于多源信息的种植结构、月尺度耗水以及实际灌溉面积分析的结果，2017—2018 年计算分析与监测统计灌溉用水量月累计值对比如图 2.31 所示。

由 2017—2018 年分析结果可见，经参数率定后计算分析的灌溉用水量与监测统计数据较为接近，据此计算的 2019 年各月灌溉用水量结果见表 2.11。由于在冬春季灌溉高峰期，灌溉用水较为紧张，为提高灌溉工程调度效率，灌区内采用轮灌、田间工程蓄水、错峰灌溉等调度措施。灌区灌溉工程取水后到达田间，部分水量在田间蓄水工程蓄积备用，深层土壤水分的蓄变量难以直接观测，都可

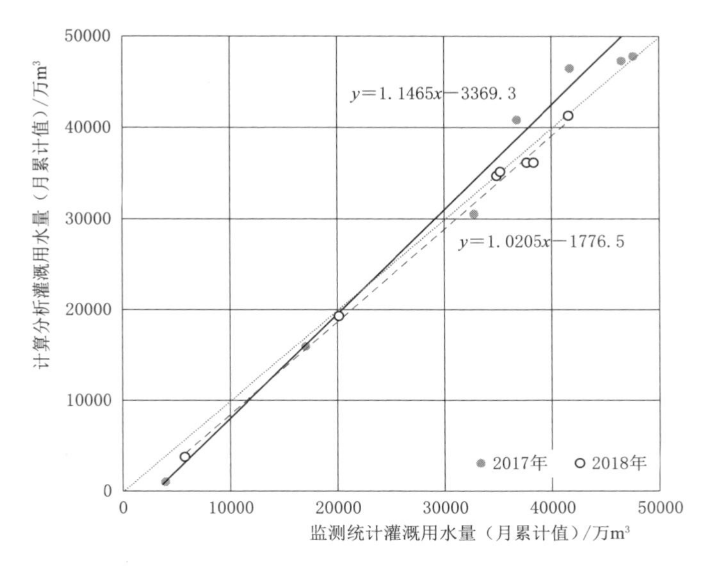

图 2.31 位山灌区 2017—2018 年计算分析与监测统计灌溉用水量月累计值对比

能导致遥感监测的灌溉用水量数据与监测统计数据相比在时间上存在一定的滞后效应。

表 2.11 2019 年位山灌区基于多源信息的灌溉用水量月累计分析结果

月份	实际灌溉面积/万亩	实际灌溉范围内作物耗水平均值/mm	有效降水/mm	月灌溉用水量/万 m³		月累计灌溉用水量/万 m³	
				计算分析	统计	计算分析	统计
2	86.46	18.03	6.9	1604	8551	1604	8551
3	239.51	57.02	0.9	22402	18332	24006	26883
4	153.34	84.91	41.4	11120	12741	35126	39624
5	77.81	130.3	12.0	15346	5136	50471	44760
6	205.22	86.06	38.8	16178	9025	66650	53785
7	166.72	94.99	77.8	4775	11647	71425	65432
8	—	—	—	—	—	71425	65432
9	—	—	—	—	—	71425	65432
10	88.14	34.74	28.4	931	5596	72356	71028
11	6.36	23.78	9.7	149	357	72505	71385

本书采用月累计灌溉用水量，对计算分析灌溉用水量和统计灌溉取用水量进行对比验证。由于田间小型蓄水工程的实际蓄水量和田间实际用水过程缺乏详细的统计资料，灌溉用水紧张采取轮灌时，计算分析实际灌溉用水量与月尺度灌溉

工程取水量相比可能偏小。随着丰水期到来，作物灌溉需水较少，而灌区引水水源水量和内部河流来水相对充沛，灌溉保障程度较高，田间蓄水工程的使用减少，而灌溉利用内部河流来水的水量往往监测统计不全，计算分析实际灌溉用水量与统计灌溉取用水量相比可能偏大。

因此，按逐月累计对计算分析的灌溉用水量和监测统计数据进行对比，冬春季计算分析值较小，夏秋季计算分析值较大，如图2.32所示。

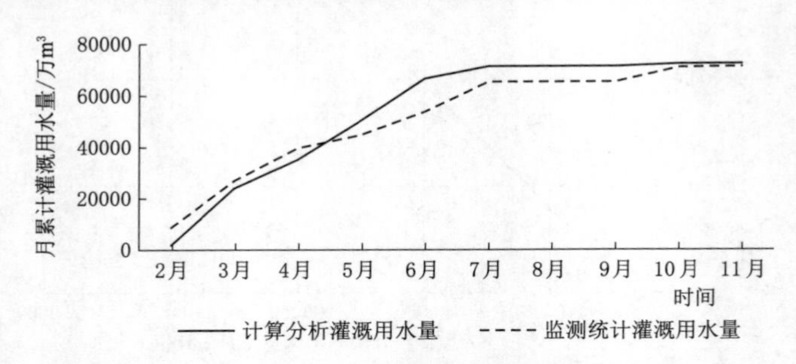

图2.32　2019年计算分析和统计月累计灌溉用水量对比

本书分析计算灌溉用水量年内变化趋势和监测统计数据基本一致，尽管个别月份偏差较大，但各年度灌溉用水量偏差2%～8%。本书提出的方法可对灌区月灌溉用水量进行有效监测分析。

使用传统试验方法对大型灌区开展灌溉用水量及用水效率进行监测分析，人力物力消耗大，耗时长，例如2019年在位山灌区某灌域内对9个典型田块和2种主要作物进行试验研究，投入人员20余人，投入经费超过50万元。本书提出的基于多源数据的灌溉用水量分析方法，能够极大地提升灌溉用水的监测效率，节省人力70%，节省经费80%以上，作物分布、耗水和灌溉范围的空间分布能够有效反映区域灌溉用水情况的空间分布与差异。因此本书提出的基于多源数据的灌溉用水量分析方法，能够极大地提升灌溉用水的监测效率，降低监测成本，作物分布、耗水和灌溉范围的空间分布能够有效反映区域每一点的情况，结果更为直观。

2.9　小结

本书以高精度遥感数据为主，基于多源信息的种植结构提取、月尺度耗水反演和实际灌溉范围提取等监测方法，构建了基于高精度多源融合信息的典型区农业灌溉用水量分析技术，在山东位山灌区等典型区以代表性作物开展了月尺度耗水和用水的全面验证，水量和变化趋势符合实际观测及统计数据，满足农业灌溉用水量月尺度监测分析要求，空间精度和数据精度均优于以MODIS等数据为主的耗水和用水分析方法，为灌区用水量月尺度监测分析提供了技术支撑。

由于不同地区种植结构的复杂性差异较大，高分辨率光学影像数据的可获得性受云层影响较大、模型参数取值受经验影响较大，本书提出的灌溉用水分析方法在不同区域应用的难度差异显著。加上地面空间尺度的验证数据匮乏，利用调查点和典型地块进行模型率定，参数取值均存在不同程度的不确定性，尚待开展长期验证。研究中采用的部分技术方法和模型参数是针对具体卫星遥感影像和典型区特点提出的，对其他来源卫星或无人机遥感数据以及全国不同地区更为复杂的种植结构，方法和模型参数的适用性有待在应用中进一步拓展研究。

第3章 农业用水动态综合评价方法

农业用水包括农业灌溉用水和鱼塘补水、畜牧养殖等用水。其中，农业灌溉用水包括耕地、林地、园地和牧草地等灌溉用水量，占农业用水量的90%以上，是用水大户，其受降水与气象、作物种植结构、灌溉面积、灌溉方式等多因素影响。进行区域农业用水月尺度动态分析评价，重点抓住农业灌溉用水这个重点，首先对不同区域的农业灌溉用水影响因素进行分析，识别关键影响要素，发现规律与特征，在此基础上，研究提出科学合理、具有可操作性的农业灌溉用水月尺度综合评价方法。渔塘补水、畜禽养殖等用水主要与养殖规模和畜禽品种有关，受到气象条件影响相对较小，为便于实际操作，主要通过以点及面，对一些因素进行概化处理，提出简单易行的月尺度评价分析方法。

3.1 区域农业用水量界定

一个区域的农业灌溉用水量是指区域范围内从所有水源取水用于农业灌溉的水量，包括从主水源和辅助水源取水，包括地表水和地下水以及再生水等。一个区域可以是行政区、流域或水资源分区，也可以是灌溉分区等，理论上，区域的范围、大小可根据工作需要确定。时间尺度可以是日、月、季或半年、一年等。

对于一个灌区而言，灌区用水量为灌区范围内的所有水源取水用于农业灌溉、非农业灌溉（生活、工业、生态等方面）的用水量（包含从主水源和辅助水源取用水量）。灌区的农业灌溉用水量是灌区从水源取水用于灌溉的水量，包括耕地、林地、园地和牧草地灌溉用水量，即

$$W_{农业灌溉}=W_{耕地灌溉}+W_{林地灌溉}+W_{园地灌溉}+W_{牧草地灌溉} \tag{3.1}$$

式中：$W_{农业灌溉}$为农业灌溉用水量；$W_{耕地灌溉}$为耕地灌溉用水量；$W_{林地灌溉}$为林地灌溉用水量；$W_{园地灌溉}$为园地灌溉用水量；$W_{牧草地灌溉}$为牧草地灌溉用水量。

灌区农业灌溉用水量为所有水源的取水量扣除弃水量和非农业灌溉用水量，即

$$W_{农业灌溉}=W_{取水}-W_{弃水}-W_{非农业灌溉} \tag{3.2}$$

式中：$W_{农业灌溉}$为农业灌溉用水量；$W_{取水}$为取水量；$W_{弃水}$为弃水量；$W_{非农业灌溉}$为

非农业灌溉用水量。

3.2 农业灌溉用水关键影响因素识别

3.2.1 区域农业灌溉用水影响因素

以全国[1]及31个省（自治区、直辖市）的水资源公报和统计年鉴、中国气象数据网、中国水利统计年鉴、典型灌区相关数据为基础，以省级行政区为基本单元，分析农业灌溉用水量的影响因素，识别不同区域农业用水量的关键影响因素。以省级行政区灌溉用水总量和灌溉亩均用水量为对象，选择灌溉农业规模（包括播种面积、粮食产量、实灌面积）、用水结构（包括地表水占比）、灌溉技术（节水灌溉面积占比）、经济发展［农业产值、累计投资、人均GDP（国内生产总值）］、种植结构（水稻种植比例）、气象条件（年降雨量、年ET_0、年平均气温）等6种类型共12种影响因子，采用基于主成分分析的多元线性回归法进行关键影响因素识别，如表3.1所示。另外，本次分析采用的播种面积、种植结构等为灌溉面积上的播种面积和种植结构。

表3.1 农业灌溉用水影响因素和影响因子

影响因素	影响因子	影响因素	影响因子
灌溉农业规模	播种面积、粮食产量、实灌面积	经济发展	农业产值、累计投资、人均GDP
用水结构	地表水占比	种植结构	水稻种植比例
灌溉技术	节水灌溉面积占比	气象条件	年降雨量、年ET_0、年平均气温

注 本表中的播种面积、种植结构是指灌溉面积上的播种面积和种植结构。

通过对各个省级行政区基于主成分回归模型得到的回归系数进行聚类分析得出，影响因素可分为正向影响因素和反向影响因素两大类，正向影响因素即随着其增大，农业灌溉用水量也增大；反向影响因素则相反，其增大，农业灌溉用水量则减少。其中，影响灌溉用水量的正向影响因子包括播种面积、粮食产量、实灌面积、地表水占比、水稻种植比例、年ET_0（参考作物蒸发量）、年平均气温，反向影响因子包括节水灌溉面积占比、农业产值、累计投资、人均GDP（国内生产总值）、年降雨量。影响灌溉亩均用水量的因素有所不同，正向影响因子有粮食产量、地表水占比、水稻种植比例、年ET_0、年平均气温，负向影响因子有节水灌溉面积占比、农业产值、累计投资、人均GDP、年降雨量，其中，播种面积、实灌面积与灌溉亩均用水量无相关性。

[1] 本书涉及的全国性数据均不包括香港特别行政区、澳门特别行政区和台湾地区的相关数据。

3.2.2 不同区域灌溉用水量关键影响因素识别

3.2.2.1 正向影响因素空间分布

根据对农业灌溉用水量正向影响程度大小，我国 31 个省（自治区、直辖市）农业灌溉用水量正影响因素可分为 4 种类型区域。第 1 种类型区域，农业灌溉用水量主要受灌溉农业规模和种植结构等影响因素正向影响，其次是气象条件，其中粮食产量和播种面积 2 个因子影响最大，包括广东、广西、福建等 10 个省（自治区、直辖市）；第 2 种类型区域，农业灌溉用水量受气象条件正向影响较大，其次是种植结构和灌溉农业规模，其中年 ET_0 和年平均气温 2 个因子正向影响最大，包括云南、贵州、重庆等 6 个省（自治区、直辖市）；第 3 种类型区域，农业灌溉用水量主要受用水结构影响，其次是气象条件和灌溉农业规模，其中地表水占比因子影响最大，包括山东、河南、甘肃 6 个省（自治区、直辖市）；第 4 种类型区域，农业灌溉用水量受灌溉农业规模影响较大，其中实灌面积和播种面积 2 个因子影响最大，包括西藏、青海、新疆等 8 个省（自治区、直辖市），如图 3.1 所示。

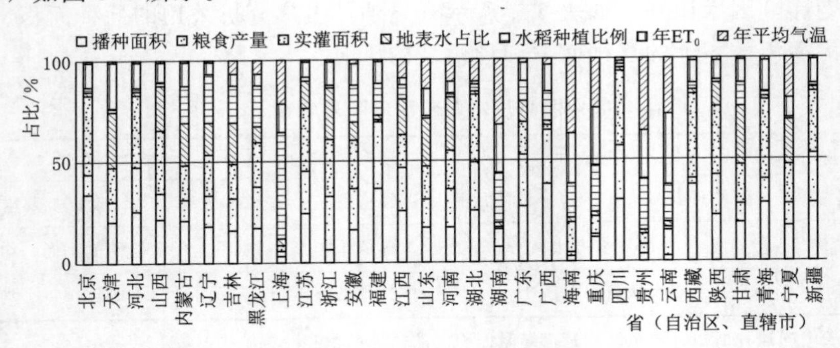

图 3.1 各省（自治区、直辖市）灌溉用水量正影响因素分布

灌溉农业规模是省域尺度农田灌溉用水总量最大正向影响因素，对我国（除西南部分地区）均有较大影响，灌溉农业规模越大，农业灌溉用水量越大；用水结构影响因素主要对西北、华北地区正向影响较大，地表水占比越高，农业灌溉用户水量越大；种植结构影响因素主要对华南、华东、东北地区正向影响较大，该区水稻种植比例较高，农业用水量主要用于灌溉水稻，易受到水稻种植比例的影响；气象条件影响因素主要对西南、西北、华北地区正向影响较大，年降水量相对较少，ET_0 普遍较高，干旱指数偏高，灌溉需求显著。

3.2.2.2 反向影响因素空间分布

根据对农业灌溉用水量反向影响程度大小，我国 31 个省（自治区、直辖市）农业灌溉用水总量反向影响因素可分为 5 种类型区域。第 1 种类型区域，各因素反向影响程度相对较为接近，其中节水灌溉面积占比因子反向影响最大，包括北

京、河北、内蒙古等10个省（自治区、直辖市）（Ⅰ区）；第2种类型区域，农业灌溉用水量主要受气象条件和灌溉技术反向影响，其中年降雨量因子反向影响最大，其余影响因子影响不显著，包括四川、重庆、陕西等5个省（自治区、直辖市）（Ⅱ区）；第3种类型区域，大部分因素基本无反向影响作用，仅灌溉技术有较小反向影响，包括辽宁、吉林、黑龙江等6个省（自治区、直辖市）（Ⅲ区）；第4种类型区域，主要受灌溉技术和气象条件反向影响，其余因素影响较小，其中节水灌溉面积占比因子反向影响较大，包括广东、河南、湖北等5个省（自治区、直辖市）（Ⅳ区）；第5种类型区域，主要受灌溉技术和经济发展影响，由于雨水条件丰沛或极度干旱，其受气象条件影响均较小，包括云南、新疆、广西5个省（自治区、直辖市）（Ⅴ区），如图3.2所示。

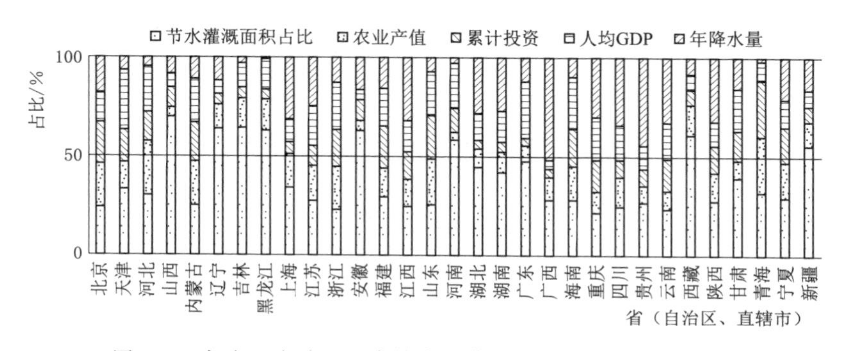

图3.2　各省（自治区、直辖市）灌溉用水量反影响因素分布

灌溉技术和气象条件分类是省域尺度农业灌溉用水总量最大反向影响因素，其次是经济发展。灌溉技术主要影响华北、华中、华东、西北地区；气象条件主要影响华北、华东、华中、西南地区；经济发展主要影响华北、华东、华南、西南地区。

3.2.2.3　关键影响因素空间分布

根据对区域农业灌溉用水量影响程度大小，我国31个省（自治区、直辖市）农业灌溉用水总量影响因素可分为4种类型区域。第1种类型区域，主要受灌溉农业规模影响，其次是气象条件和用水结构，然后是经济发展，其余因素影响较小，包括四川、山西、江西等5个省（自治区、直辖市）；第2种类型区域，除气象条件外，其余因素影响程度均较大，其中种植结构综合影响系数最高，包括云南、广东、浙江等10个省（自治区、直辖市）；第3种类型区域，主要受灌溉技术影响，其次是用水结构和气象条件，灌溉农业规模和经济发展影响较小，包括甘肃、河南、湖北5个省（自治区、直辖市）；第4种类型区域，除种植结构外，其余因素影响程度较大，其中灌溉技术和经济发展影响系数最高，包括西藏、青海、新疆等11个省（自治区、直辖市），如图3.3所示。

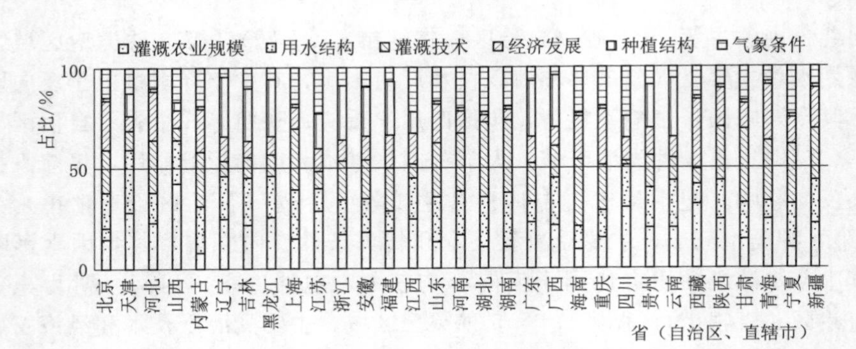

图 3.3 各（自治区、直辖市）灌溉用水量关键影响因素分布

用水结构、灌溉技术和灌溉农业规模分类为我国各省（自治区、直辖市）农业灌溉用水总量的主要影响因素，几乎对所有省（自治区、直辖市）均有较大影响，其中用水结构和灌溉技术主要影响华中地区，灌溉农业规模主要影响华北地区；气象条件主要影响华中、西南大部分地区；经济发展对各省（自治区、直辖市）均有一定影响。

3.2.3 不同区域灌溉亩均用水量关键影响因素识别

3.2.3.1 正向影响因素空间分布

根据对区域农业灌溉亩均用水量正向影响程度，我国 31 个省（自治区、直辖市）灌溉亩均用水量正影响因素共分为 4 种类型区域。第 1 种类型区域，主要受灌溉农业规模正向影响，其余因素影响较小，其中播种面积和粮食产量 2 个因子正向影响最大，包括西藏、四川、重庆等 6 个省（自治区、直辖市）；第 2 种类型区域，主要受种植结构正向影响，其次是灌溉农业规模，其余因素影响较小，其中水稻种植面积比例因子正向影响最大，包括云南、贵州、广西等10 个省（自治区、直辖市）；第 3 种类型区域，主要受气象条件正向影响，其次是灌溉农业规模，其余因素影响较小，其中年 ET_0 因子正向影响最大，包括陕西、湖南、河南等 7 个省（自治区、直辖市）；第 4 种类型区域，主要受用水结构正向影响，其余影响因素较小，其中地表水占比因子正向影响最大，包括新疆、青海、甘肃等 8 个省（自治区、直辖市），如图 3.4 所示。

灌溉农业规模影响因素是省域尺度灌溉亩均用水量最大正向影响因素，在南方地区尤为突出；种植结构影响因素主要影响西南、华东、东北地区；气象条件分类影响因素主要影响华中、华东地区；用水结构分类影响因素主要影响西北、华北地区。

3.2.3.2 反向影响因素空间分布

根据对区域农业灌溉亩均用水量反向影响程度，我国 31 个省（自治区、直辖市）灌溉亩均用水量反影响因素共分为 4 种类型区域。第 1 种类型区域，除气

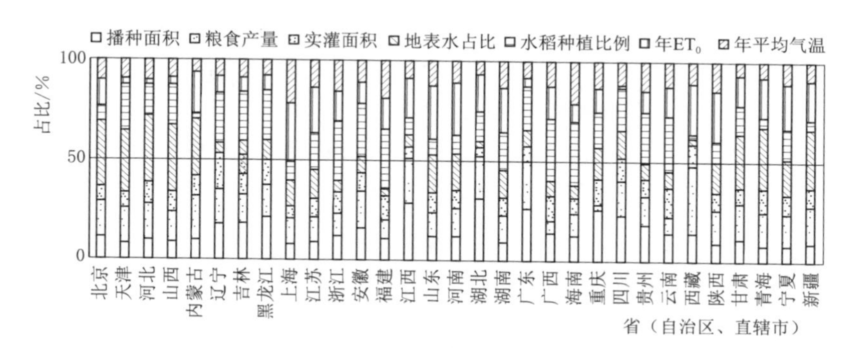

图 3.4 灌溉亩均用水量正影响因素空间分布

象条件反向影响较小外，其余因素反向影响较接近，包括云南、海南、新疆等14个省（自治区、直辖市）；第2种类型区域，主要受气象条件影响，其次是灌溉技术，其余因素反向影响较小，包括西藏、青海、湖北、湖南等8个省（自治区、直辖市）；第3种类型各因素反向影响程度差异不太明显，包括重庆、陕西、安徽、北京和辽宁等5个省（直辖市）；第4种类型区域，主要受灌溉技术和经济发展的影响，包括广西、广东、福建、浙江等4个省（自治区），如图3.5所示。

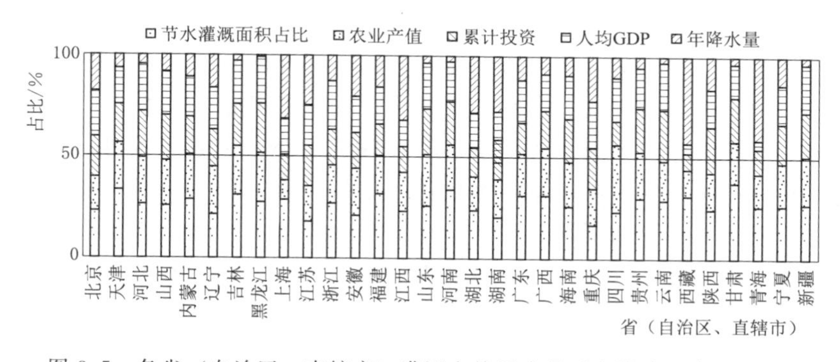

图 3.5 各省（自治区、直辖市）灌溉亩均用水量反向影响因素空间分布

灌溉技术分类是省域尺度灌溉亩均用水量最大正向影响因素，对我国多数省（自治区、直辖市）灌溉亩均用水量有反向影响；灌溉农业规模分类影响因素主要影响北方地区；气象条件分类影响因素主要影响华中、华东地区；经济发展分类影响因素相对较弱，主要影响东北、华北、西北、西南、东南沿海地区。

3.2.3.3 关键影响因素空间分布

根据对区域农业灌溉用水量的影响程度，我国31个省（自治区、直辖市）灌溉亩均用水量分类影响因素共分为3种类型区域。第1种类型区，包括新疆、青海、陕西等13个省（自治区、直辖市），主要受灌溉技术、用水结构和灌溉农业规模的影响，其次受经济发展和气象条件的影响，种植结构的影响极小；第2种类型区，包括四川、湖北、湖南等7个省（自治区、直辖市），受用水结构影响最大，灌溉农业规模和气象条件也有较大影响；第3种类型区，包括云南、贵州、福建等11个省（自治区、直辖市），主要受灌溉农业规模、种植结构影响，受灌溉技术影响次之，用水结构影响最小，如图3.6所示。

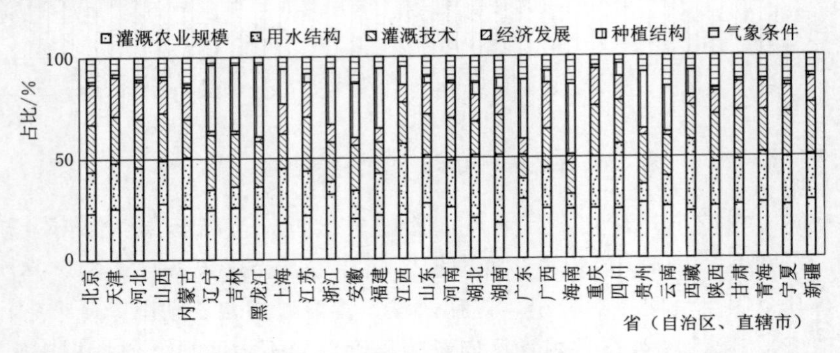

图3.6　各省（自治区、直辖市）灌溉亩均用水量关键影响因素空间分布

用水结构分类对我国各省（自治区、直辖市）灌溉亩均用水量的影响最大，对绝大部分省（自治区、直辖市）（尤其是华中地区）均有较大影响，其次是灌溉农业规模和灌溉技术，灌溉农业规模主要影响西南、华东和东北地区；气象条件主要影响西南、华中地区；经济发展对大部分省（自治区、直辖市）有一定影响；种植结构对大部分省（自治区、直辖市）影响不明显。

综上，月度农业灌溉用水量受多重因素影响，部分因素可控性较差，因此，需要选取不同作物典型田块，监测逐次灌水时间与灌水量，结合区域种植结构、气象信息、灌溉水有效利用系数等推算月度农业灌溉用水量，并通过典型渔塘与畜禽养殖场（厂）历史资料与区域养殖规模推算渔塘与畜禽用水量，建立农业用水量月度计算分析模型，开展区域农业用水量月尺度动态评价。

3.3　农业用水时空变化特征研究

3.3.1　我国作物种植与灌溉用水特点

农业用水包括农业灌溉用水、渔塘畜禽用水。根据3.2节的分析可以看出，农业灌溉用水时空变化主要受区域气象条件、灌溉农业规模、种植结构、灌溉技术、用水结构经济发展等因素影响。渔塘补水和畜禽养殖主要受养殖类型、养殖规模等因素影响。

区域作物种植结构差异使得我国的农业灌溉用水具有明显的时空变化特征，尤其是具有明显区域特色的作物种植会使灌溉用水相对集中于特色作物生育期，

区域月尺度用水特点更加明显。水稻、小麦、玉米是我国主要的粮食作物，也是灌溉用水量相对较大的作物，分布相对广泛，区域用水差异也较明显，棉花、油菜、大豆、甘蔗等地域分布特点较为明显，用水特点也各有不同。根据各省（自治区、直辖市）发布的农村统计年鉴或调查统计年鉴等多类型年鉴数据，在本书中，整理分析了全国 2800 余个县级行政区的农作物播种面积数据资料，梳理归纳其作物种植比例和主要作物类型，按照灌溉分区汇总分析了不同作物种植面积和种植比例数据，如图 3.7 所示。

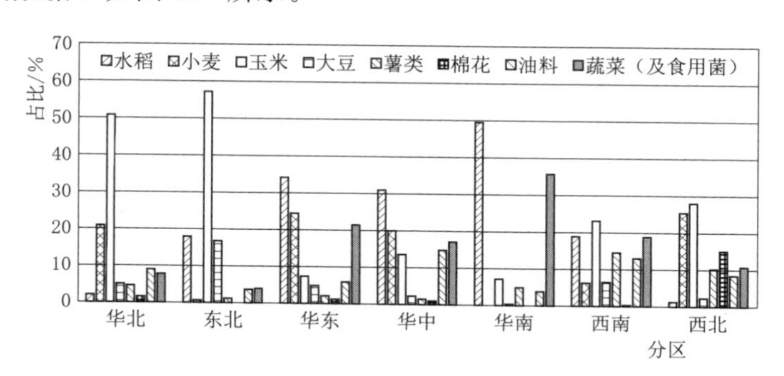

图 3.7 全国不同分区农作物播种比例

水稻是全国主要粮食作物之一，分布区域广、种植面积大，长江中下游平原、东北三江平原、四川盆地等是我国主要的水稻产区。其中，秦岭以北地区以单季稻为主，南方以双季稻为主，少数地区还种植三季稻。东北地区水稻在 4 月下旬至 5 月中旬种植，9 月下旬至 10 月上旬收获，全生育期灌溉亩均用水量 700～1000m^3/亩，灌溉用水在 6—8 月相对集中，部分地区实行水稻控制灌溉技术，灌溉亩均用水量可降至 600～800m^3/亩。南方地区双季稻中的早稻一般 3 月底 4 月初种植，6 月下旬至 7 月上旬收割后立即种植晚稻，10 月上中旬收获。早稻灌溉用水量相对较低，全生育期灌溉亩均用水量 500～800m^3/亩，灌溉用水在 4—6 月相对集中；晚稻相对较高，全生育期灌溉亩均用水量 700～1000m^3/亩，灌溉用水在 7—9 月相对集中。单季稻一般 4 月初至 5 月底播种，9 月中下旬收获，由于各地单季稻种植时间差异较大，部分地区基本与晚稻种植期重合，灌溉亩均用水量也与晚稻相当。

小麦按播种季节分为春小麦和冬小麦，春小麦多分布在东北平原、河套平原、宁夏平原、新疆和青藏高原等地，其生育阶段正处于降雨少、蒸发量大的干旱季节，灌溉用水在 4—6 月相对集中，其中 5 月最高，灌溉亩均用水量为 90～110m^3/亩，6 月次之，为 70～80m^3/亩。冬小麦分布较广，主要分布在黄淮海平原、长江以南地区，秋季播种，次年夏季收获，灌溉用水主要集中在 11—12 月和 4—5 月，其中 11—12 月为越冬水，一般灌溉亩均用水量为 70～90m^3/亩；

4—5 月为返青水和拔节水，一般灌溉亩均用水量为 60～80m³/亩；若年初墒情较差，2—3 月也会有一次灌水，一般灌溉亩均用水量为 50～60m³/亩，因此，也会出现一个用水相对集中的时段。

玉米在我国分布较广，主要集中在东北、华北和西南地区，由于大部分地区玉米生育期与雨季重合，多数情况下无须灌溉或仅需一次灌溉，灌溉用水量较水稻偏少，灌溉主要集中在拔节期、抽雄期、灌浆期，一般灌溉亩均用水量为 40～60m³/亩；但在年初墒情不理想时还需适量播前灌，一般灌溉亩均用水量为 60～80m³/亩，会呈现出相对明显的用水特征。

棉花主要分布在江汉平原、长江下游滨海沿江平原、冀中南鲁西北豫北平原、黄淮平原、南疆绿洲，一般早春播种、秋季收获，灌溉季节集中在 5—6 月花铃期、8—9 月吐絮期两个关键时段，不同区域灌溉方式使区域月度用水特征差异明显，每期一般需要灌溉 1～2 次，每次灌水 50～70m³/亩。油菜在我国北起黑龙江、新疆，南至海南，西至青藏高原，东至沿海各省（自治区、直辖市）均有种植，其中长江流域是世界最大的冬油菜集中区，种植和收获季节大致与冬小麦一致，用水特征也基本相同。

大豆属需水较多的旱作物，东北春播大豆和黄淮海夏播大豆是我国大豆种植面积最大、产量最高的两个地区，区域月度用水特点相对明显；东北春播大豆一般在播种期、开花结荚期、鼓粒期灌溉 3 次，每次灌水 40～60m³/亩，主要集中在 5—6 月、8 月；黄淮海夏播大豆一般在 6 月播种，9 月收获，灌溉主要集中在 7 月、9 月，由于生育期与雨季重合，一般每次灌水 40～60m³/亩。

甘蔗主要分布在广西、广东、云南、福建和海南等省（自治区），区域用水特点明显；7—9 月是果蔗伸长时期，也是需水量最多的时期，要求始终保持田间土壤湿润，因此需要频繁灌溉，每月灌溉 2 次，一般每次灌水 25～40m³/亩。

3.3.2　不同区域农业用水量分布特征

3.3.2.1　农业用水结构分析

我国各省（自治区、直辖市）农业用水量结构性存在较大差异。各省（自治区、直辖市）耕地灌溉均为用水大户，占农业用水量的比例最大，有 28 个省（自治区、直辖市）耕地灌溉用水量占其农业用水量的比例超过 80%，北京、青海、西藏和新疆 4 个省（自治区、直辖市）中耕地灌溉用水量占比不足 80%，其中，北京最小，为 62.2%。北京、青海、新疆、陕西、河北林果地灌溉用水量占比相对较大，分别为 32.6%、28.6%、18.9%、10.9%、7.5%；西藏、内蒙古、青海、新疆、辽宁等牧草地种植面积相对较大，草场灌溉用水量占比相对较大，分别为 12.6%、5.1%、3.4%、2.5%、1.3%，远高于全国平均值(0.7%)。上海、江苏、浙江、广东、重庆渔塘补水量占比较其他省（自治区、直辖市）高，分别为 15.7%、9.7%、9.4%、9.4%、8.9%；青海、重庆、四

川、云南、西藏畜禽用水量占比其他省（自治区、直辖市）高，分别为7.7%、5.7%、5.4%、5.4%、5.2%。2019年省（自治区、直辖市）农业用水结构如图3.8所示。

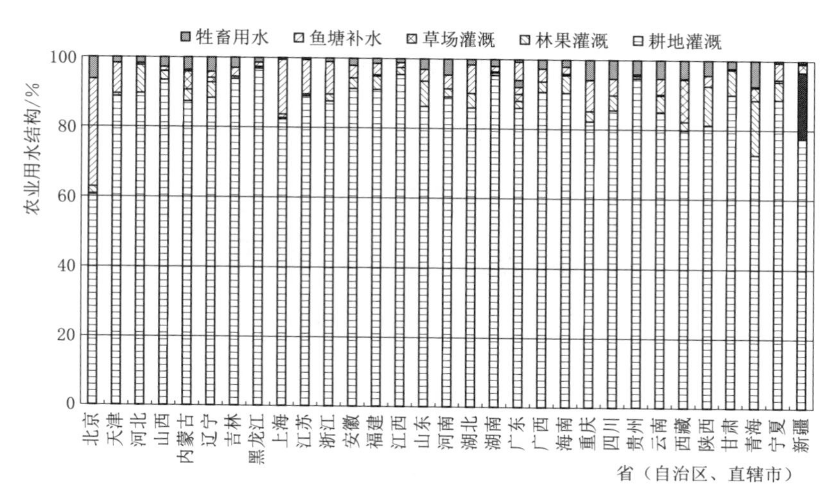

图3.8 2019年省（自治区、直辖市）农业用水结构

3.3.2.2 耕地亩均灌溉用水量分析

2019年水资源公报全国耕地灌溉亩均用水量为368m^3。31个省（自治区、直辖市）中，耕地灌溉亩均用水量在全国平均值以上的有16个省（自治区、直辖市），在全国平均值以下的有15个省（自治区、直辖市）。2019年水资源公报各省（自治区、直辖市）耕地灌溉亩均用水量如图3.9所示。

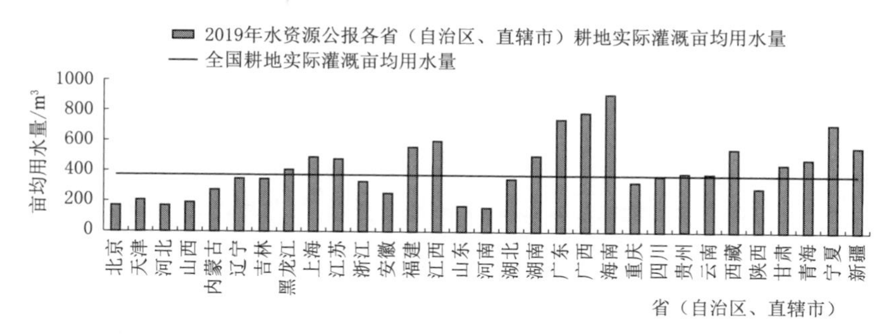

图3.9 2019水资源公报各省（自治区、直辖市）耕地灌溉亩均用水量

2019年全国耕地灌溉用水量在300m^3/亩以下的有9个省（自治区、直辖市），分别为北京、天津、河北、山西、内蒙古、安徽、山东、河南、陕西。耕地灌溉用水量在300～500m^3/亩范围内的有14个省（自治区、直辖市），分别为辽宁、吉林、黑龙江、上海、江苏、浙江、湖北、湖南、重庆、四川、贵州、云

南、甘肃、青海。耕地灌溉用水量在500～800m^3/亩范围内的有7个省（自治区），分别为福建、江西、广东、广西、西藏、宁夏、新疆。只有海南省耕地灌溉用水量在800m^3/亩以上。

2019年各水资源一级区耕地灌溉亩均用水量如图3.10所示。其中珠江区耕地灌溉亩均用水量最高，为697m^3。海河区耕地亩均灌溉用水量最低，为187m^3。

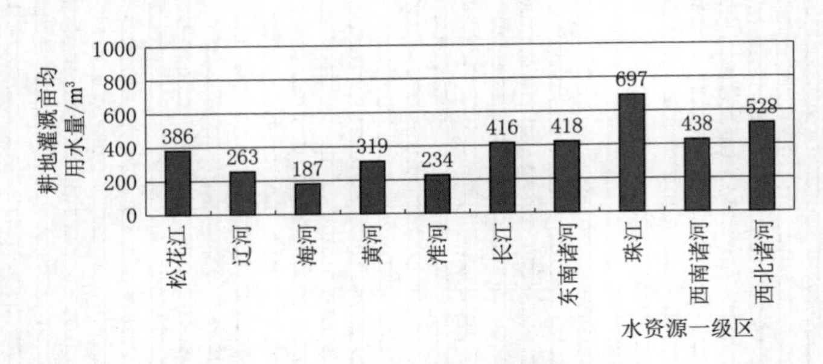

图3.10　2019年各水资源一级区耕地灌溉亩均用水量

耕地灌溉亩均用水量在全国平均值以下的水资源一级区有4个，分别为辽河区、海河区、黄河区和淮河区。耕地灌溉亩均用水量在全国平均值以上的水资源一级区有6个，分别为松花江区、长江区、东南诸河区、珠江区、西南诸河区和西北诸河区。

3.3.3　农业用水量年度变化趋势特征

根据1997年以来的《中国水资源公报》统计，由于受当地气候变化、种植结构调整、工程设施条件的改变、管理水平提高和灌溉面积发展等多种因素的影响，全国农业用水量呈波动状态，总体呈缓慢下降趋势，近年来维持在3600亿m^3左右，其中耕地灌溉用水量维持在3400亿m^3左右（图3.11）。

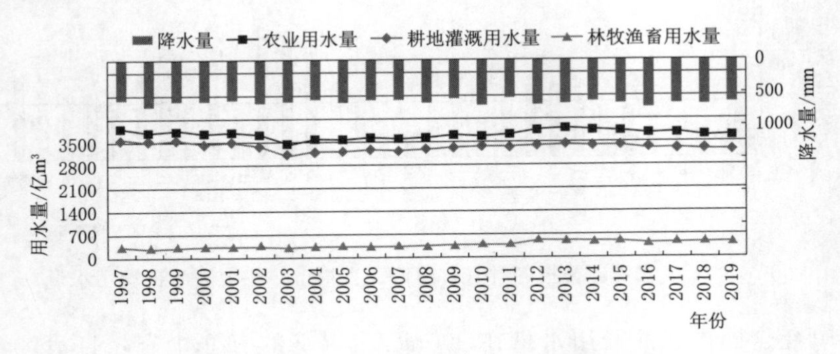

图3.11　1997—2019年农业用水量变化趋势

1997—2019年农业用水量变化趋势根据2000年以来的《中国水资源公报》统计，由于受作物组成、节水水平、气候因素和水资源条件等多种因素的影响，

全国耕地灌溉亩均用水量呈上下波动状态，但总体为下降趋势，全国耕地灌溉亩均用水量由2000年的479m^3下降到2019年的368m^3（图3.12）。

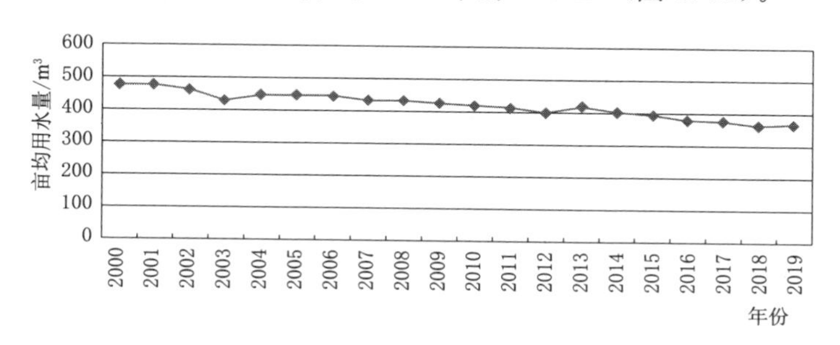

图3.12　2000—2019年全国耕地灌溉亩均用水量变化趋势

根据1997年以来《中国农业年鉴》和《中国水利统计年鉴》统计数据，对我国31个省（自治区、直辖市）历年来的有效灌溉面积和实际灌溉面积进行了汇总分析。由于地域水土资源条件不同、国家及地方投入发展灌溉面积支持力度不同，各省（自治区、直辖市）历年耕地灌溉面积变化趋势存在差异，但从我国汇总数据来看，自1997年以来，有效灌溉面积和实际灌溉面积总体不断增加，近年来灌溉面积增长趋稳。2013年以来，有效灌溉面积的实灌率基本维持在86%左右（图3.13）。

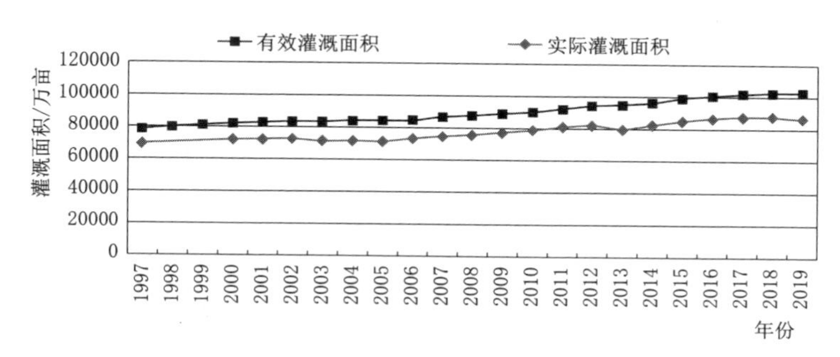

图3.13　1997—2019年全国灌溉面积变化趋势

3.3.4 农业灌溉用水量月度分布特征

至今为止，尚未有区域农业用水量月尺度监测统计或研究相关成果。为了分析农业灌溉用水量月尺度变化特点，收集整理了农田灌溉水有效利用系数测算分析中样点灌区典型田块灌溉用水实测数据，基于此分析不同区域不同作物逐月农业灌溉用水规律。

2017—2019年有连续监测数据的典型田块共16170块，其中小麦2148块、玉米1692块、水稻9614块、其他作物2716块。从不同作物典型田块分布来看，华北、西北地区以小麦、玉米为主，东北、南方地区以水稻为主。不同作物农业灌溉用水月尺度特点和规律表现如下：

华北地区种植主要作物为小麦、玉米、水稻、大豆等，小麦分为春小麦和冬小麦两种类型。春小麦主要生育期为 3—8 月，主要灌溉用水期为 5—6 月；冬小麦主要生育期为 9 月到次年 6 月，主要灌溉用水期为 4—5 月。玉米主要生育期为 4—9 月，主要灌溉用水期为 6—7 月；水稻主要生育期为 5—9 月，主要灌溉用水期为 6—8 月；大豆主要生育期为 5—9 月，主要灌溉用水期为 7—9 月。

华东地区种植的主要作物为水稻、小麦和蔬菜，水稻主要生育期为 4—10 月，主要灌溉用水期为 7—8 月；小麦主要生育期为 9 月到次年 6 月，主要灌溉用水期为 4—5 月；蔬菜全年各季节均有种植。

华中地区种植的主要作物为水稻、小麦、蔬菜、油料和玉米，水稻主要生育期为 4—10 月，主要灌溉用水期为 7—8 月；小麦主要生育期为 9 月到次年 6 月，主要灌溉用水期为 4—5 月；蔬菜全年各季节均有种植；油料作物主要生育期为 4—8 月，主要灌溉用水期为 6—8 月；玉米主要生育期为 6—9 月，主要灌溉用水期为 7—8 月。由于种植比例比较均衡，华中地区各季节均有灌溉用水量，夏季用水需求最大。

华南地区种植的主要作物为水稻和蔬菜，水稻为双季稻，主要生育期为 3—10 月，其中主要灌溉用水期为 5—6、8—9 月，蔬菜全年各季节均有种植，主要灌溉用水期为 5—10 月。

西南地区种植的主要作物为玉米、水稻、蔬菜、薯类和油料。其中，玉米主要生育期为 6—9 月，主要灌溉用水期为 7—8 月；水稻主要生育期为 5—9 月，主要灌溉用水期为 7—8 月；蔬菜全年各季节均有种植；薯类主要生育期为 2—11 月，主要灌溉用水期为 5—6 月；油料作物主要生育期为 4—8 月，主要灌溉用水期为 6—8 月。

西北种植的主要作物为玉米、小麦、棉花、蔬菜和薯类。其中，玉米主要生育期为 4—9 月，主要灌溉用水期为 6—7 月；小麦主要生育期为 3—8 月，主要灌溉用水期为 5—6 月；棉花主要生育期为 4—10 月，主要灌溉用水期为 7—9 月；蔬菜全年各季节均有种植；薯类作物主要生育期为 2—11 月，主要灌溉用水期为 5—8 月。

综上，全国农业灌溉用水量在年内月度间呈现先增加后减少的趋势，受作物需水和灌溉频次影响，冬季的灌溉用水量最低，夏秋季的灌溉用水量较高，且不同月份的灌溉用水量空间差异较大。3 月份之前，大部分北方地区尚未开始灌溉，南方地区水稻也未开始播种，全国灌溉用水量总体较少；从 3 月份开始，北方地区由南到北陆续开灌，4、5 月份南方地区水稻陆续播种，全国农业灌溉用水量逐渐增加，在 7、8 月份达到用水顶峰，9 月份开始，各地受秋收影响，大部分作物用水结束，北方仅有冬小麦冬灌用水和各类蔬菜的灌溉用水，南方地区的灌溉用水同样仅为少量冬小麦和蔬菜灌溉用水。

3.4 基于调查统计的农业用水月尺度动态评价方法

3.4.1 月尺度评价方法

全国及分区域月度农业用水评价，应该根据水资源和农业用水精细化管理要求，建立监测、调查统计网络体系，以监测统计数据为基础，利用科学分析手段，实时进行灌溉用水量和鱼塘畜禽养殖用水逐月动态变化分析。

2014年水利部下发了《用水总量统计方案》（试行），其中对年度农业用水量统计核算方法提出了规范要求。在本书中，根据水利部用水量管理要求和农业用水动态评价需求，对跨县大中型灌区的水量和面积分解方法、典型小型灌区选取与布局方法等方面进行了补充研究，并提出了相关技术要求，进一步完善了全国不同区域农业用水量核算技术方法，提出的方法被水利部组织编制的《用水统计调查制度》采纳，该制度已在国家统计局完成备案，并于2020年4月由水利部正式下发实施。根据2020年度用水统计调查直报工作开展情况，通过用水统计调查直报系统填报的灌区名录已接近1.4万处，其中，大中型灌区全部实现了用水量直报，用水量直报的典型小型灌区的数量也比2019年及以前年份有了大幅度的增加，代表性和数据系统性进一步增强。2020年度全国用水统计核算工作基本采用了用水直报的数据，按照水利部最新文件要求，2021年度用水总量核算将全部采用用水直报数据，作为最严格水资源管理制度考核和水资源公报编制的重要依据。用水总量核算中，大中型灌区采用以季度为时间尺度直报，小型灌区以日历年为时间尺度直报，显然不能满足农业用水量月尺度分析评价的要求。

在上述全国不同区域农业用水量核算技术方法研究的基础上，本书提出了基于调查统计的农业用水月尺度动态评价方法，主要采用大中型灌区全面统计调查分析，小型灌区和渔塘畜禽选取典型、以点及面进行推算的技术方法，编制完成了团体标准《农业用水量监测评价导则》并正式发布，规范指导各地农业灌溉用水量月尺度动态评价。

为适时有效进行农业用水月尺度动态评价，该评价方法要求调查统计的频次为月度，大中型灌区、典型小型灌区、典型渔塘和畜禽养殖场（厂）应按月填报取用水相关信息，县级水行政主管部门应逐月填写区域实际灌溉面积、渔塘补水面积和畜禽数量等区域调查统计指标，各级水行政主管部门按月对取用水量信息进行分析和汇总，形成部、省、县上下互动的工作体系和技术体系，开展区域农业用水量月尺度动态评价工作。

3.4.1.1　基于调查统计的评价思路

根据农业用水月度动态评价需求，考虑目前监测统计网络实际基础，大中型灌区作为重点，全部作为监测与调查统计对象，实时监测农业灌溉用水量相关数据按月直报水利部；小型灌区量多面广，根据不同区域分布情况，以农业灌溉分区为基本单元选取典型灌区，进行实时监测和调查统计，以县级行政区为基本区域，以其所在灌溉分区内不同类型典型小型灌区灌溉亩均用水量、该县小型灌区实际灌溉面积为基础，推算分析得到县级行政区小型灌区农业灌溉用水量。

以县级行政区为汇总统计的基本单元，按月开展农业用水量调查统计工作，自下而上汇总得到不同区域农业灌溉月度用水量；按照省级行政区选取一定数量的渔塘和畜禽用水典型调查对象，按月开展调查统计，得到区域内单位渔塘面积补水量和单位畜禽用水指标，结合县级行政区渔塘补水面积和畜禽数量，推算得到县级行政区渔塘补水和畜禽用水量数据（图3.14）。

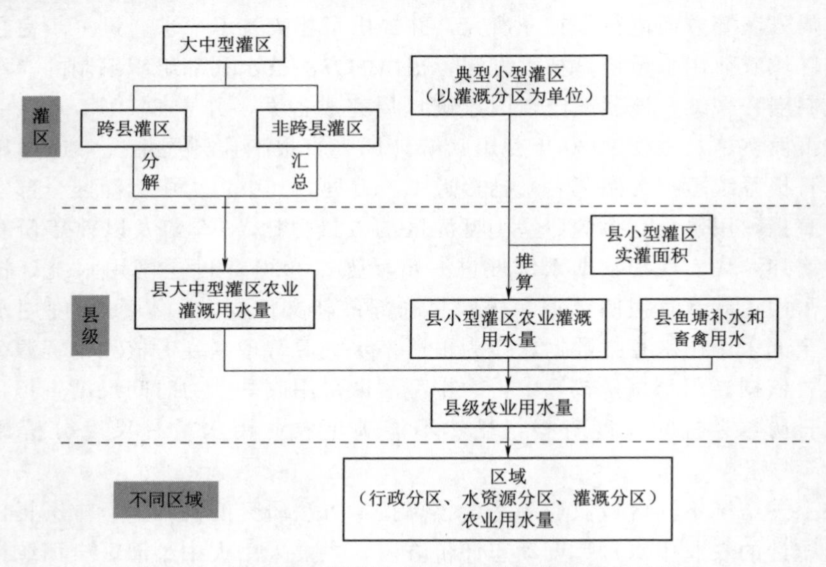

图3.14　基于调查统计的农业用水月尺度动态评价思路

3.4.1.2　方法适用性及优缺点

鉴于目前《用水统计调查制度》已经实施了一定时间，大中型灌区、典型小型灌区的名录已经基本建立完成，由灌区管理单位、各级行政区水行政主管部门、各级流域管理机构组成的数据上报机制已经建立，为基于调查统计的农业用水月尺度动态评价方法的实施提供了坚实和有力的支撑。

因此，基于调查统计的农业用水月尺度动态评价方法适用于大中型灌区、典型小型灌区和各级水行政主管部门均按月填报农业用水量数据的情况。

优点：①通过大中型灌区全面上报、小型灌区和渔塘畜禽典型推算、逐级核

算农业用水量的方法，可以快速得到相对准确的不同区域农业用水量数据；②灌区管理单位和当地水行政主管部门更了解熟悉当地的实际用水情况，以实时监测、调查数据为基础，上报数据更能准确反映当地农业用水情况。

缺点：①全部大中型灌区、典型小型灌区和渔塘畜禽养殖场（厂）、各级水行政主管部门每月填报农业用水量统计数据，统计调查工作量大，需要耗费大量的人力物力；②由于受考核等各种因素影响，填报的用水量数据可能会受到主观因素影响，不同程度上影响数据质量；③基层填报人员对填报指标的理解可能不准确，造成一定数量的填报错误。这些缺点可以通过完善计量设施、规范工作程序、完善工作制度和工作体系、开展技术培训等措施加以克服。

3.4.2　大中型灌区灌溉用水量

大中型灌区灌溉用水量采用全面调查统计的方法，由灌区管理单位按照灌区套县级行政区的方式逐月填报灌溉用水量相关数据。跨县的大中型灌区，灌区管理单位需将灌区农业灌溉用水量和实灌面积分解到灌区所在的各个县级行政区，并由县级行政区水行政主管部门复核和确认。

大中型灌区每年年初填报灌区基本信息表，包括灌区规模、设计灌溉面积、有效灌溉面积、水源类型、种植结构等基础信息，基本信息没有特殊变化无须每年填写；按月填写“大中型灌区取用水信息表”，主要填报内容包括灌区取水量、非农业灌溉用水量、弃水量、农业灌溉用水量（包括耕地、林地、园地和牧草地）和实际灌溉面积等指标，详见《农业用水量监测评价导则》。

大中型灌区农业灌溉用水量可按式（3.3）计算：

$$W_{县级大中型农业灌溉} = \sum_{i=1}^{m} W_{大中型农业灌溉i} \tag{3.3}$$

式中：$W_{县级大中型农业灌溉}$为县级行政区大中型灌区农业灌溉用水量；m 为县级行政区大中型灌区数量；$W_{大中型农业灌溉i}$ 为县级行政区第 i 个大中型灌区农业灌溉用水量。

3.4.3　小型灌区灌溉用水量

区域内小型灌区数量较多时，应按照代表性、可行性和持续性的原则确定一定数量的典型小型灌区作为直接监测对象，设置计量设施，对于灌溉用水量及其相关的关键要素进行实测和调查分析。典型小型灌区用水量的填报单位为灌区管理单位、乡镇水管站或村委会。

典型小型灌区每年年初填报灌区基本信息表，包括有效灌溉面积、水源类型等基础信息，基本信息没有特殊变化无须每年填写；按月填写“典型小型灌区取用水信息表”，主要填报灌区耕地、林地、园地和牧草地等不同土地类型的农业灌溉用水量和实际灌溉面积等指标，详见《农业用水量监测评价导则》。

省级水行政主管部门根据灌溉分区内所有典型小型灌区填报的用水量相关信息，计算得到灌溉分区内小型灌区的不同土地类型灌溉亩均用水量。

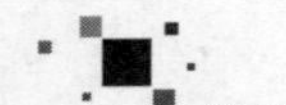

县级水行政主管部门负责填报区域内小型灌区不同土地类型实际灌溉面积，以该县级行政区所属灌溉分区内小型灌区不同土地类型灌溉亩均用水量为基础，推算得到县级行政区小型灌区不同土地类型农业灌溉用水量，如式（3.4）所示：

$$W_{县级小型j}=\frac{\sum_{i=1}^{n}W_{小型ij}}{\sum_{i=1}^{n}A_{小型ij}}\times A_{县级小型j} \tag{3.4}$$

式中：$W_{县级小型j}$ 为县级行政区小型灌区第 j 种土地类型灌溉用水量；n 为县级行政区所在农业灌溉分区内典型小型灌区数量；$W_{小型ij}$ 为县级行政区所在农业灌溉分区内第 i 个典型小型灌区第 j 种土地类型灌溉用水量；$A_{小型ij}$ 为县级行政区所在农业灌溉分区内第 i 个典型小型灌区第 j 种土地类型实际灌溉面积；$A_{县级小型j}$ 为县级行政区小型灌区第 j 种土地类型实际灌溉面积。

最后，将县级行政区小型灌区各土地类型农业灌溉用水量加和，得到县级行政区小型灌区农业灌溉用水量，如式（3.5）所示：

$$W_{县级小型农业灌溉}=\sum_{j}W_{县级小型j} \tag{3.5}$$

式中：$W_{县级小型农业灌溉}$ 为县级行政区小型灌区农业灌溉用水量。

3.4.4　渔塘补水量

渔塘补水量指人工开挖渔塘的淡水补给量，不包括海水养殖和水库、湖泊等天然补给状态下水体的水量。

由渔塘管理单位负责按月填写“典型渔塘取用水信息表”，省级行政区根据区域内典型渔塘填写的用水量相关数据，确定区域渔塘单位面积补水量指标。

区域渔塘补水面积采用调查统计的方式，以县级行政区为单元逐月填报，结合省级行政区确定的单位面积渔塘补水量，推算得到县级行政区的渔塘用水量，计算公式如下：

$$W_{县级渔塘}=q_{渔塘}\times A_{县级渔塘} \tag{3.6}$$

式中：$W_{县级渔塘}$ 为县级行政区渔塘补水量；$q_{渔塘}$ 为单位面积渔塘补水量；$A_{县级渔塘}$ 为县级行政区渔塘补水面积。

3.4.5　畜禽用水量

畜禽用水量是指饲养各种畜禽所用的水量。畜禽用水量包括规模化养殖场和零散养殖的用水量，其中，家庭畜禽散养用水（指占家庭全部用水量的比例小于20%）可计入居民生活用水中。

由畜禽养殖场（厂）管理单位负责按月填写“典型养殖场（厂）取用水信息表”，省级行政区根据区域内典型畜禽养殖场（厂）填写的用水量相关数据，确定区域大牲畜、小牲畜和家禽的单位用水指标。

区域畜禽数量采用调查统计的方式，以县级行政区为单元逐月填报，结合省

级行政区确定的畜禽单位用水指标，推算得到县级行政区的畜禽用水量，计算公式如下：

$$W_{县级畜禽}=q_{大牲畜}\times M_{县级大牲畜}+q_{小牲畜}\times M_{县级小牲畜}+q_{家禽}\times M_{县级家禽} \tag{3.7}$$

式中：$W_{县级畜禽}$为县级行政区畜禽用水量；$q_{大牲畜}$为单位大牲畜用水量；$M_{县级大牲畜}$为县级行政区大牲畜数量；$q_{小牲畜}$为单位小牲畜用水量；$M_{县级小牲畜}$为县级行政区小牲畜数量；$q_{家禽}$为单位家禽用水量；$M_{县级家禽}$为县级行政区家禽数量。

3.4.6 区域农业用水量月尺度动态评价过程

3.4.6.1 典型监测数据和区域数据整理与分析

监测统计网络确定后，大中型灌区和典型小型灌区等需按月填报用水量相关信息，在汇总统计区域农业用水量前，需要对监测对象的数量和分布、监测数据进行整理分析，确保区域农业用水量数据的准确性和合理性。在有条件的地区，利用遥感开展作物种植结构和实际灌溉面积监测分析，并充分利用现有典型田块开展地面验证。

1. 调查对象数量和分布情况分析

(1) 大中型灌区。数量完整性：设计灌溉面积1万亩及以上的大中型灌区均应纳入名录库。各省级水行政主管部门根据灌区现状情况对灌区名录和基本信息进行复核、增补，并将经复核修改后的结果上报水利部，形成大中型灌区名录库。

为加强大中型灌区管理，结合大中型灌区实际变化情况，进入和退出大中型灌区名录应规范运作，由灌区管理单位提出，省级水行政主管部门审定确认，报水利部最终备案。因此，在进行农业用水量调查统计时，应采用最新的大中型灌区名录，做到不重不漏。

(2) 典型小型灌区。典型小型灌区确定后，应组织分析现状典型小型灌区是否在区域内具有代表性、统计数量能否满足区域农业灌溉用水量的汇总分析要求，如不满足要求，应按照上述原则和方法增加或调整典型小型灌区。

在基于调查统计的农业用水月尺度动态评价工作开展一段时间后，结合种植作物、灌溉亩均用水量等基础信息，进一步分析典型小型灌区的代表性，必要时进行合理调整。

(3) 典型渔塘和畜禽养殖场（厂）。与典型小型灌区类似，典型渔塘和畜禽养殖场（厂）确定后，省级水行政主管部门应组织分析现状典型渔塘和畜禽养殖场（厂）是否在区域内有代表性，尤其是在区域渔塘养殖和畜禽养殖情况发生重大调整和变化时，应及时按照上述原则和方法增加或调整典型渔塘和畜禽养殖场（厂）。

2. 监测数据合理性分析

灌区灌溉用水量监测数据上报后，应从规范性和合理性等方面对数据进行初

步审核，并结合水资源能力监控、取水许可管理、农田灌溉水有效利用系数测算等工作基础对灌区填报的农业用水量相关数据进行复核；与已发布的灌溉用水定额、不同水文年型用水、相邻地区或同类灌区用水进行对比，对灌区填写的实际灌溉面积、灌溉用水量、灌溉亩均用水量等数据进行复核分析。

典型渔塘和畜禽养殖场（厂）用水量监测数据上报后，可与已发布的渔塘和畜禽用水定额、典型渔塘和畜禽养殖场（厂）历年用水指标、相邻地区同规模类型典型渔塘和畜禽养殖场（厂）用水指标进行对比，并结合典型渔塘和畜禽养殖场（厂）养殖规模对用水量和用水指标进行复核分析。

3. 区域调查统计数据合理性分析

区域实际灌溉面积、渔塘补水面积和畜禽养殖数量等调查统计数据上报后，应结合历年统计数据和变化趋势进行复核分析。

3.4.6.2 区域农业用水量汇总分析

通过大中型灌区填报的灌区套县级行政区农业灌溉用水量，典型小型灌区推算的县级行政区农业灌溉用水量数据，得到县级行政区农业灌溉用水量数据，结合县级行政区推算的渔塘和畜禽用水量数据，得到县级行政区农业用水量，计算公式如下：

$$W_{县级农业灌溉}=W_{县级大中型农业灌溉}+W_{县级小型农业灌溉} \tag{3.8}$$

$$W_{县级农业}=W_{县级农业灌溉}+W_{县级渔塘}+W_{县级畜禽} \tag{3.9}$$

式中：$W_{县级农业}$为县级行政区农业用水量；$W_{县级渔塘}$为县级行政区渔塘补水量；$W_{县级畜禽}$为县级行政区畜禽用水量。

由县级行政区汇总得到不同行政分区、水资源分区和灌溉分区的月度农业用水量。不同行政区农业用水量为区域内县级行政区农业用水量之和，计算公式如下：

$$W_{行政区}=\sum_{i=1}^{a}W_{县级农业i}=\sum_{i=1}^{a}W_{县级农业灌溉i}+\sum_{i=1}^{a}W_{县级渔塘i}+\sum_{i=1}^{a}W_{县级畜禽i} \tag{3.10}$$

式中；$W_{行政区}$为行政区农业用水量；$W_{县级农业i}$为行政区内第i个县级行政区的农业用水量；a为行政区内县级行政区数量。

农业灌溉分区农业用水量中，农业灌溉用水量为按照县级行政区汇总的大中型灌区用水量和按照农业灌溉分区推算的小型灌区用水量之和，渔塘补水量和畜禽用水量为区域内县级行政区渔塘补水量和畜禽用水量之和，计算公式如下：

$$W_{灌溉分区}=\sum_{i=1}^{b}W_{县级农业i} \tag{3.11}$$

式中：$W_{灌溉分区}$为农业灌溉分区农业用水量；$W_{县级农业i}$为农业灌溉分区内第i个县级行政区的农业用水量；b为农业灌溉分区内县级行政区数量。

水资源分区农业用水量为区域内县级行政区农业用水量之和，对于跨水资源分区的县级行政区，可按照实际灌溉面积进行拆分，计算公式如下：

$$W_{水资源分区}=\sum_{i=1}^{c}W_{县级农业i}+\sum_{j=1}^{d}(W_{本分区农业灌溉j}+W_{本分区渔塘j}+W_{本分区畜禽j}) \tag{3.12}$$

式中：$W_{水资源分区}$为水资源分区农业用水量；$W_{县级农业i}$为第i个非跨水资源分区县级行政区农业用水量；$W_{本分区农业灌溉j}$为第j个跨水资源分区县级行政区在本分区的农业灌溉用水量；$W_{本分区渔塘j}$为第j个跨水资源分区县级行政区在本分区的渔塘补水量；$W_{本分区畜禽j}$为第j个跨水资源分区县级行政区在本分区的畜禽用水量；c为水资源分区内非跨区县级行政区数量；d为水资源分区内跨区县级行政区数量。

$$W_{本分区农业灌溉j}=W_{跨区农业灌溉j}\times\frac{A_{本分区农业灌溉j}}{A_{跨区农业灌溉j}} \tag{3.13}$$

式中：$W_{跨区农业灌溉j}$为第j个跨水资源分区县级行政区的农业灌溉用水量；$A_{跨区农业灌溉j}$为第j个跨水资源分区县级行政区的实际灌溉面积；$A_{本分区农业灌溉j}$为第j个跨水资源分区县级行政区在本水资源分区的实际灌溉面积。

$$W_{本分区渔塘j}=W_{跨区渔塘j}\times\frac{A_{本分区渔塘j}}{A_{跨区渔塘j}} \tag{3.14}$$

式中：$W_{跨区渔塘j}$为第j个跨水资源分区县级行政区的渔塘补水量；$A_{跨区渔塘j}$为第j个跨水资源分区县级行政区的渔塘补水面积；$A_{本分区渔塘j}$为第j个跨水资源分区县级行政区在本水资源分区的渔塘补水面积。

$$W_{本分区畜禽j}=\sum\nolimits_{k}\left(W_{跨区畜禽jk}\times\frac{M_{本分区畜禽jk}}{M_{跨区畜禽jk}}\right) \tag{3.15}$$

式中：$W_{跨区畜禽jk}$为第j个跨水资源分区县级行政区内第k种畜禽的用水量；$M_{跨区畜禽jk}$为第j个跨水资源分区县级行政区内第k种畜禽的数量；$M_{本分区畜禽jk}$为第j个跨水资源分区县级行政区在本水资源分区内第k种畜禽的数量；k为第j个跨水资源分区县级行政区内的畜禽种类，包括大牲畜、小牲畜、家禽。

3.4.6.3　基于现有调查统计工作的农业用水量月度数据产出

按照现行用水总量统计工作中对农业用水量的统计工作要求，大中型灌区取用水量季报、典型小型灌区和区域农业用水量采用年报，难以得到区域农业用水量月度数据。

1. 大中型灌区

大中型灌区季度取用水量数据可通过灌区管理单位填报直接获取。以灌溉分区为基本单元，分析区域内大中型灌区作物种植面积、实际灌溉面积、作物主要生育期和灌溉期等，可得到不同区域大中型灌区农业灌溉用水时空变化特征，在

此基础上，将大中型灌区农业灌溉用水量由季度分解到月度。

2. 小型灌区

典型小型灌区年度取用水量数据可通过灌区管理单位填报直接获取。在同一灌溉分区大中型灌区农业灌溉用水量年内各月分布特征分析的基础上，结合区域内小型灌区作物种植面积、实际灌溉面积、作物主要生育期和灌溉期等情况，分析得到不同区域小型灌区农业灌溉用水时空变化特征，在此基础上，将小型灌区农业灌溉用水量由年度分解到月度。

3.4.6.4　区域农业用水量月尺度动态评价

各级水行政主管部门和流域管理机构以县级行政区农业用水量为基础，对区域内农业用水量进行汇总后开展区域农业用水量评价工作。可从农业用水占用水总量的比例、与取水许可水量的关系、与区域供水情况的时空匹配程度、对区域产值的贡献及是否符合区域综合规划等方面展开评价。具体对于区域农业用水结构的评价，可结合区域农业灌溉用水、渔塘补水和畜禽用水等不同类型用水比例进行分析；对于区域农业用水变化趋势的评价，可分别从区域农业灌溉用水、渔塘补水和畜禽用水等不同类型用水变化趋势进行分析。

区域农业灌溉用水量评价应重点评价用水量与实际灌溉面积、作物种植结构、降水量的关系，从作物种植结构、作物生育期等方面评价农业灌溉实际用水与需水的匹配程度，从灌溉亩均用水量与用水定额的关系、农田灌溉水有效利用系数等方面评价农业灌溉用水效率。区域渔塘和畜禽用水量应根据区域养殖规模、养殖类型、历年数据等，重点评价区域渔塘和畜禽的单位用水指标。

3.5　基于模型计算的农业用水月尺度动态评价方法

3.5.1　评价方法

对于农业用水月尺度分析评价首先应该采用基于监测、调查统计的方法，其以农业用水月度实测与现地调查统计数据为基础，相对具有更好的可靠性和准确性。但基于监测、调查统计的方法工作量大、需求人力物力大，必须从上到下建立工作体系，由行政予以推动。在现实情况不能满足上述方法要求时，可以通过模型分析计算来对农业用水月尺度变化进行分析评价，本节重点进行研究探讨。

农业灌溉用水模型计算方法以不同作物典型田块逐次灌溉用水量为基础，以县级行政区为最小计算单元，结合不同区域水文气象、种植结构等空间分布，考虑不同区域的作物系数、土壤水分系数、灌溉行为习惯、区域灌溉水有效利用系数等因素，建立农业灌溉用水月尺度动态评价模型。

3.5.1.1　基于模型计算的评价思路

（1）将全国839个国家级气象站与县级行政区进行逐一匹配，利用气象资料

计算各县级行政区逐月 ET_0，并根据不同区域降水分布情况确定有效降水量 P_e。

（2）根据农业灌溉分区内作物种植结构及历年实际灌溉面积分区情况，选取可代表不同作物、不同灌溉方式、不同下垫面条件的典型田块，对典型田块月尺度净灌溉用水量进行逐月观测，获取各农业灌溉分区不同作物逐月净灌溉亩均用水量 $w_{净}$，并与县级行政区进行匹配。

（3）不同作物净灌溉亩均用水量等于不同作物灌溉需水量扣除有效降雨量，理论上仅需要考虑作物系数（K_c），即：$w_{田净i}=K_c \cdot ET_0-P_e$，但实际灌溉过程中还应考虑土壤类型、地表平整度等下垫面条件（K_s）及农户灌溉习惯（K_f）等。作物系数、下垫面条件空间分布复杂，农户灌溉习惯具有高度的随意性，为概化以上不可控且难以量化的影响因素，需引入一个可以概化表示 K_c、K_s、K_f 等影响因素的作物综合灌溉系数 $K_i=K_c \cdot K_s \cdot K_f$，即 $K_i=(w_{田净i}+P_e)/ET_0$，建立实际灌溉用水与 ET_0 的相关关系，认为同一灌溉分区内同种作物的 K_i 相同，并与县级行政区进行匹配。

（4）根据各县级行政区 ET_0、P_e 以及所属灌溉分区的 K_i 可以计算得出县级行政区不同作物净灌溉亩均用水量 $w_{县净}$。

（5）根据县级行政区不同作物净灌溉亩均用水量、不同作物的实际灌溉面积 A_i 并考虑灌溉系统的用水效率，可推算各县级行政区逐月农业灌溉用水量 $W_{毛}$，即 $W_{毛}=\sum(w_{县净} \cdot A_i)/\eta$。其中，有条件的地区，可通过遥感等技术手段，对区域不同作物的实际灌溉面积进行校核。

（6）以县级行政区逐月农业灌溉用水量为基础，可汇总分析得到不同行政区、不同水资源分区、不同灌溉分区的逐月农业灌溉用水量（图 3.15）。

3.5.1.2 方法适用性及优缺点

基于模型计算的农业用水月尺度动态评价方法适用于不能通过灌区逐级调查统计上报农业用水量的情况。仅选取一定数量的不同作物典型田块，通过监测田块的逐次灌水信息获取区域不同作物净灌溉用水量，进而推算区域农业灌溉用水量。另外，近年来农田灌溉水有效利用系数测算工作积累了一定数量的典型田块，为该方法提供了一定的工作基础。

优点：①不需要大型灌区、典型小型灌区和渔塘畜禽养殖场（厂）逐月填报农业用水情况，统计调查的工作量相对较小；②由典型田块用水推算到区域用水，不需要灌区管理单位、各级水行政主管部门直接上报农业用水量数据，用水量核算受人为因素影响较小，相对客观。

缺点：①由典型田块逐次用水信息仅能获得不同作物净灌溉用水量，代表性具有一定局限，另外，推算区域毛灌溉用水量仍然需要各级水行政主管部门逐月填报实灌面积等指标；②由模型计算不同分区农业灌溉用水量，在涉及跨水资源分区、跨行政分区等特殊情况时，相比水行政主管部门直接填报，在水量分解方

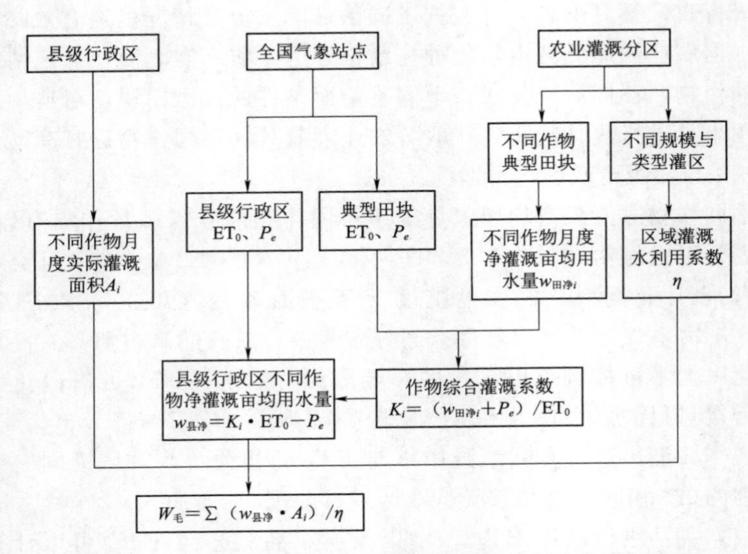

图 3.15　基于模型计算的农业灌溉用水月尺度动态评价思路

面存在一定难度。

3.5.2　农业灌溉用水量月度推算方法

3.5.2.1　不同作物净灌溉亩均用水量

1. 典型田块净灌溉亩均用水量

应根据直接量测法和观测分析法测算分析典型田块净灌溉亩均用水量，优先采用直接量测法测量，暂不具备实测条件的灌区也可采用观测分析法（图 3.16）。

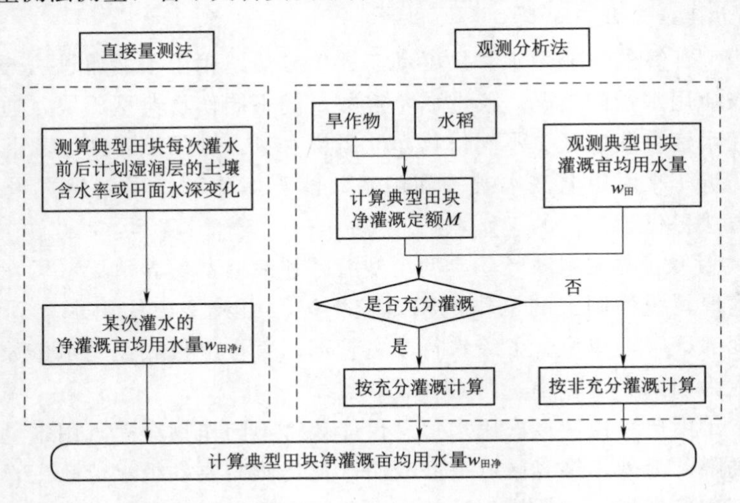

图 3.16　典型田块净灌溉亩均用水量观测与分析方法示意图

对于采用直接量测法和观测分析法获取样点灌区净灌溉用水量的样点灌区，在每次灌水前后按《灌溉试验规范》（SL 13—2004）的有关规定，观测典型田块内不同作物年内相应生育期内计划湿润层的土壤质量含水率或体积含水率（或田间水层变化），计算该次净灌溉亩均用水量，得出该典型田块不同作物种类净灌溉亩均用水量。尚不具备直接量测和观测条件的小型灌区，可通过收集与典型田块种植作物和灌溉方式相同的当地（或邻近地区）灌溉试验站灌溉试验结果，或者灌区规划、可行性研究报告等资料中不同水平年的净灌溉定额，结合当地灌溉经验拟定复核当年降水年型的灌溉制度（灌水次数、灌水定额、灌溉定额等），在此基础上对典型田块进行实地调查，了解灌区实际灌水次数和每次灌水量，通过与灌溉制度比较，推测典型田块灌溉亩均用水量，称为调查分析法。

（1）直接量测法。在每次灌水前后按《灌溉试验规范》（SL 13—2004）的有关规定，观测典型田块内不同作物相应生育期内计划湿润层的土壤质量含水率或体积含水率（或田间水层变化），计算该次净灌溉亩均用水量 $w_{田净i}$，得出该典型田块不同作物种类净灌溉亩均用水量 $w_{田净}$。

1）旱作物灌水量。根据典型田块灌溉前后计划湿润层土壤含水率的变化确定某次净灌溉亩均用水量，计算公式如下：

$$w_{田净i}=0.667\frac{\gamma}{\gamma_{水}}H(\theta_{g2}-\theta_{g1}) \tag{3.16}$$

式中：$w_{田净i}$ 为典型田块某次净灌溉亩均用水量，m^3/亩；H 为灌水期内典型田块土壤计划湿润层深度，mm；γ 为典型田块 H 土层内土壤干容重，g/cm^3；$\gamma_{水}$ 为水的容重，一般可取 1，g/cm^3；θ_{g1} 为某次灌水前典型田块 H 土层内土壤质量含水率，%；θ_{g2} 为某次灌水后典型田块 H 土层内土壤质量含水率，%。

或

$$w_{田净i}=0.667H(\theta_{v2}-\theta_{v1}) \tag{3.17}$$

式中：θ_{v1} 为某次灌水前典型田块 H 土层内土壤体积含水率，%；θ_{v2} 为某次灌水后典型田块 H 土层内土壤体积含水率，%。

2）水稻灌水量。

a. 淹水灌溉。根据典型田块灌溉前后田面水深的变化来确定某次净灌溉亩均用水量，计算公式如下：

$$w_{田净i}=0.667(h_2-h_1) \tag{3.18}$$

式中：h_1 为某次灌水前典型田块田面水深，mm；h_2 为某次灌水后典型田块田面水深，mm。

b. 湿润灌溉。根据典型田块灌溉前后田间土壤计划湿润层土壤含水率的变化来确定某次净灌溉亩均用水量，计算公式同式（3.17）。

在水稻育秧期，还应将育秧期某次灌水的净灌溉亩均用水量按秧田与本田的面积比例折算到本田，计入水稻净灌溉亩均用水量。

3）典型田块年净灌溉亩均用水量。在各次净灌溉亩均用水量 $w_{田净i}$ 的基础上，推算该作物净灌溉亩均用水量 $w_{田净}$，即

$$w_{田净}=\sum_{i=1}^{n}w_{田净i} \tag{3.19}$$

式中：$w_{田净}$ 为某典型田块某作物净灌溉亩均用水量，m^3/亩；n 为典型田块灌水次数，次。

（2）观测分析法。在灌溉水有效利用系数测算过程中，判断充分灌溉还是非充分灌溉是准确获得典型田块净灌溉亩均用水量的前提条件。首先，观测实际进入典型田块田间的灌溉亩均用水量 $w_{田}$，再根据气象资料、作物种类等情况，依据水量平衡原理计算典型田块某种作物的净灌溉定额 M。然后，对二者比较进行判断，得出典型田块净灌溉亩均用水量 $w_{田净}$。

1）典型田块灌溉亩均用水量 $w_{田}$ 的观测。

a. 渠道输水。在典型田块进水口设置量水设施，观测某次灌水进入典型田块的水量 $W_{田进i}$。在有排水的典型田块，同时在田块排水口设置量水设施观测排水量 $W_{田排i}$，再根据典型田块灌溉面积 $A_{田}$，推算典型田块某作物种类灌溉亩均用水量 $w_{田}$，计算公式如下：

$$w_{田}=\frac{\sum(W_{田进i}-W_{田排i})}{A_{田}} \tag{3.20}$$

式中：$w_{田}$ 为典型田块灌溉亩均用水量，m^3/亩；$W_{田进i}$ 为某次灌水进入典型田块的水量，m^3；$W_{田排i}$ 为某次灌水排出典型田块的水量（不包括因管理不当造成的退水量），m^3；$A_{田}$ 为典型田块的灌溉面积，亩。

具体方法参见《灌溉渠道系统量水规范》（GB/T 21303—2017）。

b. 管道输水。在管道出水口处安装计量设备，计量每次进入典型田块的水量 $W_{田进i}$。在有排水的典型田块，同时在田块排水口设置量水设施量测排水量 $W_{田排i}$，再根据典型田块灌溉面积 $A_{田}$，推算典型田块某作物种类年灌溉亩均用水量 $w_{田}$，计算公式同式（3.5）。

c. 喷灌。在控制典型田块的喷灌系统管道上加装水量计量设备，计量喷头的出水量 $W_{出}$，然后推算典型田块某次灌水的灌溉用水量 $w_{田}$，计算公式为

$$w_{田}=\frac{\sum W_{田进i}\eta_{喷洒}}{A_{田}} \tag{3.21}$$

式中：$\eta_{喷洒}$ 为喷洒水利用系数，应考虑灌溉期间典型田块处的喷头类型、风力、温度等条件，并参考有关试验研究成果或资料确定；$W_{田进i}$ 为控制典型田块支管灌水的进水量，m^3。

然后将不同灌水次数的灌溉用水量 w 相加，除以典型田块的面积 $A_{田}$，从

而得到该作物类型净灌溉亩均用水量 W_i。

d. 微灌。对于滴灌、小管出流等灌溉类型，可在控制典型田块的支管安装计量设备，计量典型田块某次灌溉用水量 $W_{田i}$，再根据典型田块灌溉面积 $A_{田}$，推算典型田块某作物种类灌溉亩均用水量 $w_{田}$，计算公式同式（3.5）。微喷可参考喷灌进行计算。

2）典型田块净灌溉定额计算。

a. 旱作物净灌溉定额。

计算公式为

$$M_{旱作}=0.667[ET_c-P_e-G_e+H(\theta_{vs}-\theta_{v0})] \tag{3.22}$$

式中：$M_{旱作}$ 为某种旱作物净灌溉定额，m^3/亩；ET_c 为某种作物的蒸发蒸腾量，mm；P_e 为某种作物当月有效降水量，mm；G_e 为某种作物当月地下水利用量，mm；θ_{v0} 为某种作物月初时土壤体积含水率，%；θ_{vs} 为某种作物月末时土壤体积含水率，%。

如按土壤质量含水率计算，则

$$\theta_{vs}-\theta_{v0}=\frac{\gamma}{\gamma_{水}}(\theta_{gs}-\theta_{g0}) \tag{3.23}$$

式中：θ_{g0} 为某种作物生育期开始时土壤质量含水率，%；θ_{gs} 为某种作物生育期结束时土壤质量含水率，%。

b. 水稻净灌溉定额。水稻灌溉定额包括秧田定额、泡田定额和生育期定额三部分。

秧田定额计算公式如下：

$$M_{水稻1}=0.667a[ET_{c1}+H_1(\theta_{vb1}-\theta_{v1})+F_1-P_1] \tag{3.24}$$

式中：$M_{水稻1}$ 为水稻育秧期当月净灌溉定额，m^3/亩；a 为秧田面积与本田面积比值，可根据当地实际经验确定；ET_{c1} 为水稻育秧期蒸发蒸腾量，mm；H_1 为水稻秧田犁地深度，m；θ_{v1} 为播种时 H_1 深度内土壤体积含水率，%；θ_{vb1} 为 H_1 深度内土壤饱和体积含水率，%；F_1 为水稻育秧期当月田间渗漏量，mm；P_1 为水稻育秧期当月有效降水量，mm。

泡田定额计算公式如下：

$$M_{水稻2}=0.667[ET_{c2}+H_2(\theta_{vb2}-\theta_{v2})+h_0+F_2-P_2] \tag{3.25}$$

式中：$M_{水稻2}$ 为水稻泡田期当月净灌溉定额，m^3/亩；ET_{c2} 为水稻泡田期当月蒸发蒸腾量，mm；H_2 为水稻稻田犁地深度，m；θ_{v2} 为秧苗移栽时 H_2 深度内土壤体积含水率，%；θ_{vb2} 为秧苗移栽时 H_2 深度内土壤饱和体积含水率，%；h_0 为秧苗移栽时稻田所需水层深度，mm；F_2 为水稻泡田期当月田间渗漏量，mm；P_2 为水稻泡田期当月有效降水量，mm。

淹灌水稻净灌溉定额计算公式如下：

$$M_{水稻3}=0.667[ET_{c3}+F_3-P_3+(h_c-h_s)] \tag{3.26}$$

式中：$M_{水稻3}$ 为水稻当月净灌溉定额，m^3/亩；ET_{c3} 为水稻当月蒸发蒸腾量，mm；P_3 为水稻当月有效降水量，mm；F_3 为水稻当月田间渗漏量，mm；h_c 为秧苗移栽时田面水深，mm；h_s 为水稻收割时田面水深，mm。

淹水灌溉水稻净灌溉定额为

$$M_{水稻}=M_{水稻1}+M_{水稻2}+M_{水稻3} \tag{3.27}$$

式中：$M_{水稻}$ 为水稻净灌溉定额，m^3/亩。

对于湿润灌溉（无水层）的水稻，可采用旱作物净灌溉定额的计算方法计算其净灌溉定额。淹水和湿润交替灌溉采用的水稻则可分别采用淹水灌溉水稻和旱作物净灌溉定额的计算方法分段计算确定后相加，得出生育期的净灌溉定额 $M_{水稻3}$。

已经推广采用水稻节水灌溉模式的区域，可以直接采用水稻节水灌溉模式设计的净灌溉亩均用水量。在有灌溉试验成果的地区，可引用节水灌溉模式试验中所测得的节水灌溉定额作为净灌溉定额。

3）典型田块净灌溉亩均用水量的确定。在获得典型田块的当月净灌溉定额 M（$M_{旱作}$ 或 $M_{水稻}$）和灌溉亩均用水量 $w_{田}$ 后，将二者进行比较。当 $k \cdot w_{田} \geqslant M$ 时，为充分灌溉，$w_{田净}=M$；当 $k \cdot w_{田}<M$ 时，为非充分灌溉，$w_{田净}=k \cdot w_{田}$。其中，k 为折减系数，对于旱作物，k 可取 0.90；对于水稻，k 可取 0.90～0.95。

2. 作物综合灌溉系数

农业灌溉分区划分主要考虑气候特点、水资源分布、主要农作物种类等因素，是合理开发与高效利用农业水土资源的重要依据。可以认为同一农业灌溉分区内同种作物的实际灌溉用水情况与 ET_0 之间均存在相同的 K_i 关系。首先，将同一农业灌溉分区内同种作物典型田块实测的月度净灌溉亩均用水量进行算术平均，代表农业灌溉分区内所有县级行政区同种作物的月度净灌溉亩均用水量；然后，结合由气象资料计算得出的 ET_0 及 P_e，可计算得出县级行政区某种作物当月的作物综合灌溉系数 K_i。

3.5.2.2 县级行政区作物实际灌溉面积

各县级行政区应结合农业部门掌握的农情信息，初步确定县级行政区当年不同作物播种时间与播种面积，并依靠农业部门、灌区、村镇等，及时更新县级行政区范围内的作物种植结构。在灌溉季节，由水利部门联合灌区管理单位、乡镇管水组织、村组管水员等，采取点面结合的方式及时掌握当月灌溉作物种类和实际灌溉面积等基本信息。数据上报采取逐级上报汇总的方式，由乡镇负责所辖村组的灌溉信息，经校核后报县级行政区汇总审核。有条件的地区，可通过遥感、无人机等手段，对区域作物种植结构、实际灌溉面积等监测分析。

若受管理体制和基层人员能力制约，难以通过逐级汇总上报，则以农业部门掌握的实时作物播种面积信息，与历年种植结构变化与灌溉用水情况对比，并结合水文气象资料分析确定不同作物的灌溉率，推算作物实际灌溉面积。

3.5.2.3 区域农业灌溉用水量

1. 县级净灌溉用水量

县级净灌溉用水量由不同作物净灌溉用水量累加得出，不同作物净灌溉用水量由同一农业灌溉分区内不同作物净灌溉亩均用水量实测值的平均值乘以不同作物实际灌溉面积得出。计算公式如下：

$$W_{县级农业净灌溉} = \sum_{i}^{n} w_i \cdot A_i \tag{3.28}$$

式中：$W_{县级农业净灌溉}$为县级行政区净灌溉用水量，m^3；w_i 为县级行政区某种作物当月净灌溉亩均用水量，m^3/亩；A_i 为县级行政区某种作物当月实际灌溉面积，亩；n 为县级行政区内作物种类数量。

2. 县级行政区灌溉水利用系数

区域灌溉水利用系数受灌溉工程现状、灌溉管理水平影响较大，年际应基本保持平稳，因此，区域灌溉水利用系数采用上年数据进行推算。以全国灌溉水有效利用系数测算分析成果为基础，以农业灌溉分区为单元，通过农业灌溉分区内不同规模与类型样点灌区测算分析成果与区域内所有不同规模与类型灌区毛灌溉用水量加权平均，得出农业灌溉分区灌溉水利用系数平均值，并与区域内县级行政区匹配。由于农田灌溉水有效利用系数按年度测算，成果于次年初测算分析完成，无法及时获取当年系数值，考虑到短期内系数不会产生较大变化，因此，在农业灌溉月度用水量计算过程中采用上年度区域灌溉水利用系数测算值。

3. 县级行政区农业灌溉用水量

灌溉水利用系数为净灌溉用水量与毛灌溉用水量的比值，因此，县级行政区毛灌溉用水量即为县级行政区净灌溉用水量除以区域灌溉水利用系数。计算公式如下：

$$W_{县级农业灌溉} = \frac{W_{县级农业净灌溉}}{\eta} \tag{3.29}$$

式中：η 为县级行政区所在区域灌溉水有效利用系数平均值。

3.5.3 渔塘补水

区域渔塘补水量的主要推算依据为区域内典型渔塘历史用水数据。为增加可操作性和减少调查统计工作量，选取一定数量的典型渔塘，通过收集典型渔塘近3年逐月用水信息，获取区域单位渔塘补水面积用水量和区域渔塘补水量在年内各月的分布规律，结合区域渔塘补水面积推算各月区域渔塘补水量。

3.5.3.1　单位渔塘补水面积用水量

以省级行政区为基本单元，结合区域取水许可证发放和管理情况，选取一定数量具备计量条件且建立了用水台账的典型渔塘，收集整理近 3 年典型渔塘逐月取用水信息，包括典型渔塘补水面积和补水量等基础资料。根据典型渔塘取用水信息得到区域单位渔塘补水面积用水量，并与省级行政区已发布的渔塘补水定额进行比较，综合分析确定区域单位渔塘补水面积用水量指标，作为区域渔塘补水量推算的基础。

3.5.3.2　县级行政区渔塘补水面积

若具备调查统计条件，区域渔塘补水面积可采用调查统计的方式，以县级行政区为单元逐月填报，结合省级行政区确定的单位面积渔塘补水量，推算得到县级行政区的渔塘用水量。

若暂不具备逐月统计调查的条件，县级行政区渔塘补水面积可采用相关部门公布的上年同期或年底数据。

3.5.3.3　县级行政区月度渔塘补水量

根据省级行政区选取的典型渔塘取用水信息，分析区域内渔塘补水量在年内各月的分布规律，据此得到各月用水权重。

根据分析确定的区域单位渔塘补水面积用水量指标，结合调查统计或收集整理的县级行政区渔塘补水面积指标，推算得到县级行政区当年渔塘补水量，再根据区域内渔塘补水量在年内各月的分布规律和用水权重，得到县级行政区各月渔塘补水量。

3.5.4　畜禽用水

区域畜禽用水量的主要推算依据为区域内典型畜禽养殖场（厂）历史用水数据。可选取一定数量的典型畜禽养殖场（厂），通过收集典型畜禽养殖场（厂）的近 3 年逐月取用水信息，获取区域各类型单位畜禽用水量和区域畜禽用水量在年内各月的分布规律，结合区域不同类型畜禽养殖规模推算各月区域畜禽用水量。

3.5.4.1　单位畜禽用水量

以省级行政区为基本单元，结合区域取水许可证发放和管理情况，选取一定数量具备计量条件且建立了用水台账的典型畜禽养殖场（厂），按大牲畜、小牲畜和家禽 3 种类型分别选取。收集整理近 3 年典型畜禽养殖场（厂）逐月取用水信息，包括典型畜禽养殖数量和用水量等基础资料。根据典型畜禽养殖场（厂）调查信息得到区域单位大牲畜、小牲畜和家禽用水量，并与省级行政区已发布的畜禽用水定额进行比较，综合分析确定区域单位大牲畜、小牲畜和家禽用水量指标，作为区域畜禽用水量推算的基础。

3.5.4.2　县级行政区畜禽数量

若具备调查统计条件，区域畜禽养殖数量可采用调查统计的方式，以县级行

政区为单元逐月填报，结合省级行政区确定的区域单位大牲畜、小牲畜和家禽用水量指标，推算得到县级行政区的渔塘用水量。

若暂不具备逐月统计调查的条件，县级行政区畜禽养殖数量可采用相关部门公布的上年同期或年底数据。

3.5.4.3 县级行政区月度畜禽用水量

根据省级行政区选取的典型畜禽养殖场（厂）取用水信息，分析区域内畜禽用水量在年内各月的分布规律，据此得到各月用水权重。

根据分析确定的区域单位大牲畜、小牲畜和家禽用水量指标，结合调查统计或收集整理的县级行政区畜禽养殖数量指标，推算得到县级行政区当年畜禽用水量，根据区域内畜禽用水量年内各月的分布规律和用水权重，得到县级行政区各月畜禽用水量。

3.5.5 区域农业用水量月尺度动态评价过程

首先，应分析典型田块代表性与监测数据合理性。省级行政区应组织对典型田块的代表性进行分析，从田块种植作物是否包含了区域的主要种植作物，田块在土质类型、水源类型、灌水方式等方面是否涵盖区域所有类型，田块灌溉亩均用水量是否能代表区域该作物的灌溉亩均用水量等方面，综合分析典型田块在区域内的代表性。典型田块监测数据应从数据填报的完整性、规范性、合理性等方面进行分析，确保监测数据填报完整、数据单位填报正确、不存在奇异值等。典型渔塘和畜禽养殖场（厂）代表性与监测数据合理性可根据 3.4.6 节相关要求分析。

其次，各级水行政主管部门应结合历年统计数据和变化趋势、水文年型、作物种植结构、灌溉用水定额、相邻地区用水情况等信息，对灌溉亩均用水量、实际灌溉面积、区域灌溉用水量等数据进行复核分析；结合已发布的渔塘和畜禽用水定额、相邻地区典型渔塘和畜禽养殖场（厂）用水指标、养殖规模对单位用水指标和用水量进行复核分析。

最后，将县级行政区农业灌溉用水量、渔塘补水量和畜禽用水量数据，通过 3.4.6 节所述方法和相关计算公式汇算得到各级行政区、不同水资源分区、不同农业灌溉分区的月度农业用水量。

3.6 农业用水月尺度动态综合评价方法

3.6.1 评价方法

由于提出的基于调查统计和模型计算的两种农业用水量月尺度动态评价方法中，需要灌区或典型田块的用水量按月度填报，但目前用水统计直报中大中型灌区取用水量数据为按季度填报、典型小型灌区按年度填报，农田灌溉水有效利用系数测算中的典型田块也按年度填报，目前的工作基础暂时不能完全采用上述两种评价方法开展农业用水月尺度动态评价工作。因此，在基于调查统计和模型计算的两种评价方法基础上，研究提出了农业用水动态综合评价方法。

农业用水月尺度动态评价方法，综合了基于调查统计和模型计算的两种评价方法，通过构建包含地面监测统计、区域统计调查、遥感监测以及气象资料在内的立体监测网络与数据体系，综合利用历年典型田块数据、当年用水统计直报数据和气象数据，结合遥感等多源技术手段，开展不同区域月尺度农业用水评价分析。

3.6.1.1 农业用水月尺度动态综合评价思路

农业用水月尺度动态综合评价，首先考虑目前实际工作基础，建立以大中型灌区作为监测与调查统计重点，小型灌区选择典型，县级行政区为基本区域的监测调查统计网络。其次通过采用历年系数测算分析不同典型田块监测数据，结合当年气象数据计算出典型田块 ET_0 及 P_e，推算不同灌溉分区的作物综合灌溉系数 K_i，将作物系数、下垫面条件空间分布复杂，农户灌溉习惯进行概化，$K_i = K_c \cdot K_s \cdot K_f$，建立实际灌溉用水与 ET_0 的相关关系，认为同一灌溉分区内同种作物的 K_i 相同，并与县级行政区进行匹配。根据收集的实时气象资料计算各县级行政区 ET_0、P_e，根据县级行政区所属灌溉分区的 K_i 计算得出县级行政区不同作物净灌溉亩均用水量 $w_{县净}$。根据收集的 2800 多个县级行政区历年作物种植面积和实际灌溉面积，推算区域农业灌溉月度用水量数据，结合 2018、2019 年渔塘和畜禽调查对象用水量数据，得到不同区域农业用水量月尺度动态评价基础数据。

不同区域农业用水月尺度动态评价数据计算完成后，可结合目前用水统计直报的灌区和区域农业用水量数据对评价数据进行校核，确保数据的合理性和科学性。每季度初，采用用水统计直报的大中型灌区上季度取用水量数据对上季度 3 个月的农业灌溉用水量数据进行校核。每年初，采用用水统计直报的典型小型灌区和区域农业用水量数据对上年度 12 个月的农业灌溉用水量数据进行比较分析，对本季度 3 个月的农业灌溉用水量进行修正。另外，本次研究在每个省级行政区选取了 1～2 个典型大型灌区作为重点监测对象，全国共计 34 处，典型大型灌区每月初上报上个月的不同作物灌溉用水量、实际灌溉面积等基础信息，根据典型大型灌区种植的主要作物、主要灌溉用水情况，每月可对模型计算的上月农业用水量数据进行比较分析、结果修正（图 3.17）。

3.6.1.2 方法适用性及优缺点

农业用水月尺度动态综合评价方法综合了基于调查统计和模型计算的两种方法的优点，是结合现实可获取数据得到不同区域农业用水量的最优方法。该方法适用于不能通过灌区、典型田块、各级水行政主管部门按月填报用水量的情况。

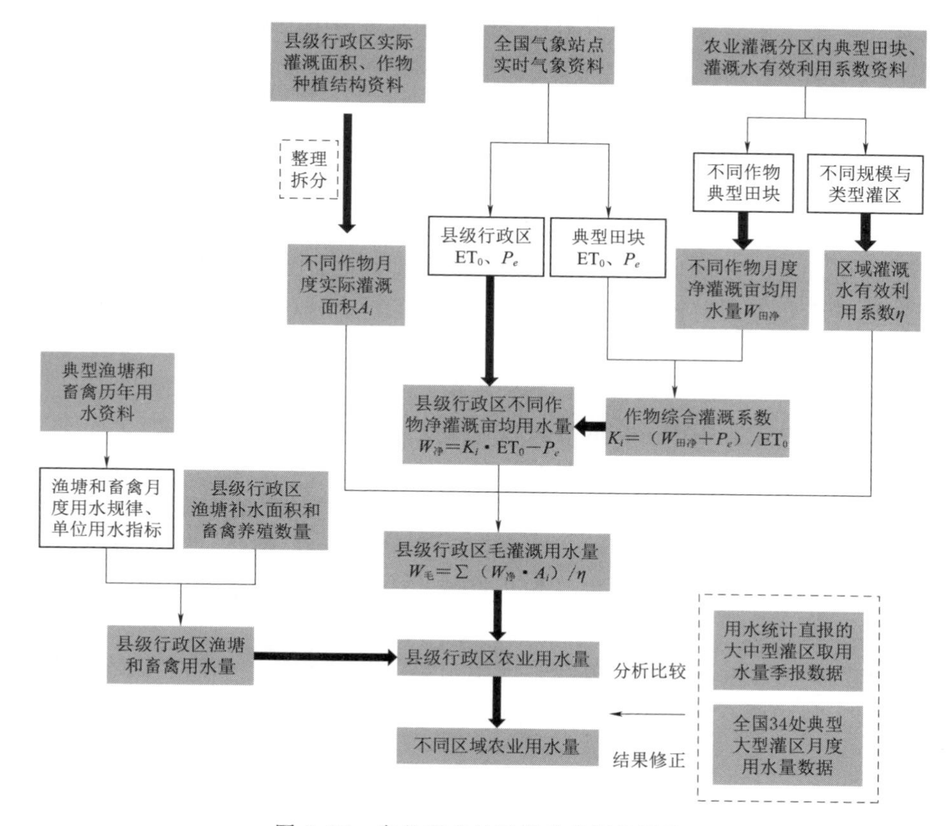

图 3.17 农业用水月尺度动态评价思路

优点：①不需要灌区、典型田块、各级水行政主管部门按月填报信息，仅采用现有的历史田块数据和当年气象数据，统计调查的工作量较小；②将作物系数、下垫面条件空间分布复杂、农户灌溉习惯进行了概化，避免了大量的实时统计调查工作和人为因素对数据质量的影响；③采用用水直报和典型灌区月报的数据对模型计算结果进行校核，提升了用水数据的准确性；④条件成熟时，可以利用遥感技术直接获取种植结构、实灌面积、灌溉耗水量等关键信息，可提高数据获取的及时性、准确性和客观性。

缺点：①区域实灌面积采用了历年数据，仅结合作物综合灌溉系数在模型中进行了概化，与当年实际灌溉面积可能存在差异；②对于基于多源融合信息的典型区农业灌溉用水量分析技术，仅提出了理论方法，暂时不具备在全国大区域利用的基础。

3.6.2 监测统计数据体系构建

区域月尺度农业用水监测统计网络与数据体系，是包含地面监测统计、区域统计调查、遥感监测以及气象资料在内的立体监测网络与数据体系，在传统监测统计手段基础上，借助多源多尺度卫星遥感数据和水文模型或陆面过程模型，对作物需水、耗水、供水、用水过程的关键要素开展立体监测和月尺度模拟分析。

地面监测统计网络包括大中型灌区、典型小型灌区、典型田块、遥感地面验证地块、典型渔塘和畜禽养殖场（厂）等。其中，大中型灌区、典型小型灌区、遥感地面验证地块、典型渔塘和畜禽养殖场（厂）等调查数据作为基于调查统计的动态评价方法的数据基础；典型田块、遥感地面验证地块、历年典型渔塘和畜禽养殖场（厂）等调查数据作为基于模型计算的动态评价方法的数据基础。

区域调查统计数据包括实际灌溉面积、作物种植结构、渔塘补水面积和畜禽数量等，以县级行政区为调查统计的基本单元。

遥感监测数据为多源、多时空尺度卫星遥感影像监测数据，包括光学和雷达卫星影像数据，光学数据包括可见光、近红外、热红外、红边等，雷达数据包括SAR、微波、激光雷达，利用遥感反演区域种植结构、实灌面积、灌溉面积上耗水量（蒸散发量）。随着遥感反演技术的不断完善和反演精度不断提高，可以逐步减小区域实际灌溉面积、减少作物种植结构调查统计工作量，最终实现全部利用遥感技术获取。

气象资料为包括降水量、气温、太阳辐射（日照时数）、相对湿度、风速等逐日数据。区域调查统计数据、遥感监测数据和气象数据是综合动态评价方法的数据基础。

监测统计网络与数据体系如图 3.18 所示。

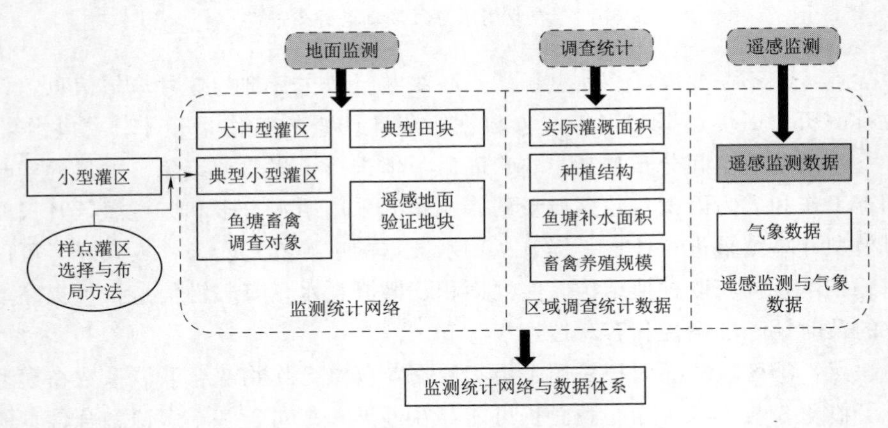

图 3.18　监测统计网络与数据体系

相较于传统监测统计手段以点带面的方式，遥感反演结合地面验证能提供更为直观、更为精细的种植结构数据。对于根据多源、多时空尺度卫星遥感影像，分析各类作物不同季节的生长特征差异，可获取区域主要农作物种植的空间分

布，此外通过特征参数的空间分布情况，还可反映出同种作物不同区域生长状况的空间差异性。以遥感反演土壤含水量、蒸散发，以及地面观测水文气象数据、工程数据以及其他统计数据共同作为监测输入，开展基于多源多尺度数据的灌溉范围识别和定位监测，综合利用灌溉取水口取水量计量、工程控制灌溉地块的面积与空间分布、灌区种植结构等信息，从而定量、定位描述农业灌溉用水月尺度变化以及对灌区水循环的影响。

3.6.3 监测统计网络构建方法

全面系统整理灌区、灌溉分区、水资源分区等基础资料，分析区域不同规模类型灌区现状分布情况，在此基础上，结合用水统计调查、农田灌溉水有效利用系数测算等现有工作基础，综合考虑区域特点、种植结构、气候类型等因素，研究典型灌区选取与布局方法，构建以大中型灌区、典型小型灌区、典型田块、遥感地面验证田块、典型渔塘和典型畜禽养殖场（厂）为基础的农业灌溉用水监测统计网络，提出农业灌溉月度用水量上报制度和技术要求。

3.6.3.1 大中型灌区

设计灌溉面积1万亩及以上的大中型灌区全部作为调查对象，灌区管理单位应按月填报“大中型灌区取用水信息表”。

3.6.3.2 典型小型灌区

设计灌溉面积1万亩以下的小型灌区，应选取代表性典型灌区，按月填报“典型小型灌区取用水信息表”，详见附件《农业用水量监测评价导则》。

全面系统地整理灌区、灌溉分区、水资源分区等基础资料，分析区域不同规模类型灌区现状分布情况，在此基础上，结合用水统计调查、农田灌溉水有效利用系数测算等现有工作基础，综合考虑区域特点、种植结构、气候类型等因素，由省级水行政主管部门按地表水源灌溉（含地表水源、地下水源结合）和地下水源灌溉两种取水类型，以灌溉分区为基本单元，分别选择具有代表性的典型小型灌区，构成典型小型灌区监测统计网络。

1. 选取原则

遵循基于统计调查方法的代表性、可行性、可持续性。

2. 选取方法

（1）按照各省用水定额标准文件中的农业灌溉分区进行选取，在每一灌溉分区中，选择在工程设施情况、水源取水方式（自流引水、提水）、地形地貌、土质类型、种植结构等方面具有代表性的灌区为典型小型灌区，作为农业灌溉用水量推算分析的基础。

（2）为充分利用已有的基础资源，典型小型灌区的选取应尽可能与国控、省级行政区监测站（点）和取水许可监督管理、取水口核查等工作相衔接。

（3）原则上每个拥有小型灌区的县级行政区均应选取典型小型灌区进行监测

统计。

（4）为了便于实际操作，典型小型灌区的有效灌溉面积不宜小于100亩。

（5）每个灌溉分区中典型小型灌区的数量一般不少于区域内小型灌区（100～10000亩）数量的1%，一般不超过100处，最少不应少于10处。

3. 典型小型灌区数量的确定

地表水源灌区（含地表水源、地下水源结合）典型小型灌区数量的确定，分为典型灌区数量初步确定、典型灌区最低数量要求复核、典型灌区数量最终确定三个阶段。地下水源灌区（纯井灌区）典型小型灌区确定方法相对简单，直接按照现有农田灌溉水有效利用系数样点灌区和典型灌区最低数量要求综合确定。

（1）地表水源灌区。

1）典型灌区数量初步确定。以所有小型地表水源灌区为样本总体，对省级区小型地表水源灌区耕地灌溉用水量统计进行样本容量确定。根据统计学原理，耕地灌溉亩均用水量估计的样本容量计算公式为

$$n=\frac{z^2\sigma^2}{e^2} \tag{3.30}$$

式中：z为标准误差的置信水平，本方案置信度为95%，经查表$z=1.96$；σ为总体标准差；e为可接受的抽样误差，本方案取10%。

小型地表水源灌区农业用水量标准差，以农田灌溉水有效利用系数测算样点灌区为调查样本数据进行估算获得，标准差公式为

$$\sigma=\sqrt{\frac{1}{N-1}\sum_{i-1}^{N}(x_i-\mu)^2} \tag{3.31}$$

式中：N为调查样本中小型地表水源灌区数量；x_i为调查样本中第i个小型地表水源灌区耕地灌溉亩均用水量，m^3；μ为调查样本中的平均小型地表水源灌区耕地灌溉亩均用水量，m^3。

按照上述方法初步确定省级小型灌区样本容量，然后将省级行政区初步确定的小型灌区样本容量按面积比例分配到各个灌溉分区，得到每个灌溉分区小型地表水源灌区初步样本容量，即初步确定的灌溉分区内地表水源典型小型灌区数量。其具体分配方法如式（3-32）所示：

$$n_i=n\times(S_i/S) \tag{3.32}$$

式中：n_i为该省第i个灌溉分区的小型灌区样本容量；n为该省小型灌区样本容量；S_i为该省第i个灌溉分区的小型灌区实际灌溉面积，万亩；S为该省小型灌区实际灌溉面积，万亩。

2）典型灌区最低数量要求。样点灌区应包括提水和自流引水2种取水方式，不同取水方式的样点灌区数量和有效灌溉面积应与灌溉分区内同类型灌区有关指

标比例相协调，并且样点灌区的工程设施情况、土壤类型和作物种植结构要在灌溉分区内的同类型灌区中具有代表性，每个灌溉分区内每种取水方式的小型地表水源样点灌区数量不少于5个。

3）典型灌区数量最终确定。通过比例分配方法，初定样本容量分配到各灌溉分区后，与该灌溉分区内最低样点数量相比较，如果根据初步确定后的样本容量少于最低样点数量，则以最低样点数量为准；如果高于最低样点数量，则以初步确定后的样本容量为准。

（2）地下水源灌区。地下水源小型灌区以单井控制灌溉面积作为一个灌区。典型小型灌区应包括灌溉分区内小型地下水源灌区主要的节水工程形式（渠道防渗、喷灌、滴灌或低压管道），不同节水工程形式下的有效灌溉面积应与灌溉分区内小型地下水源灌区总的节水工程现状相协调，并且样点灌区的工程设施情况、土壤类型和作物种植结构要在灌溉分区内的同类型灌区中具有代表性。每个灌溉分区内的小型地下水源典型灌区数量不少于3个。

将现有农田灌溉水有效利用系数测算工作布设的纯井样点灌区，与灌溉分区内小型地下水源典型灌区最低数量进行比较，如果现有纯井样点灌区数量低于最低数量要求，则以最低数量要求为准；如果高于最低数量要求，则以现有纯井样点灌区数量为准。

4. 省级典型小型灌区选取与布局工作步骤

（1）省级水行政主管部门负责对区域内所有小型灌区基本情况进行调查与分析，包括灌区数量、工程设施情况、水源取水方式、地形地貌、土质类型、种植结构等。

（2）省级水行政主管部门根据小型灌区在各灌溉分区内的具体分布情况，按照《用水统计调查制度》中要求的代表性、可行性和可持续性等基本原则，结合农田灌溉水有效利用系数测算样点灌区和各级水资源监控能力建设等现有工作基础，初步确定各灌溉分区内的典型小型灌区。

《用水统计调查制度》要求以县为单元填报用水量数据，原则上每个县级行政区都应布设典型小型灌区。典型小型灌区按照地表水源（含地表水源、地下水源结合）和地下水源两种类型分别选取。

由于小型灌区面积没有下限，为了便于实际操作，单个典型小型灌区的有效灌溉面积不宜小于100亩。

1）地表水源（含地表水源、地下水源结合）。每个灌溉分区中，按照水田和旱作两种类型进行选点，每种类型典型小型灌区的数量至少为本类型灌区（100～10000亩）数量的5%。每种类型的典型小型灌区数量一般不超过100个，不少于10个，数量不足10个时，按实际数量全部选取。水田与旱作典型小型灌区的灌溉面积应与本灌溉分区内水田和旱作的灌溉面积相协调。

2）地下水源。每个灌溉分区中，首先分为地面灌溉和喷滴灌两种，然后按照水田和旱作两种类型进行选点，每种类型典型小型灌区的数量至少选取10个。各类型典型小型灌区的灌溉面积应与本灌溉分区内地面灌溉和喷滴、水田和旱作的灌溉面积相协调。

（3）省级水行政主管部门初步确定典型小型灌区后，与相应市县级水行政主管部门进行沟通，并结合近年来区域和灌区实际农业灌溉用水情况，验证典型小型灌区选取的代表性。

（4）省级和市县级水行政主管部门共同研究，综合确定各灌溉分区内的典型小型灌区。

5. 典型小型灌区调整方法

影响典型小型灌区选择的主要因素有灌区规模、主要节水工程结构、主要作物结构、水源类型、土壤质地类型等，当某一因素发生较大变化时，应对典型小型灌区进行调整，并对变化较大因素进行分类判断，确保样点灌区在区域的代表性。

3.6.3.3　典型田块

为开展全国农田灌溉水有效利用系数测算分析工作，根据《全国农田灌溉水有效利用系数测算分析技术指导细则》（以下简称《细则》），针对不同作物选取了一定数量的典型田块开展了逐次灌水量监测工作。典型田块的逐次灌水信息和净灌溉亩均用水量可作为区域农业用水月尺度动态评价的重要数据支撑。为充分利用已有工作基础，本书参照《细则》相关要求，对大中型灌区、典型小型灌区中典型田块选取原则和数量提出要求。

灌区管理单位应按月度填报“典型田块取用水量统计表”。

1. 典型田块选取原则

典型田块要边界清楚、形状规则、面积适中；综合考虑作物种类、灌溉方式、畦田规格、地形、土地平整程度、土壤类型、灌溉方式、地下水埋深等方面的代表性；有固定的进水口和排水口（一般来说，水稻在灌溉过程中不排水，将排水作为特殊情况考虑，不选串灌串排的田块）；配备量水设施。对于播种面积超过灌区总播种面积10%的作物种类，须分别选择典型田块。

2. 典型田块选取数量要求

大中型灌区应在不同片区有代表性的斗渠控制范围内分别选取，每种需观测的作物至少选取3个典型田块。

典型小型灌区每种需观测的作物至少选取2个典型田块。对于采用地下水灌溉的典型小型灌区还应考虑土质渠道地面灌、防渗渠道地面灌、管道输水地面灌、喷灌、微灌等5种类型进行选取，在同种灌溉类型下每种需观测的作物至少选择2个典型田块。

典型田块范围与数量选取要求参照表见表 3.2。

表 3.2　　典型田块范围与数量选取要求参照表

<table>
<tr><th>灌区规模与类型</th><th>灌区片区</th><th>灌区主要作物种类（m）</th><th>典型田块选取数量（N）</th><th>典型田块总数量</th></tr>
<tr><td rowspan="9">大中型灌区</td><td rowspan="3">片区 1</td><td>作物 1</td><td>≥3</td><td rowspan="9">$\sum_{j=1}^{n}\sum_{i=1}^{m}N_{ij}$
m——某片区作物种类数量；
n——指灌区不同区域；
N_{ij}——第 j 个片区第 i 种作物典型田块数量</td></tr>
<tr><td>作物 2</td><td>≥3</td></tr>
<tr><td>……</td><td>≥3</td></tr>
<tr><td rowspan="3">片区 2</td><td>作物 1</td><td>≥3</td></tr>
<tr><td>作物 2</td><td>≥3</td></tr>
<tr><td>……</td><td>≥3</td></tr>
<tr><td rowspan="3">……</td><td>作物 1</td><td>≥3</td></tr>
<tr><td>作物 2</td><td>≥3</td></tr>
<tr><td>……</td><td>≥3</td></tr>
<tr><td colspan="2" rowspan="3">典型小型灌区</td><td>作物 1</td><td>≥2</td><td rowspan="3">$\sum_{i=1}^{m}N_{i}$
m——小型灌区样点灌区作物种类数量；
N_{i}——小型灌区样点灌区第 i 种作物典型田块数量</td></tr>
<tr><td>作物 2</td><td>≥2</td></tr>
<tr><td>……</td><td>≥2</td></tr>
</table>

3.6.3.4　遥感地面验证田块

为通过遥感获取区域作物种植结构及不同作物实际灌溉面积，应在评价区域选取地面验证田块，对作物种植结构和灌溉信息开展调研、监测，作为遥感反演的训练样本数据和验证样本数据，对区域主要作物种植结构和实际灌溉面积的遥感反演产品开展地面验证，提高遥感反演结果的精度。

1. 作物种植结构地面验证田块选取

（1）验证田块应在区域作物种植结构初步分析的基础上选取，空间上尽量均匀分布，单个验证田块一般应至少覆盖待检验种植结构遥感产品 3×3 个像元，即正方形边长为待检验种植结构遥感产品空间分辨率的 3 倍；分散种植或田块较小的区域可适当减小验证田块尺寸，但至少应覆盖遥感产品 1×1 个像元。

（2）按县级行政区评价时，区域内每种主要作物的验证田块数量不少于 30 个；按省级或市级行政区、水资源分区、农业灌溉分区评价时，可根据区域内作物种植结构适当调减各县级行政区验证田块数量。

（3）不同作物的验证田块选取应与本区域内集中或分散种植特点相协调，每个集中种植区域选取验证田块不少于 3 个，分散种植、生长或灌溉条件差异显著的作物可适当增加验证田块个数。

2. 作物种植结构地面验证应收集的信息

(1) 应收集验证田块的作物类型、生育期、每次灌水时间和灌水量、每次灌水的实际灌溉面积、不同生育期的作物株高和叶面积等数据，多季作物应按时间顺序分别记录。

(2) 当验证田块种植作物采取地膜、遮阴网、秸秆等覆盖措施，应记录覆盖材料种类及覆盖的起止时间。

(3) 记录验证田块数据信息时应记录田块四至经纬度坐标信息，使用手持GPS（全球定位系统）获取坐标信息，或者使用带定位功能的手机拍照，采集原始照片需包含经纬度坐标信息，记录数据精度不低于0.01s。

3. 实际灌溉面积的验证田块选取

实际灌溉面积的验证田块应在区域灌溉面积范围内选取，并同时包括灌溉和未灌溉的田块，区域内验证田块数量不小于30个，可与作物种植结构地面验证田块结合；田块大小一般应至少覆盖待检验灌溉面积遥感产品3×3个像元，最小应覆盖1×1个像元。

4. 实际灌溉面积地面验证应收集的信息

应记录本月灌溉的次数，以及每次灌溉的时间、净灌溉水量、实际灌溉面积和每次灌水前后的土壤含水量等信息。

3.6.3.5 典型渔塘

渔塘用水月尺度动态评价主要采用调查统计推算的方法。以省级行政区为单元选取典型渔塘，应在水源类型、地形地貌、养殖种类、渔塘规模等方面具有代表性，每个省级行政区至少选取10个典型渔塘。选取的典型渔塘应安装计量设施，确保用水量数据的准确性。

典型渔塘应管理单位应按月填报“典型渔塘月取用水调查表”，详见附件《农业用水量监测评价导则》。

3.6.3.6 典型畜禽养殖场（厂）

畜禽用水月尺度动态评价主要采用调查统计推算的方法。以省级行政区为单元选取典型畜禽养殖场（厂），按照大牲畜、小牲畜和家禽3种类型分别选取，其中，大牲畜主要包括牛、马、驴、骡、骆驼等类型；小牲畜主要包括猪、羊等类型；家禽主要包括鸡、鸭、鹅等类型。每个省级行政区每种类型至少选取5个典型畜禽养殖场（厂），应在畜禽类型分布、区域分布、畜禽种类、养殖规模等方面具有代表性。典型畜禽养殖场（厂）宜选取养殖种类单一的规模化养殖场（厂），且应安装计量设施，确保用水量数据的准确性。

典型畜禽养殖场（厂）管理单位应按月填报“典型养殖场（厂）月取用水调查表”，详见附件《农业用水量监测评价导则》。

3.6.4 区域调查统计

按照农业用水月尺度动态评价方法要求，在对区域农业用水量进行推算的过程中，需要获取区域统计调查数据，包括区域实际灌溉面积、区域种植结构、区域渔塘补水面积、区域畜禽养殖规模。

3.6.4.1 区域实际灌溉面积

区域实际灌溉面积主要以县级行政区为基本单元调查统计。有条件的地区可利用遥感等手段实时获取区域实际灌溉面积等监测数据，并通过设立遥感地面验证田块对遥感反演的区域实际灌溉面积进行验证和精度评价，对区域实际灌溉面积数据进行空间校核。

县级行政区应填报“区域信息统计表”。

3.6.4.2 区域种植结构

区域种植结构主要以县级行政区为基本单元调查统计。有条件的地区可利用遥感等手段实时获取区域种植结构等监测数据，设立遥感地面验证田块，对遥感反演的区域种植结构进行验证和精度评价，对区域种植结构进行空间校核。

县级行政区应填报“区域信息统计表”。

3.6.4.3 区域渔塘补水面积

区域渔塘补水面积以县级行政区为基本单元统计，县级行政区应填报“区域信息统计表”。

3.6.4.4 区域畜禽养殖规模

区域畜禽养殖规模以县级行政区为基本单元统计，县级行政区应填报“区域信息统计表”，详见附件《农业用水量监测评价导则》。

3.6.5 遥感监测数据

根据农业灌溉用水监测评估的需求和多源遥感影像特性分析，采集利用的遥感数据包括光学和雷达卫星影像数据，光学数据包括可见光、近红外、热红外、红边等，雷达数据包括SAR、微波、激光雷达。通过遥感影像数据误差分析与校正、空间尺度转换、时间尺度拓展，多源信息融合，形成空间精度不低于30m的基础影像数据，时间精度能够满足作物种植结构分类、月尺度耗水反演和逐次灌溉范围识别的影像序列。常用卫星影像包括MODIS、Landsat、Sentinel，国产影像包括高分、环境卫星等。

3.6.6 气象数据

气象数据主要从中国气象数据网（http：//data.cma.cn）处下载获取（图3.19）。收集的气象资料为逐日气象数据，包括降水量、气温、太阳辐射（日照时数）、相对湿度、风速等，共收集839个国家级气象站的相关气象资料，并根据上述资料计算不同气象站点ET_0。

图 3.19　中国气象数据网

3.6.7　评价数据分析与修正

农业用水月尺度动态评价方法，综合了基于调查统计和模型计算的两种评价方法，综合利用历年典型田块数据、当年用水统计直报数据和气象数据，结合遥感等多源技术手段，开展不同区域月尺度农业用水评价分析。通过采用典型田块监测数据，结合当年气象数据计算出典型田块 ET_0 及 P_e，推算不同灌溉分区的作物综合灌溉系数 K_i，建立实际灌溉用水与 ET_0 的相关关系，并与县级行政区进行匹配。根据各县级行政区 ET_0、P_e、K_i 计算得出县级行政区不同作物净灌溉亩均用水量 $w_{县净}$，结合县级行政区作物种植面积和实际灌溉面积，推算区域农业灌溉月度用水量数据，综合渔塘和畜禽调查对象用水量数据后，得到不同区域农业用水量月尺度动态评价基础数据。然后，采用用水统计直报的大中型灌区每季度数据、典型小型灌区年度数据及区域农业用水量数据，对农业灌溉用水量评价月度、年度数据进行比较分析并进行修正。

3.7　小结

(1) 研究提出了基于调查统计的农业用水量月尺度动态评价方法。在对不同规模类型灌区分布情况进行充分整理的基础上，对典型灌区选取与布局方法进行了研究，将调查频次由季度、年度细化到月度，进一步完善了以灌区为统计基本单元的农业用水量统计与核算方法，该方法被《用水统计调查制度》采纳，该制度在国家统计局完成了备案并由水利部正式印发实施。同时，在此基础上对农业用水量监测方法、不同类型农业用水量监测指标获取方法、农业用水量分析评价方法等具体内容进行了规范性整理，完成了团体标准《农业用水量监测评价导则》。

（2）研究提出了基于模型计算的农业用水量月尺度动态评价方法。对农业灌溉用水关键影响因素进行了分析，以不同作物典型田块为基础对不同区域主要作物分布和作物的生育期、主要灌溉用水期进行了整理分析，总结了不同区域农业灌溉用水时空分布特征，提出了以典型田块逐次灌水信息为基础、结合区域调查统计数据和气象资料的农业灌溉用水量月尺度动态评价方法。

（3）为充分利用现有统计数据，并考虑相关基础数据获取的及时性、全面性，将上述两种评价方法有机融合，提出了农业用水月尺度动态综合评价方法，构建了包含地面监测统计、区域统计调查、遥感监测以及气象资料在内的立体监测网络与数据体系，提出了利用历年典型田块数据、当年用水统计直报数据和气象数据，结合遥感等多源技术手段的农业用水量月尺度综合评价方法，为全国和不同区域月尺度农业用水评价分析奠定了理论方法基础。

第4章　全国不同区域农业用水量动态评价及变化规律分析

本书根据农业用水月尺度动态综合评价方法要求，结合现实可获取的数据基础，构建了农业用水月度监测统计网络，开展了不同区域农业用水月尺度动态评价和时空变化规律分析。

4.1　农业用水月尺度监测统计网络

4.1.1　大中型灌区

4.1.1.1　用水统计调查直报系统上报数据

按照用水统计调查要求，目前通过用水统计调查直报系统（图4.1）上报的大中型灌区农业灌溉用水量数据上报频次为季报，2020年度全部大中型灌区基本完成了直报系统中农业灌溉用水量相关数据的填报工作（北京、西藏除外）。2020年度，填报完成并审核通过的大中型灌区数量为6884处，其中，大型灌区570处（含部分拆分灌区），中型灌区6314处。

图4.1　用水统计调查直报管理系统

该部分大中型灌区季报用水数据主要用于对农业用水月尺度动态评价成果进行校核。具体为：不同区域农业用水月尺度动态评价数据计算完成后，可结合目

前用水统计直报的灌区和区域农业用水量数据对评价数据进行校核，确保数据的合理性和科学性。每季度初，采用用水统计直报的大中型灌区上季度取用水量数据对上季度3个月的农业灌溉用水量数据进行校核。用水统计调查直报系统大中型灌区取用水调查表如图4.2所示。2020年度用水统计调查直报系统中大型灌区用水量填报情况如表4.1所示。

大中型灌区取用水调查表(101表)

行政区名称：　省(自治区、直辖市)　地(区、市、州、盟)　县(区、市、旗)
灌区代码：
灌区名称：
报送单位(盖章)：　　　　　20　年　季

表　　号：1 0 1 表
制定机关：水　利　部
批准机关：国家统计局
批准文号：国统制[2020]9号
有效期至：2023年1月

1. 经度：____纬度：____
2. 上级水行政主管部门：__________
3. 所属水资源分区名称：__________所属水资源分区编码：□□□□□□□
4. 所属农业灌溉分区：__________区
5. 水源取水方式：□自流　□提水　□自流与提水
6. 灌区水源类型：□地表水源　□地下水源　□地表水源地下水源结合
7. 设计灌溉面积（亩）：__________
8. 有效灌溉面积（亩）：____其中耕地____林地____园地____牧草地____
9. 节水灌溉工程面积（亩）：____其中喷灌____微灌____管道输水____其他____
10. 作物播种面积（亩）：水稻____小麦____玉米____棉花____大豆____其他____
11. 取水许可证编号：__________
12. 灌区涉及县区个数：____

指标名称	计量单位	代码	1-本季		上年同期	
			主水源	辅助水源	主水源	辅助水源
甲	乙	丙	1	2	3	4
一、取水量	万立方米	1				
（一）地表水源	万立方米	2				
（二）地下水源	万立方米	3				
（三）其他水源	万立方米	4				
二、农业灌溉用水量	万立方米	5				
（一）耕地	万立方米	6				
（二）林地	万立方米	7				
（三）园地	万立方米	8				
（四）牧草地	万立方米	9				
三、非农业灌溉用水量	万立方米	10				
四、弃水量	万立方米	11				

图4.2（一）　用水统计调查直报系统大中型灌区取用水调查表

续表　灌区分县农业灌溉用水量

指标名称	单位	代码	县名 1 所在行政区划代码 □□□□□□	…	县名 n 所在行政区划代码 □□□□□□	合计
一、分县实际灌溉面积	亩	12				
（一）耕地	亩	13		…		
（二）林地	亩	14		…		
（三）园地	亩	15		…		
（四）牧草地	亩	16		…		
二、分县农业灌溉用水量	万立方米	17				
（一）耕地	万立方米	18				
（二）林地	万立方米	19				
（三）园地	万立方米	20				
（四）牧草地	万立方米	21				

单位负责人：　　统计负责人：　　填表人：　　联系电话：　　报出日期：20　年　月　日

说明：1. 统计范围与口径：全部大中型灌区，包括主水源和灌区内辅助水源取用水信息。灌区取用水量是从水源取用的用于农业生产的毛用水量之和，包含输水过程中的各种损失水量。水量应按以下计量点进行计量：①从江河、湖泊、水库、塘坝等地表水源工程引入灌区进行灌溉的，在地表水源取水口进行计量；②以凿井方式直接从地下含水层取水用于灌溉的，在井口出水口进行计量；③以雨水利用、海水淡化、再生水等其他水源进行灌溉的，在水源取水口进行计量。

2. 报送时间及方式：报送单位为灌区管理单位。对于跨县灌区，由灌区管理单位填报各县取用水信息，县级水行政主管部门负责核定灌区范围内本县取用水信息；当灌区内存在不由灌区管理单位直接管理的辅助水源时，辅助水源取用水量由县级水行政主管部门组织灌区管理单位进行统计，由灌区管理单位负责填报，县级水行政主管部门负责核定，辅助水源数量较多的，可布设样点、估算取用水量，统计调查对象每季度季后 15 日前，按规定通过网上用水统计调查直报管理系统、电子邮件或邮寄等方式上报；水行政主管部门每季度季后 30 日前完成审核。

3. 灌区基本信息：仅需第一季度填报，第四季度复核修订。

灌区取用水量：按季度填报累计数。

灌区分县农业灌溉用水量：包括分县实际灌溉面积和灌溉用水量两类指标，仅需在第四季度填报全年数据；对于跨县灌区，需要填报分县区的实际灌溉面积和灌溉用水量指标；对于非跨县灌区，仅填报灌区实际灌溉面积指标。

4. 跨县灌区填报要求：分县区填报的实际灌溉面积和灌溉用水量合计值应等于灌区全部的实际灌溉面积和灌溉用水量。

5. 本表中的“上年同期”数据第一次填报由统计调查对象填报，以后由网上用水统计调查直报管理系统自动调取，统计调查对象和各级水行政主管部门原则上不得修改。

6. 主要审核关系：

行关系：1＝2＋3＋4；5＝6＋7＋8＋9；1＝5＋10＋11；12＝13＋14＋15＋16；17＝18＋19＋20＋21。

图 4.2（二）　用水统计调查直报系统大中型灌区取用水调查表

表 4.1 2020年度用水统计调查直报系统中大中型灌区用水量填报情况

省级行政区*	大型灌区		中型灌区		省级行政区*	大型灌区		中型灌区	
	数量/处	用水量/万 m^3	数量/处	用水量/万 m^3		数量/处	用水量/万 m^3	数量/处	用水量/万 m^3
全国	570	8643723.8	6314	7290418.7	湖北	39	474325.7	485	333313.2
北京					湖南	23	321219.3	608	634713.0
天津	1	22517.2	29	26314.4	广东	13	72165.4	419	640408.9
河北	19	154174.2	80	72813.5	广西	11	247025.6	321	392524.2
山西	15	74151.1	161	84392.7	海南	2	61768.8	74	127442.5
内蒙古	16	586927.3	135	122198.6	重庆	0		123	43490.6
辽宁	11	205896.8	62	92608.0	四川	68	485148.8	373	201287.9
吉林	12	138614.9	112	149976.6	贵州	10	80510.7	53	24045.4
黑龙江	28	365080.9	326	475206.8	云南	15	114686.0	281	230676.6
上海			1	613.7	西藏				
江苏	32	470092.3	226	764031.4	陕西	12	144724.0	160	110699.2
浙江	8	77074.9	121	171745.4	甘肃	54	390848.7	216	320563.6
安徽	11	462458.4	557	326547.9	青海	0		108	117066.1
福建	4	44155.6	158	171854.4	宁夏	12	429214.1	33	75048.1
江西	12	224999.2	293	408293.6	新疆	32	1577621.4	164	657853.1
山东	52	540632.6	347	149491.6	兵团	19	539671.4	62	251466.1
河南	39	338018.7	226	113731.7					

注 * 含新疆生产建设兵团。

4.1.1.2 典型大型灌区重点上报数据

现阶段我国用水统计工作要求中大中型灌区取用水量信息采用季报、典型小型灌区采用年报，难以满足农业用水量月度评价的要求。为保证农业用水月尺度动态评价结果精度，在每个省级行政区选取了1～2个典型大型灌区作为农业灌溉用水重点监测对象，全国共计34处。

从2018年开始，34处典型大型灌区每月初向中心上报上月用水情况和当月用水计划。上月的用水信息：灌溉时间、实际灌溉面积、灌溉用水量、灌溉主要作物等；当月的用水计划：计划灌溉日期、灌溉作物、灌溉面积、灌溉水量等。

根据典型大型灌区种植的主要作物、主要灌溉用水情况，可以得到典型大型灌区所在区域的主要作物逐次灌水信息，进而对模型计算的上月农业用水量数据

进行校核。

典型大型灌区月度用水量填报系统如图 4.3 所示。典型大型灌区基本信息如表 4.2 所示。

图 4.3　典型大型灌区月度用水量填报系统

表 4.2　　　　　　　　典型大型灌区基本信息

省（自治区）*	灌区名称	设计灌溉面积/万亩	主要水源类型	主要水源工程类型	主要灌溉农作物	管理单位名称
河北省	石津灌区	200	地表水	水库	小麦、棉花	河北省石津灌区管理局
河北省	漳滏河灌区	201	地表水	水库	玉米、小麦、水稻	邯郸市漳滏河灌溉供水管理处
山西省	大禹渡灌区	50.84	地表水	泵站	小麦、玉米、苹果	运城市大禹渡扬水工程管理局
山西省	汾河灌区	149.55	地表水	水库、河引水坝	玉米	山西省汾河灌溉管理局
内蒙古自治区	镫口扬水灌区	63	地表水	地表水	玉米	
辽宁省	大洼灌区	102	地表水	泵站提水	水稻	大洼灌区管理局
吉林省	白沙滩灌区	31.02	地表水	河湖泵站	水稻	白城市白沙滩灌溉排涝区管理站
吉林省	前郭灌区	56.79	地表水	水库、电力提水	水稻	前郭灌区灌溉管理局

续表

省（自治区）*	灌区名称	设计灌溉面积/万亩	主要水源类型	主要水源工程类型	主要灌溉农作物	管理单位名称
黑龙江省	龙凤山灌区	39.7	地表水	龙凤山水库	水稻	龙凤山灌区管理局
江苏省	洪金灌区	35.78	地表水	河湖引水闸	水稻、小麦	淮安市洪金灌区管理处
江苏省	周桥灌区	32	地表水	河湖引水闸	水稻、小麦	淮安市洪泽区灌区管理所
浙江省	铜山源灌区	30.24	地表水	水库	水稻	衢州市铜山源水库管理局
安徽省	淠史杭灌区	1198	地表水	水库	水稻	安徽省淠史杭灌区管理总局
安徽省	驷马山灌区	51.62	地表水	泵站	水稻、小麦	肥东县驷马山电灌工程管理处
福建省	东圳灌区	30	地表水、地下水	水库	早晚稻、中晚薯、大小麦、花生、大豆、蔬菜	福建省莆田市东圳水库管理局
江西省	赣抚平原灌区	120	地表水	河流引水闸	水稻、蔬菜	江西省赣抚平原水利工程管理局
山东省	位山灌区	540	地表水	黄河位山引水闸	小麦、玉米	聊城市位山灌区管理处
山东省	潘庄引黄灌区	500	地表水	潘庄　引水闸	小麦、玉米、棉花	德州市潘庄灌区管理局
河南省	跃进渠灌区	30.5	地表水	有坝引水	小麦、玉米	安阳县跃进渠灌区管理局
河南省	渠村灌区	193.1	地表水	河湖引水闸	水稻、小麦、玉米	引黄工程管理处
湖北省	漳河灌区	260.52	地表水	地表水	水稻	湖北省漳河工程管理局
湖北省	引丹灌区	210	地表水	水库	水稻、小麦、玉米、棉花	襄阳市引丹工程管理局
湖南省	韶山灌区	100	地表水	水府庙水库	水稻	湖南省韶山灌区工程管理局
湖南省	黄材水库灌区	35.9	地表水	黄材水库	水稻	长沙市黄材水库灌区管理局
广西壮族自治区	青狮潭灌区	41.86	地表水	水库	水稻、水果	桂林市青狮潭水库灌区管理站
广西壮族自治区	右江灌区	12.24	地表水	水库	水稻	百色市右江灌区管理局
四川省	都江堰人民渠二处	278	地表水	河、湖引水闸	水稻、小麦、油菜、玉米等	四川省都江堰人民渠第二管理处
云南省	宾川灌区	39	地表水	水库	葡萄、柑橘	宾川灌区管理局
云南省	蜻蛉河灌区	31.2	地表水	水库	水稻、烤烟	姚安、大姚县水务局

续表

省（自治区）*	灌区名称	设计灌溉面积/万亩	主要水源类型	主要水源工程类型	主要灌溉农作物	管理单位名称
陕西省	泾惠渠灌区	145.3	地表水	水库	小麦、玉米	陕西省泾惠渠灌溉管理局
陕西省	东雷二期抽黄灌区	126.5	地表水	河湖泵站	小麦、玉米、果树	渭南市东雷二期抽黄工程管理局
宁夏回族自治区	青铜峡灌区	842	地表水	水库	小麦、玉米、水稻、枸杞	宁夏回族自治区水资源管理局
新疆维吾尔自治区	三屯河灌区	75	地表水、地下水	水库、机电井	棉花、玉米、小麦、番茄	昌吉市三屯河流域管理处
新疆生产建设兵团	第二师十八团渠灌区	35.4	地表水	河湖闸引水	棉花、果园	十八团渠管理处
新疆生产建设兵团	第八师玛纳斯河灌区	359.79	地表水、地下水	水库、河湖引水闸（机电井）	棉花，玉米，其他，小麦	石河子玛纳斯河流域管理处

注　* 含新疆生产建设兵团。

4.1.2　典型小型灌区

按照用水统计调查要求，目前通过用水统计调查直报系统上报的典型小型灌区农业灌溉用水量数据上报频次为年报，2020 年度填报的典型小型灌区数量为 6399 处。

该部分大中型灌区季报用水数据主要用于对农业用水月尺度动态评价成果进行校核。具体为：不同区域农业用水月尺度动态评价数据计算完成后，可结合目前用水统计直报的灌区和区域农业用水量数据对评价数据进行校核，确保数据的合理性和科学性。每年初，采用用水统计直报的典型小型灌区和区域农业用水量数据对上年度 12 个月的农业灌溉用水量数据进行校核。

用水统计调查直报系统典型小型灌区取用水调查如图 4.4 所示。2020 年度用水统计调查直报系统中典型小型灌区用水量填报情况如表 4.3 所示。

4.1.3　典型田块

本监测统计网络中，典型田块主要采用 2017—2019 年度农田灌溉水有效利用系数测算分析中，样点灌区不同作物典型田块逐月用水量信息推算不同区域不同作物逐月用水规律（表 4.4）。2017—2019 年有连续监测数据的典型田块共 16170 块，其中，小麦 2148 块，玉米 1692 块，水稻 9614 块，其他作物 2716 块。从不同作物典型田块分布来看，华北、西北地区以小麦、玉米为主，东北、南方地区以水稻为主。

4.1.4　遥感地面验证田块

由于本书提出的基于多源融合信息的典型区农业灌溉用水量分析技术仅典型

典型小型灌区取用水调查表(201 表)

行政区名称： 省(自治区、直辖市) 地(区、市、州、盟) 县(区、市、旗)
灌区代码：
灌区名称：
报送单位(盖章)： 20 年

表 号：2 0 1 表
制定机关：水 利 部
批准机关：国家统计局
批准文号：国统制[2020]9 号
有效期至：2023 年 1 月

1. 所属水资源分区名称：__________所属水资源分区编码：□□□□□□□
2. 所属农业灌溉分区：__________区
3. 水源取水方式：□自流 □提水 □自流与提水
4. 灌区水源类型：□地表水源 □地下水源 □地表水源地下水源结合
5. 设计灌溉面积（亩）：__________
6. 有效灌溉面积（亩）：____其中耕地____林地____园地____牧草地____
7. 取水许可证编号：__________

指标名称	计量单位	代码	本年	上年
甲	乙	丙	1	2
一、取水量	万立方米	1		
（一）地表水源	万立方米	2		
（二）地下水源	万立方米	3		
（三）其他水源	万立方米	4		
二、农业灌溉用水量	万立方米	5		
（一）耕地	万立方米	6		
（二）林地	万立方米	7		
（三）园地	万立方米	8		
（四）牧草地	万立方米	9		
三、实际灌溉面积	亩	10		
（一）耕地	亩	11		
（二）林地	亩	12		
（三）园地	亩	13		
（四）牧草地	亩	14		

单位负责人： 统计负责人： 填表人： 联系电话： 报出日期：20 年 月 日

说明：1. 统计范围与口径：典型小型灌区包括有一定代表性且设计灌溉面积小于 1 万亩的小型灌区。灌区取用水量是从水源取用的用于农业生产的毛用水量之和，包含输水过程中的各种损失水量。水量应按以下计量点进行计量：①从江河、湖泊、水库、塘坝等地表水源工程引入灌溉用水户进行灌溉的，在地表水源取水口进行计量；②以凿井方式直接取自地下含水层用于灌溉的，在井口出水口进行计量；③以雨水利用、海水淡化、再生水等其他水源进行灌溉的，在水源取水口进行计量。

2. 报送时间及方式：报送单位为灌区管理单位、乡镇水管站或村委会。统计调查对象次年 1 月 15 日前，按规定通过网上用水统计调查直报管理系统、电子邮件或邮寄等方式上报上一级水行政主管部门；上一级水行政主管部门次年 1 月 31 日前完成审核。

3. 本表中的“上年”数据第一次填报由统计调查对象填报，以后由网上用水统计调查直报管理系统自动调取，报送单位和各级水行政主管部门原则上不得修改。

4. 主要审核关系：
行关系：1＝2＋3＋4；5＝6＋7＋8＋9；10＝11＋12＋13＋14；1＝5。

图 4.4 用水统计调查直报系统典型小型灌区取用水调查

表 4.3　2020 年度用水统计调查直报系统中典型小型灌区用水量填报情况

省级行政区*	典型小型灌区		省级行政区*	类　型	
	数量/处	用水量/万 m³		数量/处	用水量/万 m³
全国	6399	436966.6	湖北	220	19884.6
北京	0	0	湖南	200	22196.8
天津	49	2261.4	广东	111	23046.2
河北	664	2235.8	广西	342	41149.5
山西	181	5567.9	海南	26	5188.6
内蒙古	330	18406.7	重庆	144	7047.5
辽宁	100	5481.9	四川	455	28945.7
吉林	115	21945.4	贵州	167	11506.9
黑龙江	141	20843.5	云南	334	30038.1
上海	21	662.4	西藏	0	0.0
江苏	158	8000.7	陕西	391	20532.7
浙江	161	9390.0	甘肃	120	8555.0
安徽	397	29565.4	青海	384	17680.4
福建	332	30352.3	宁夏	127	7442.7
江西	153	19778.2	新疆	15	2506.7
山东	250	7165.9	兵团	220	19884.6
河南	311	9587.6			

注　* 含新疆生产建设兵团。

表 4.4　2017—2019 年度连续监测的不同作物典型田块分布情况

省级行政区*	典型田块数量				
	合计	小麦	玉米	水稻	其他
全国	16170	2148	1692	9614	2716
北京	24	10	14	0	0
天津	163	83	57	23	0
河北	223	88	77	24	34
山西	417	96	183	0	138
内蒙古	363	30	260	30	43
辽宁	104	0	4	100	0
吉林	236	0	0	236	0
黑龙江	246	0	0	246	0
上海	69	0	0	69	0

续表

省级行政区*	典型田块数量				
	合计	小麦	玉米	水稻	其他
江苏	906	0	0	906	0
浙江	553	0	0	553	0
安徽	935	73	16	837	9
福建	891	0	0	282	609
江西	1225	0	0	1127	98
山东	1145	687	393	35	30
河南	351	155	123	47	26
湖北	465	14	29	422	0
湖南	2988	73	132	2453	330
广东	302	0	49	203	50
广西	802	0	14	759	29
海南	378	0	0	126	252
重庆	222	0	4	203	15
四川	196	13	17	138	28
贵州	306	0	0	306	0
云南	768	116	98	418	136
西藏	182	138	3	0	41
陕西	188	57	48	5	78
甘肃	159	111	0	0	48
青海	612	300	18	0	294
宁夏	331	64	103	66	98
新疆	420	40	50	0	330

区和代表性作物开展了月尺度耗水和用水的全面验证，采用的部分技术方法和模型参数是针对具体卫星遥感影像和典型区特点提出的，对其他来源遥感数据以及全国不同地区，方法和模型参数的适用性有待在应用中进一步拓展研究。

因此，在开展全国不同区域农业用水量动态评价工作时，由于资料限制无法采用遥感方法，暂未采用基于多源融合信息的典型区农业灌溉用水量分析技术，仅在典型区开展了相关研究与应用。

4.1.5 典型渔塘和畜禽养殖场（厂）

按照农业用水月尺度动态评价方法，应根据省级行政区选取的渔塘和畜禽调查对象上报资料，计算出渔塘单位面积补水量和不同类型（大牲畜、小牲畜和家禽）单位畜禽用水量指标，结合县级行政区上报的渔塘补水面积和畜禽数量，得到县级行政区的渔塘补水量和畜禽用水量。

由于现阶段无法通过调查统计获取渔塘和畜禽典型调查数据，只能通过对往年调查对象数据进行分析和整理，结合各省发布的用水定额文件，综合分析得到全国不同区域渔塘补水和畜禽用水定额、用水月度分布规律，结合当年发布的渔塘补水面积、畜禽存栏量等，开展渔塘补水和畜禽用水月尺度动态评价。具体工作如下：

首先，对 2018—2019 年度用水总量统计工作中各省（自治区、直辖市）上报的 4 个季度的渔塘和畜禽调查对象数据进行了整理。其中 2018 年度全国共上报了 269 个渔塘调查对象，分布在山西、重庆等 8 个省（自治区、直辖市），上报了 472 个畜禽调查对象，分布在山西、辽宁、安徽、广西和重庆等 11 个省（自治区、直辖市）；2019 年度全国共上报了 499 个渔塘调查对象，分布在山西、四川等 9 个省（自治区、直辖市），上报了 823 个畜禽调查对象，分布在山西、辽宁、安徽、河南等 12 个省（自治区、直辖市）。上述调查对象均按季度填报了用水量信息，通过对季度用水量数据进行分析，可以粗略地得到渔塘和畜禽月度用水规律和各月的用水权重，以此为基础进行用水量的推算。

4.2　农业用水量月尺度统计上报制度

本书在基于调查统计的农业用水月尺度动态评价方法中，提出和完善了区域农业用水量监测评价方法，对构成监测统计网络的大中型灌区、典型小型灌区、典型渔塘和畜禽养殖场（厂）、遥感地面验证田块等数据、区域信息统计（包括实灌面积、种植结构、渔塘补水面积和畜禽养殖数量等）填报要求进行了详细的规定，并提出了调查对象用水量监测与分析、区域农业用水量核算与评价等工作方法。

该方法适用于不同行政分区、水资源分区和农业灌溉分区的农业用水量监测评价工作，包括范围、规范性引用文件、术语和定义、评价区域和时间周期、农业用水量监测评价方法、监测网络构建、农业灌溉用水量监测、渔塘和畜禽用水量监测、农业用水量分析评价、评价成果报告编制等内容。

该方法提出，根据评价区域农业灌溉用水特点和用水评价要求，合理布设灌溉用水监测节点，科学构建监测网络。有条件时，可建立基于地面监测和遥感监测的立体监测网络体系。农业灌溉用水量监测分析应以灌区为基本监测分析单元，按大中型灌区、小型灌区分类。大中型灌区应全部纳入监测网络，逐一分析评价；小型灌区应选择一定数量的具有代表性的典型灌区进行监测分析，以典型小型灌区数据为基础，由点及面推算分析区域全部小型灌区农业灌溉用水量。渔塘补水量和畜禽用水量监测分析应采用典型调查、由点及面进行推算。《农业用

水量监测评价导则》中还提出，有条件的地区可利用遥感等技术手段获取区域作物种植结构和实际灌溉面积等监测数据，设立遥感地面验证田块，对遥感反演的区域作物种植结构和实际灌溉面积产品进行验证和精度评价，对调查统计的区域作物种植结构和实际灌溉面积数据进行空间校核。

4.3 区域不同作物实际灌溉面积

不同作物实际灌溉面积是计算月度灌溉用水量重要基础，限于目前掌握数据的局限性，考虑以各县级行政区作物播种面积、实际灌溉面积两组数据为基础，采用灌溉优先原则并结合调查分析，进行不同作物实际灌溉面积估算。为降低计算难度，简化计算过程，拟挑选播种总面积超过95%的作物进行实际灌溉面积推算，其他作物做近似概化处理。

根据各县级行政区作物播种面积，确定水稻、蔬菜、棉花、小麦、大豆、玉米、油料等7种主要作物作为本次灌溉用水量推算的基本作物。按照水稻、蔬菜、棉花、小麦必须灌溉，大豆、玉米、油料平均灌溉的原则进行实际灌溉面积分配。

4.4 作物综合灌溉系数

作物综合灌溉系数 K_i 是以农业灌溉分区为基本单元，考虑区域内的作物系数（K_c）、下垫面条件（K_s）及农户灌溉习惯（K_f）等影响因素，建立起的作物的实际灌溉用水量与 ET_0 之间的综合关系。因此，根据不同区域的气象资料计算 ET_0 及 P_e，以及典型田块监测得出的净灌溉亩均用水量可计算 K_i，即 $K_i=(w_{田净i}+P_e)/ET_0$。

由于目前典型田块逐月净灌溉亩均用水量还未建立实时监测体系，暂时采用历年系数测算分析不同典型田块监测数据结合当年 ET_0 及 P_e 推算 K_i，再与农业灌溉分区内的县级行政区进行匹配。2020年度各农业灌溉分区主要作物（水稻）的 K_i 参考数值见表4.5。

表4.5　2020年度各农业灌溉分区主要作物（水稻）的 K_i 参考数值

农业灌溉分区		1月	2月	3月	4月	5月	6月	7月	8月	9月	10月	11月	12月
名称	代码												
北京市	11Ⅰ	0.14	0.41	0.11	0.12	0.35	0.26	0.82	1.00	0.65	0.07	0.65	0.03
天津市	12Ⅰ	0.13	0.23	0.11	0.20	1.18	0.90	1.46	2.47	1.44	0.06	0.64	0.03
坝上内陆河区	13Ⅰ	0.05	0.02	0.13	0.04	0.18	0.31	0.95	0.62	0.31	0.16	0.51	0.03

续表

农业灌溉分区		1月	2月	3月	4月	5月	6月	7月	8月	9月	10月	11月	12月
名称	代码												
冀西北山间盆地区	13Ⅱ	0.09	0.06	0.08	0.05	0.24	0.26	0.96	0.90	0.48	0.14	0.52	0.00
燕山山区	13Ⅲ	0.07	0.18	0.12	0.19	0.51	0.21	0.64	1.36	0.64	0.06	0.52	0.04
太行山山区	13Ⅳ	0.21	0.12	0.09	0.10	0.41	0.30	0.86	1.43	0.49	0.07	0.42	0.02
太行山山前平原区	13Ⅴ	0.19	0.18	0.07	0.12	0.46	0.33	0.78	1.59	0.48	0.07	0.40	0.02
燕山丘陵平原区	13Ⅵ	0.07	0.23	0.13	0.27	1.17	0.57	1.22	2.31	0.84	0.07	0.45	0.05
黑龙港低平原区	13Ⅶ	0.24	0.26	0.05	0.16	0.40	0.31	0.64	1.70	0.36	0.03	0.47	0.02
晋北区	14Ⅰ	0.13	0.03	0.13	0.03	0.15	0.34	0.71	0.92	0.42	0.08	0.44	0.02
晋中区	14Ⅱ	0.31	0.13	0.12	0.14	0.33	0.29	0.68	1.63	0.41	0.15	0.47	0.04
晋东南区	14Ⅲ	0.50	0.17	0.07	0.16	0.32	0.42	0.45	1.36	0.14	0.29	0.38	0.06
晋南区	14Ⅳ	0.41	0.18	0.04	0.15	0.36	0.53	0.49	1.53	0.15	0.47	0.47	0.02
温凉半湿润农业区	15Ⅰ1	0.08	0.07	0.06	0.06	0.18	0.27	0.63	0.83	0.46	0.23	0.31	0.03
温凉半干旱农业区	15Ⅰ2	0.08	0.07	0.06	0.06	0.18	0.27	0.63	0.83	0.46	0.23	0.31	0.03
温暖半干旱农业区	15Ⅱ	0.13	0.09	0.06	0.08	0.26	0.42	0.52	0.85	0.63	0.14	0.30	0.03
温暖干旱农业区	15Ⅲ	0.08	0.01	0.04	0.01	0.08	0.15	0.29	0.71	0.37	0.00	0.12	0.01
温热半干旱农业区	15Ⅳ	0.04	0.10	0.12	0.16	1.15	1.71	2.14	2.29	1.35	0.07	0.57	0.02
辽西低山丘陵区Ⅰ1	21Ⅰ1	0.09	0.08	0.11	0.20	1.22	0.68	0.99	1.95	0.58	0.05	0.71	0.03
辽西低山丘陵区Ⅰ2	21Ⅰ2	0.09	0.08	0.11	0.20	1.22	0.68	0.99	1.95	0.58	0.05	0.71	0.03
辽河中下游平原区	21Ⅱ	0.02	0.31	0.13	0.14	0.87	0.60	0.78	2.19	0.91	0.08	0.77	0.00
辽北低丘波状平原区	21Ⅲ	0.04	0.17	0.15	0.35	1.00	1.36	1.35	3.07	1.42	0.23	1.26	0.00
辽东山区	21Ⅳ	0.03	0.48	0.09	0.20	1.01	0.91	1.37	3.18	1.47	0.35	1.20	0.01
辽南半岛丘陵区	21Ⅴ	0.06	0.30	0.03	0.30	2.05	1.99	2.35	4.05	1.17	0.29	1.18	0.17
长白山山地区Ⅰ1	22Ⅰ1	0.14	0.42	0.25	0.36	1.08	1.79	2.04	2.61	2.43	0.28	1.09	0.04
长白山山地区Ⅰ2	22Ⅰ2	0.14	0.42	0.25	0.36	1.08	1.79	2.04	2.61	2.43	0.28	1.09	0.04
长白山山地区Ⅰ3	22Ⅰ2	0.14	0.42	0.25	0.36	1.08	1.79	2.04	2.61	2.43	0.28	1.09	0.04
中东部低山丘陵区Ⅱ1	22Ⅱ1	0.11	0.22	0.16	0.23	0.70	1.12	1.24	2.58	2.80	0.28	1.26	0.02
中东部低山丘陵区Ⅱ2	22Ⅱ2	0.11	0.22	0.16	0.23	0.70	1.12	1.24	2.58	2.80	0.28	1.26	0.02
中部平原区Ⅲ1	22Ⅲ1	0.10	0.08	0.11	0.44	1.30	2.31	1.99	2.59	2.86	0.36	0.91	0.00
中部平原区Ⅲ2	22Ⅲ2	0.10	0.08	0.11	0.44	1.30	2.31	1.99	2.59	2.86	0.36	0.91	0.00
西部平原区Ⅳ1	22Ⅳ1	0.09	0.01	0.04	0.23	0.51	0.95	0.61	1.56	2.01	0.19	0.53	0.00
西部平原区Ⅳ2	22Ⅳ2	0.09	0.01	0.04	0.23	0.51	0.95	0.61	1.56	2.01	0.19	0.53	0.00
松嫩低平原区	23Ⅰ1	0.10	0.13	0.05	0.19	0.73	1.75	1.45	2.60	2.05	0.30	0.40	0.06

续表

农业灌溉分区		1月	2月	3月	4月	5月	6月	7月	8月	9月	10月	11月	12月
名称	代码												
松嫩北部高平原区	23Ⅰ2	0.10	0.13	0.05	0.19	0.73	1.75	1.45	2.60	2.05	0.30	0.40	0.06
松嫩南部高平原区	23Ⅰ3	0.10	0.13	0.05	0.19	0.73	1.75	1.45	2.60	2.05	0.30	0.40	0.06
三江平原区	23Ⅱ	0.14	0.17	0.10	0.33	0.65	1.36	1.03	2.29	1.79	0.46	0.73	0.10
张广才岭山地区	23Ⅲ1	0.06	0.21	0.11	0.16	0.94	1.46	1.06	2.11	1.75	0.31	1.22	0.12
老爷岭山地区	23Ⅲ2	0.06	0.21	0.11	0.16	0.94	1.46	1.06	2.11	1.75	0.31	1.22	0.12
大小兴安岭山地区	23Ⅳ	0.04	0.10	0.12	0.74	4.03	6.50	5.96	7.89	7.00	0.61	0.48	0.13
上海	31Ⅰ	2.46	0.75	0.88	0.21	1.22	4.17	4.18	2.71	2.14	0.39	1.01	0.24
徐淮片区	32Ⅰ	1.42	0.47	0.26	0.29	0.90	2.97	2.81	1.83	0.20	0.24	0.66	0.24
沿海片区	32Ⅱ	0.96	0.46	0.41	0.38	1.08	2.68	2.13	1.69	1.05	0.33	0.93	0.25
沿江片区	32Ⅲ	1.24	0.48	0.69	0.48	0.81	2.95	2.96	1.45	0.63	0.55	1.05	0.24
太湖片区	32Ⅳ	1.90	0.57	0.84	0.35	0.82	2.87	4.09	1.04	0.97	0.81	1.30	0.23
宁镇扬片区	32Ⅴ	1.51	0.53	0.89	0.40	0.77	3.21	3.28	1.34	0.74	0.72	1.03	0.31
里下河片区	32Ⅵ	1.27	0.48	0.66	0.48	1.08	3.34	2.38	1.22	0.43	0.35	0.90	0.23
杭嘉湖平原区	33Ⅰ	3.32	0.94	1.30	0.39	1.40	3.19	3.12	1.56	1.93	0.36	0.59	0.33
萧绍甬平原区	33Ⅱ	2.69	0.93	1.47	0.37	1.22	3.54	2.29	1.26	1.95	0.32	0.55	0.34
浙东沿海平原区	33Ⅲ	0.91	0.84	1.86	0.41	1.36	1.97	1.46	1.70	1.70	0.08	0.18	0.43
山区	33Ⅳ	1.64	1.02	2.05	0.57	1.64	2.97	2.28	1.30	2.30	0.19	0.31	0.47
海岛地区	33Ⅴ	1.40	1.00	1.47	0.67	1.58	3.63	2.69	2.43	3.10	0.04	0.36	0.52
浙中丘陵盆地区	33Ⅵ	2.38	1.08	2.04	0.68	1.99	3.87	1.89	0.51	1.88	0.19	0.44	0.39
淮北平原区	34Ⅰ1	1.79	0.48	0.30	0.21	0.55	1.95	2.54	1.13	0.44	0.32	0.98	0.17
淮北平原区	34Ⅰ2	1.79	0.48	0.30	0.21	0.55	1.95	2.54	1.13	0.44	0.32	0.98	0.17
淮北平原区	34Ⅰ3	1.79	0.48	0.30	0.21	0.55	1.95	2.54	1.13	0.44	0.32	0.98	0.17
江淮丘陵区	34Ⅱ	2.05	0.63	0.77	0.20	0.38	2.53	3.74	1.39	0.46	0.64	0.87	0.34
沿江圩区	34Ⅲ	2.03	0.75	1.21	0.46	0.74	3.53	5.15	0.72	1.37	1.10	1.13	0.32
皖南山区	34Ⅳ	3.44	1.33	1.75	0.63	1.74	4.62	6.46	0.72	2.69	0.68	0.75	0.33
大别山区	34Ⅴ	1.88	0.77	1.28	0.35	0.66	4.50	6.14	1.01	1.39	1.74	1.38	0.36
丘陵山地湿润区	35Ⅰ	0.63	1.12	3.06	0.80	1.88	2.19	1.29	1.38	2.36	0.10	0.11	0.56
沿海平原湿润区	35Ⅱ	0.46	0.57	1.07	0.37	1.18	0.94	0.25	0.58	0.83	0.04	0.06	0.44
鄱阳湖区	36Ⅰ	3.17	1.53	2.23	1.08	1.79	3.27	4.58	1.45	3.09	0.70	0.79	0.44
赣北区	36Ⅱ	2.54	1.37	2.52	0.95	1.91	3.29	3.70	1.31	2.95	0.39	0.75	0.46
赣中区	36Ⅲ	2.05	1.44	3.57	1.29	1.87	3.04	2.73	1.38	2.45	0.60	0.41	0.42

续表

农业灌溉分区		1月	2月	3月	4月	5月	6月	7月	8月	9月	10月	11月	12月
名称	代码												
赣南区	36Ⅳ	0.44	1.67	2.84	1.36	1.68	2.20	1.22	1.57	2.64	0.32	0.02	0.31
鲁西南	37Ⅰ	0.92	0.34	0.10	0.19	0.27	0.57	0.95	1.44	0.02	0.21	1.14	0.09
鲁北	37Ⅱ	0.35	0.36	0.03	0.18	0.29	0.33	0.49	1.44	0.17	0.04	0.80	0.07
鲁中	37Ⅲ	0.59	0.56	0.05	0.21	0.43	0.62	0.91	1.44	0.18	0.17	1.05	0.22
鲁南	37Ⅳ	1.09	0.43	0.14	0.24	1.30	1.53	2.56	1.92	0.39	0.11	1.13	0.19
胶东	37Ⅴ	0.54	0.60	0.03	0.08	0.70	0.48	0.97	1.44	0.43	0.03	0.87	0.20
豫北平原区	41Ⅰ	0.65	0.24	0.06	0.15	0.26	0.82	0.58	2.21	0.10	0.22	0.70	0.06
豫东平原区	41Ⅱ1	1.25	0.42	0.34	0.13	0.23	0.82	0.58	0.99	0.38	0.47	1.03	0.13
淮北平原区	41Ⅱ2	1.25	0.42	0.34	0.13	0.23	0.82	0.58	0.99	0.38	0.47	1.03	0.13
山前平原区	41Ⅱ3	1.25	0.42	0.34	0.13	0.23	0.82	0.58	0.99	0.38	0.47	1.03	0.13
豫北山丘区	41Ⅲ	0.68	0.23	0.10	0.13	0.34	0.82	0.52	0.99	0.38	0.24	0.54	0.07
豫西山丘区	41Ⅳ	0.91	0.30	0.30	0.09	0.26	0.82	0.80	0.99	0.38	0.55	0.60	0.12
南阳盆地区	41Ⅴ1	1.20	0.48	0.68	0.14	0.32	0.82	0.58	0.99	0.38	1.09	0.95	0.23
淮南区	41Ⅴ2	1.20	0.48	0.68	0.14	0.32	0.82	0.58	0.99	0.38	1.09	0.95	0.23
鄂西北山区（北片）	42Ⅰ	0.99	0.36	0.66	0.54	0.69	2.23	2.26	1.56	1.39	1.41	0.77	0.21
鄂西北山区（南片）	42Ⅱ	0.99	0.36	0.66	0.54	0.69	2.23	2.26	1.56	1.39	1.41	0.77	0.21
鄂西南山区（北片）	42Ⅲ	1.67	0.74	0.69	0.90	1.10	3.99	4.40	1.99	1.73	2.14	0.99	0.34
鄂西南山区（南片）	42Ⅳ	1.67	0.74	0.69	0.90	1.10	3.99	4.40	1.99	1.73	2.14	0.99	0.34
鄂北岗地	42Ⅴ	1.33	0.36	0.61	0.41	0.47	2.58	3.10	1.61	1.57	1.66	0.92	0.23
鄂中丘陵区	42Ⅵ	1.86	0.67	0.89	0.45	0.66	2.99	3.84	1.09	1.43	1.80	0.89	0.31
江汉平原区	42Ⅶ	1.50	0.79	0.81	0.52	0.92	2.45	3.79	0.96	2.00	1.75	1.11	0.38
鄂东北山丘区	42Ⅷ	1.50	0.79	0.82	0.36	0.91	2.47	3.81	1.46	2.12	1.55	1.10	0.18
鄂东沿江平原	42Ⅸ	1.50	0.79	0.81	0.52	0.92	2.45	3.79	0.96	2.00	1.75	1.11	0.38
鄂东南山丘区	42Ⅹ	1.50	0.79	0.81	0.70	0.93	2.54	3.91	1.29	2.72	1.27	1.07	0.39
湘西北山区	43Ⅰ	1.50	1.14	1.20	0.77	1.63	2.94	3.35	1.27	3.76	1.57	0.56	0.39
湘西南山丘区	43Ⅱ	1.50	2.01	2.61	1.38	1.62	1.83	1.81	1.26	2.02	0.59	0.21	0.45
洞庭湖及环湖区	43Ⅲ	1.50	1.27	1.58	0.71	1.28	2.55	3.04	1.25	2.94	1.47	0.91	0.49
湘中山丘区	43Ⅳ	1.50	1.63	2.09	1.03	1.47	2.30	2.25	0.98	2.14	0.74	0.56	0.60
湘东南山区	43Ⅴ	1.50	1.71	2.83	1.29	1.31	2.02	1.33	1.54	2.92	0.49	0.19	0.36
粤西雷州半岛台地蓄井灌溉用水定额分区	44Ⅰ	0.42	0.46	0.77	1.30	0.72	0.90	0.68	1.85	2.40	3.78	0.11	0.00

续表

农业灌溉分区		1月	2月	3月	4月	5月	6月	7月	8月	9月	10月	11月	12月
名称	代码												
粤西沿海丘陵平原蓄引灌溉用水定额分区	44Ⅱ	0.50	0.79	1.15	1.62	1.96	2.04	0.71	2.77	2.90	1.39	0.13	0.17
粤北和粤西北山区丘陵引蓄灌溉用水定额分区	44Ⅲ	0.50	1.59	2.82	1.80	2.28	2.23	0.47	1.32	2.19	0.37	0.02	0.17
粤中珠江三角洲平原蓄引提灌溉用水定额分区	44Ⅳ	0.34	0.97	1.28	1.16	2.89	2.14	0.60	2.41	2.80	0.40	0.04	0.03
粤东和粤东北丘陵山区蓄引灌溉用水定额分区	44Ⅴ	0.44	1.05	1.64	1.29	2.24	2.00	0.61	1.53	2.12	0.42	0.06	0.16
粤东沿海潮汕平原蓄引灌溉用水定额分区	44Ⅵ	0.65	0.56	0.57	0.71	2.23	1.57	0.48	2.09	1.56	0.15	0.07	0.10
石漠化地区	45Ⅰ	0.86	1.10	2.07	1.55	1.70	3.04	1.14	2.21	2.01	1.00	0.07	0.11
非石漠化地区	45Ⅱ	1.22	1.69	2.72	1.70	2.26	4.73	1.99	1.23	2.39	0.73	0.14	0.19
海口	46Ⅰ	0.32	0.16	0.23	0.73	0.50	0.61	0.80	1.75	1.57	0.58	0.14	0.24
琼海	46Ⅱ	0.32	0.16	0.23	0.73	0.50	0.61	0.80	1.75	1.57	0.58	0.14	0.24
儋州	46Ⅲ	0.32	0.16	0.23	0.73	0.50	0.61	0.80	1.75	1.57	0.58	0.14	0.24
琼中	46Ⅳ	0.32	0.16	0.23	0.73	0.50	0.61	0.80	1.75	1.57	0.58	0.14	0.24
白沙	46Ⅴ	0.32	0.16	0.23	0.73	0.50	0.61	0.80	1.75	1.57	0.58	0.14	0.24
渝西丘陵区	50Ⅰ	0.31	0.22	0.49	0.66	0.74	1.84	2.82	0.36	1.96	1.90	0.43	0.49
渝中平行岭谷区	50Ⅱ	0.53	0.52	0.96	0.69	1.03	2.01	2.86	0.73	1.56	2.02	0.52	0.33
渝东北秦巴山区	50Ⅲ	1.03	0.76	0.75	0.89	1.02	2.05	2.88	1.19	1.15	1.64	0.86	0.33
渝东南武陵山区	50Ⅳ	1.19	0.82	0.84	0.62	1.31	2.87	3.34	1.05	2.74	1.80	0.57	0.57
盆西平原区	51Ⅰ	0.23	0.12	0.35	0.34	0.71	1.28	1.79	5.99	1.10	1.01	0.15	0.34
盆中丘陵区	51Ⅱ	0.18	0.09	0.33	0.35	0.57	1.71	3.26	2.05	1.31	1.32	0.32	0.36
盆南丘陵区	51Ⅲ	0.49	0.20	0.40	0.47	0.72	1.94	2.67	2.80	2.60	1.13	0.20	0.98
盆东平行岭谷区	51Ⅳ	0.42	0.37	0.61	0.66	0.87	2.34	3.22	1.19	1.52	1.82	0.61	0.37
盆周边缘山地区	51Ⅴ	0.29	0.24	0.30	0.47	0.89	2.16	2.63	3.13	1.73	1.01	0.28	0.38
川西南中山山地区	51Ⅵ	0.23	0.15	0.22	0.44	1.01	2.43	2.51	2.60	2.19	0.86	0.04	0.13
川西南中山宽谷区	51Ⅶ	0.16	0.11	0.02	0.21	0.57	1.56	1.59	2.29	1.73	0.59	0.10	0.02
川西北高山高原区	51Ⅷ	0.07	0.09	0.15	0.33	0.57	1.01	1.09	0.89	0.87	0.47	0.12	0.07
黔中温和中春、夏旱区	52Ⅰ	1.17	0.57	0.31	0.57	1.58	3.33	2.52	1.33	3.61	1.06	0.23	0.30
黔东温暖重夏旱区	52Ⅱ	1.22	1.15	0.70	0.56	1.80	2.95	2.35	1.39	3.55	1.10	0.23	0.28
黔北温暖中夏旱区	52Ⅲ	0.68	0.80	0.42	0.44	1.46	2.67	2.68	0.90	3.11	1.31	0.39	0.44

续表

农业灌溉分区		1月	2月	3月	4月	5月	6月	7月	8月	9月	10月	11月	12月
名称	代码												
黔西北温凉重春旱区	52Ⅳ	0.63	0.27	0.17	0.71	1.01	3.49	2.60	2.28	3.24	0.54	0.11	0.31
黔西南温热中春旱区	52Ⅴ	1.19	0.45	0.46	0.59	1.43	4.03	2.98	2.43	2.77	0.75	0.20	0.38
滇中区Ⅰ1	53Ⅰ1	0.59	0.25	0.06	0.37	0.30	0.91	2.01	2.36	1.25	0.48	0.09	0.05
滇中区Ⅰ2	53Ⅰ2	0.59	0.25	0.06	0.37	0.30	0.91	2.01	2.36	1.25	0.48	0.09	0.05
滇中区Ⅰ3	53Ⅰ3	0.59	0.25	0.06	0.37	0.30	0.91	2.01	2.36	1.25	0.48	0.09	0.05
滇中区Ⅰ4	53Ⅰ4	0.59	0.25	0.06	0.37	0.30	0.91	2.01	2.36	1.25	0.48	0.09	0.05
滇东南区Ⅱ1	53Ⅱ1	0.36	0.16	0.41	0.66	0.84	1.31	1.35	1.98	2.07	0.48	0.08	0.09
滇东南区Ⅱ2	53Ⅱ2	0.36	0.16	0.41	0.66	0.84	1.31	1.35	1.98	2.07	0.48	0.08	0.09
滇西南区Ⅲ1	53Ⅲ1	0.41	0.17	0.04	0.56	0.45	1.22	2.14	3.69	1.33	0.48	0.19	0.02
滇西南区Ⅲ2	53Ⅲ2	0.41	0.17	0.04	0.56	0.45	1.22	2.14	3.69	1.33	0.48	0.19	0.02
滇西南区Ⅲ3	53Ⅲ3	0.41	0.17	0.04	0.56	0.45	1.22	2.14	3.69	1.33	0.48	0.19	0.02
滇东北区Ⅳ1	53Ⅳ1	0.29	0.18	0.12	0.38	0.60	1.44	1.51	1.73	1.67	0.48	0.06	0.23
滇东北区Ⅳ2	53Ⅳ2	0.29	0.18	0.12	0.38	0.60	1.44	1.51	1.73	1.67	0.48	0.06	0.23
滇西北区	53Ⅴ	0.54	0.30	0.16	0.48	0.68	0.46	0.98	1.70	0.91	0.48	0.17	0.00
干热河谷区Ⅵ1	53Ⅵ1	0.34	0.22	0.03	0.36	0.33	0.71	1.12	2.03	0.97	0.48	0.06	0.01
干热河谷区Ⅵ2	53Ⅵ2	0.34	0.22	0.03	0.36	0.33	0.71	1.12	2.03	0.97	0.48	0.06	0.01
西藏	54Ⅰ	0.11	0.03	0.05	0.17	0.29	0.32	0.73	0.52	0.31	0.05	0.03	0.00
长城沿线风沙区	61Ⅰ1	0.32	0.12	0.05	0.09	0.17	0.30	0.37	1.47	0.40	0.16	0.38	0.04
黄土丘陵沟壑区	61Ⅰ2	0.32	0.12	0.05	0.09	0.17	0.30	0.37	1.47	0.40	0.16	0.38	0.04
黄土高原沟壑区	61Ⅰ3	0.32	0.12	0.05	0.09	0.17	0.30	0.37	1.47	0.40	0.16	0.38	0.04
渭北旱塬区	61Ⅱ1	0.13	0.13	0.12	0.06	0.37	0.76	0.87	1.23	0.42	0.85	0.57	0.08
关中东部平原区	61Ⅱ2	0.13	0.13	0.12	0.06	0.37	0.76	0.87	1.23	0.42	0.85	0.57	0.08
关中南部平原区	61Ⅱ3	0.13	0.13	0.12	0.06	0.37	0.76	0.87	1.23	0.42	0.85	0.57	0.08
关中西部平原区	61Ⅱ4	0.13	0.13	0.12	0.06	0.37	0.76	0.87	1.23	0.42	0.85	0.57	0.08
汉中安康丘陵山区	61Ⅲ1	0.31	0.22	0.32	0.32	1.11	1.39	1.50	2.10	0.93	1.23	0.50	0.11
商洛丘陵浅山区	61Ⅲ2	0.31	0.22	0.32	0.32	1.11	1.39	1.50	2.10	0.93	1.23	0.50	0.11
汉中盆地及陕南川道区	61Ⅲ3	0.31	0.22	0.32	0.32	1.11	1.39	1.50	2.10	0.93	1.23	0.50	0.11
河西片	62Ⅰ	0.02	0.01	0.01	0.01	0.13	0.08	0.09	0.17	0.22	0.02	0.04	0.09
陇中片	62Ⅱ	0.09	0.04	0.08	0.10	0.36	0.48	0.63	1.12	0.39	0.36	0.11	0.06
陇东片	62Ⅲ	0.14	0.15	0.04	0.08	0.27	0.62	0.58	1.49	0.53	0.46	0.32	0.10

续表

农业灌溉分区		1月	2月	3月	4月	5月	6月	7月	8月	9月	10月	11月	12月
名称	代码												
甘南临夏片	62Ⅳ	0.11	0.05	0.13	0.26	0.50	0.70	0.94	1.06	0.56	0.69	0.24	0.04
陇南片	62Ⅴ	0.04	0.04	0.20	0.19	0.51	0.70	1.01	2.14	0.55	1.05	0.12	0.04
玛曲至龙羊峡	63Ⅰ1	0.09	0.05	0.06	0.14	0.31	0.61	0.68	0.57	0.33	0.26	0.04	0.00
龙羊峡至省界	63Ⅰ2	0.09	0.05	0.06	0.14	0.31	0.61	0.68	0.57	0.33	0.26	0.04	0.00
湟水	63Ⅱ	0.17	0.11	0.17	0.11	0.49	0.66	0.60	0.86	0.68	0.07	0.04	0.05
希赛地区	63Ⅲ1	0.04	0.02	0.03	0.04	0.08	0.28	0.25	0.20	0.09	0.00	0.03	0.03
德令哈地区	63Ⅲ2	0.04	0.02	0.03	0.04	0.08	0.28	0.25	0.20	0.09	0.00	0.03	0.03
格尔木	63Ⅲ3	0.04	0.02	0.03	0.04	0.08	0.28	0.25	0.20	0.09	0.00	0.03	0.03
查查香卡-察汗乌苏	63Ⅲ6	0.04	0.02	0.03	0.04	0.08	0.28	0.25	0.20	0.09	0.00	0.03	0.03
门源	63Ⅳ1	0.10	0.04	0.12	0.20	0.32	0.82	0.78	0.73	0.61	0.21	0.09	0.02
祁连	63Ⅳ2	0.10	0.04	0.12	0.20	0.32	0.82	0.78	0.73	0.61	0.21	0.09	0.02
青海湖地区	63Ⅳ3	0.10	0.04	0.12	0.20	0.32	0.82	0.78	0.73	0.61	0.21	0.09	0.02
青南地区	63Ⅳ5	0.04	0.02	0.03	0.04	0.08	0.28	0.25	0.20	0.09	0.00	0.03	0.03
卫宁沙坡头灌区	64Ⅰ1	0.03	0.00	0.01	0.10	0.78	1.67	1.67	2.38	0.86	0.00	0.07	0.02
青铜峡河东灌区	64Ⅰ2	0.03	0.00	0.01	0.10	0.78	1.67	1.67	2.38	0.86	0.00	0.07	0.02
青铜峡河西银南灌区	64Ⅰ3	0.03	0.00	0.01	0.10	0.78	1.67	1.67	2.38	0.86	0.00	0.07	0.02
青铜峡河西银北灌区	64Ⅰ4	0.03	0.00	0.01	0.10	0.78	1.67	1.67	2.38	0.86	0.00	0.07	0.02
扬黄灌区	64Ⅱ1	0.13	0.03	0.08	0.04	0.08	0.24	0.26	0.92	0.37	0.09	0.14	0.08
井灌区	64Ⅱ2	0.13	0.03	0.08	0.04	0.08	0.24	0.26	0.92	0.37	0.09	0.14	0.08
南部山区库井灌区	64Ⅲ	0.21	0.19	0.08	0.13	0.31	0.74	0.70	1.66	0.76	0.57	0.20	0.14
山间盆地区	65Ⅰ1	0.39	0.24	0.10	0.14	0.04	0.07	0.31	0.14	0.14	0.15	0.38	0.28
中低山区	65Ⅰ2	0.39	0.24	0.10	0.14	0.04	0.07	0.31	0.14	0.14	0.15	0.38	0.28
伊犁河谷平原区	65Ⅱ1	0.11	0.12	0.10	0.06	0.04	0.13	0.24	0.18	0.21	0.11	0.29	0.21
西缘河谷中低山区	65Ⅱ2	0.11	0.12	0.10	0.06	0.04	0.13	0.24	0.18	0.21	0.11	0.29	0.21
阿勒泰河谷平原区	65Ⅱ3	0.11	0.12	0.10	0.06	0.04	0.13	0.24	0.18	0.21	0.11	0.29	0.21
北缘河谷低山区	65Ⅱ4	0.11	0.12	0.10	0.06	0.04	0.13	0.24	0.18	0.21	0.11	0.29	0.21
盆地南、西缘区	65Ⅲ1	0.12	0.04	0.15	0.06	0.10	0.22	0.30	0.21	0.15	0.13	0.19	0.12
盆地东缘区	65Ⅲ2	0.12	0.04	0.15	0.06	0.10	0.22	0.30	0.21	0.15	0.13	0.19	0.12
盆地高温区	65Ⅳ1	0.16	0.00	0.00	0.00	0.01	0.01	0.04	0.01	0.01	0.00	0.02	0.00
盆地东缘区	65Ⅳ2	0.16	0.00	0.00	0.00	0.01	0.01	0.04	0.01	0.01	0.00	0.02	0.00
盆地低山区	65Ⅳ3	0.16	0.00	0.00	0.00	0.01	0.01	0.04	0.01	0.01	0.00	0.02	0.00

续表

农业灌溉分区		1月	2月	3月	4月	5月	6月	7月	8月	9月	10月	11月	12月
名称	代码												
盆地西缘区	65Ⅴ1	0.03	0.00	0.00	0.08	0.07	0.04	0.08	0.07	0.07	0.00	0.07	0.07
北缘平原区	65Ⅴ2	0.03	0.00	0.00	0.08	0.07	0.04	0.08	0.07	0.07	0.00	0.07	0.07
北缘冲击扇区	65Ⅴ3	0.03	0.00	0.00	0.08	0.07	0.04	0.08	0.07	0.07	0.00	0.07	0.07
南缘平原区	65Ⅴ4	0.03	0.00	0.00	0.08	0.07	0.04	0.08	0.07	0.07	0.00	0.07	0.07
周边山间河谷及盆地	65Ⅴ5	0.03	0.00	0.00	0.08	0.07	0.04	0.08	0.07	0.07	0.00	0.07	0.07

4.5　区域灌溉水利用系数

灌溉水利用系数是通过典型田块净灌溉用水量推算区域毛灌溉用水量的计算依据，目前尚未建立逐月系数测算分析工作机制，无法直接获取当年各区域灌溉水利用系数平均值。由于灌溉水利用系数与灌区工程状况、灌区用水调度、地形条件、土壤类型、灌溉方式、农民用水习惯等因素存在一定相关性，但灌区用水调度、地形条件、土壤类型、灌溉方式、农民用水习惯等因素均在作物综合灌溉系数 K_i 中已有体现。因此，考虑到灌溉工程条件年际不会发生明显变化，此处采用上年灌溉水利用系数进行毛灌溉用水量推算。此外，还需引入一个假设，认为同一农业灌溉分区内各县级行政区的灌溉水利用系数总体水平相同。

根据《细则》区域灌溉水利用系数计算方法，利用同一农业灌溉分区内不同规模与类型样点灌区灌溉水利用系数与不同规模与类型灌区年度灌溉用水量进行加权平均，计算农业灌溉分区灌溉水利用系数平均值。2019 年度各农业灌溉分区灌溉水利用系数平均值如表 4.6 所示。

表 4.6　　2019 年度各农业灌溉分区灌溉水利用系数平均值

农业灌溉分区		灌溉水利用系数平均值	二级灌溉分区	编号	灌溉水利用系数平均值
名称	编号				
北京市	11Ⅰ	0.7258	粤西沿海丘陵平原	44Ⅱ	0.4875
天津市	12Ⅰ	0.6877	粤北和粤西北山区丘陵	44Ⅲ	0.4981
坝上内陆河区	13Ⅰ	0.8470	粤中珠江三角洲平原	44Ⅳ	0.4943
冀西北山间盆地区	13Ⅱ	0.5028	粤东和粤东北丘陵山区	44Ⅴ	0.4945
燕山山区	13Ⅲ	0.7924	粤东沿海潮汕平原	44Ⅵ	0.4916
太行山山区	13Ⅳ	0.5051	石漠化地区	45Ⅰ	0.4779
太行山山前平原区	13Ⅴ	0.6782	非石漠化地区	45Ⅱ	0.4894

续表

农业灌溉分区		灌溉水利用系数平均值	二级灌溉分区	编号	灌溉水利用系数平均值
名称	编号				
燕山丘陵平原区	13Ⅵ	0.7015	海口	46Ⅰ	0.5663
黑龙港低平原区	13Ⅶ	0.6792	琼海	46Ⅱ	0.5663
晋北区	14Ⅰ	0.5128	儋州	46Ⅲ	0.5663
晋中区	14Ⅱ	0.5150	琼中	46Ⅳ	0.5663
晋东南区	14Ⅲ	0.5807	白沙	46Ⅴ	0.5663
晋南区	14Ⅳ	0.5443	渝西丘陵区	50Ⅰ	0.4951
温凉半湿润农业区	15Ⅰ1	0.5943	渝中平行岭谷区	50Ⅱ	0.4803
温凉半干旱农业区	15Ⅰ2	0.5943	渝东北秦巴山区	50Ⅲ	0.4878
温暖半干旱农业区	15Ⅱ	0.5480	渝东南武陵山区	50Ⅳ	0.4960
温暖干旱农业区	15Ⅲ	0.4878	盆西平原区	51Ⅰ	0.4688
温热半干旱农业区	15Ⅳ	0.5996	盆中丘陵区	51Ⅱ	0.4837
辽西低山丘陵区Ⅰ1	21Ⅰ1	0.6070	盆南丘陵区	51Ⅲ	0.4753
辽西低山丘陵区Ⅰ2	21Ⅰ2	0.6070	盆东平行岭谷区	51Ⅳ	0.4535
辽河中下游平原区	21Ⅱ	0.4285	盆周边缘山地区	51Ⅴ	0.4765
辽北低丘波状平原区	21Ⅲ	0.4954	川西南中山山地区	51Ⅵ	0.4266
辽东山区	21Ⅳ	0.7616	川西南中山宽谷区	51Ⅶ	0.4655
辽南半岛丘陵区	21Ⅴ	0.6066	川西北高山高原区	51Ⅷ	0.4604
长白山山地区Ⅰ1	22Ⅰ1	0.5346	黔中温和中春、夏旱区	52Ⅰ	0.4693
长白山山地区Ⅰ2	22Ⅰ2	0.5346	黔东温暖重夏旱区	52Ⅱ	0.4662
中东部低山丘陵区Ⅱ1	22Ⅱ1	0.5197	黔北温暖中夏旱区	52Ⅲ	0.4566
中东部低山丘陵区Ⅱ2	22Ⅱ2	0.5197	黔西北温凉重春旱区	52Ⅳ	0.4570
中部平原区Ⅲ1	22Ⅲ1	0.5634	黔西南温热中春旱区	52Ⅴ	0.4585
中部平原区Ⅲ2	22Ⅲ2	0.5634	滇中区Ⅰ1	53Ⅰ1	0.5539
西部平原区Ⅳ1	22Ⅳ1	0.5959	滇中区Ⅰ2	53Ⅰ2	0.5539
西部平原区Ⅳ2	22Ⅳ2	0.5959	滇中区Ⅰ3	53Ⅰ3	0.5539
松嫩低平原区	23Ⅰ1	0.6019	滇中区Ⅰ4	53Ⅰ4	0.5539
松嫩北部高平原区	23Ⅰ2	0.6019	滇东南区Ⅱ1	53Ⅱ1	0.5640
松嫩南部高平原区	23Ⅰ3	0.6019	滇东南区Ⅱ2	53Ⅱ2	0.5640
三江平原区	23Ⅱ	0.6156	滇西南区Ⅲ1	53Ⅲ1	0.5494
张广才岭山地区	23Ⅲ1	0.5681	滇西南区Ⅲ2	53Ⅲ2	0.5494
老爷岭山地区	23Ⅲ2	0.5681	滇西南区Ⅲ3	53Ⅲ3	0.5494

续表

农业灌溉分区		灌溉水利用系数平均值	二级灌溉分区	编号	灌溉水利用系数平均值
名称	编号				
大小兴安岭山地区	23Ⅳ	0.6959	滇东北区Ⅳ1	53Ⅳ1	0.4600
上海	31Ⅰ	0.7351	滇东北区Ⅳ2	53Ⅳ2	0.4600
徐淮片区	32Ⅰ	0.5868	滇西北区	53Ⅴ	0.4219
沿海片区	32Ⅱ	0.5948	干热河谷区Ⅵ1	53Ⅵ1	0.5281
沿江片区	32Ⅲ	0.6098	干热河谷区Ⅵ2	53Ⅵ2	0.5281
太湖片区	32Ⅳ	0.6359	西藏	54Ⅰ	0.4310
宁镇扬片区	32Ⅴ	0.6029	长城沿线风沙区	61Ⅰ1	0.4665
里下河片区	32Ⅵ	0.5904	黄土丘陵沟壑区	61Ⅰ2	0.4665
杭嘉湖平原区	33Ⅰ	0.6121	黄土高原沟壑区	61Ⅰ3	0.4665
萧绍甬平原区	33Ⅱ	0.6130	渭北旱塬区	61Ⅱ1	0.5705
浙东沿海平原区	33Ⅲ	0.5900	关中东部平原区	61Ⅱ2	0.5705
山区	33Ⅳ	0.5727	关中南部平原区	61Ⅱ3	0.5705
海岛地区	33Ⅴ	0.6370	关中西部平原区	61Ⅱ4	0.5705
浙中丘陵盆地区	33Ⅵ	0.5724	汉中安康丘陵山区	61Ⅲ1	0.5511
淮北平原区	34Ⅰ1	0.6010	商洛丘陵浅山区	61Ⅲ2	0.5511
淮北平原区	34Ⅰ2	0.6010	汉中盆地及陕南川道区	61Ⅲ3	0.5511
淮北平原区	34Ⅰ3	0.6010	河西片	62Ⅰ	0.5433
江淮丘陵区	34Ⅱ	0.5165	陇中片	62Ⅱ	0.5805
沿江圩区	34Ⅲ	0.5091	陇东片	62Ⅲ	0.4980
皖南山区	34Ⅳ	0.4994	甘南临夏片	62Ⅳ	0.5318
大别山区	34Ⅴ	0.5884	陇南片	62Ⅴ	0.5410
丘陵山地湿润区	35Ⅰ	0.5366	玛曲至龙羊峡	63Ⅰ1	0.4942
沿海平原湿润区	35Ⅱ	0.5623	龙羊峡至省界	63Ⅰ2	0.4942
鄱阳湖区	36Ⅰ	0.5112	湟水	63Ⅱ	0.4932
赣北区	36Ⅱ	0.4943	希赛地区	63Ⅲ1	0.4994
赣中区	36Ⅲ	0.4968	德令哈地区	63Ⅲ2	0.4994
赣南区	36Ⅳ	0.4947	格尔木	63Ⅲ3	0.4994
鲁西南	37Ⅰ	0.6349	查查香卡-察汗乌苏	63Ⅲ6	0.4994
鲁北	37Ⅱ	0.6531	门源	63Ⅳ1	0.4993
鲁中	37Ⅲ	0.6268	祁连	63Ⅳ2	0.4993
鲁南	37Ⅳ	0.6215	青海湖地区	63Ⅳ3	0.4993

续表

农业灌溉分区		灌溉水利用系数平均值	二级灌溉分区	编号	灌溉水利用系数平均值
名称	编号				
胶东	37Ⅴ	0.7262	青南地区	63Ⅳ5	0.4994
豫北平原区	41Ⅰ	0.6276	卫宁沙坡头灌区	64Ⅰ1	0.5408
豫东平原区	41Ⅱ1	0.6658	青铜峡河东灌区	64Ⅰ2	0.5408
淮北平原区	41Ⅱ2	0.6658	青铜峡河西银南灌区	64Ⅰ3	0.5408
山前平原区	41Ⅱ3	0.6658	青铜峡河西银北灌区	64Ⅰ4	0.5408
豫北山丘区	41Ⅲ	0.4823	扬黄灌区	64Ⅱ1	0.5208
豫西山丘区	41Ⅳ	0.6125	井灌区	64Ⅱ2	0.5208
南阳盆地区	41Ⅴ1	0.6195	南部山区库井灌区	64Ⅲ	0.5925
淮南区	41Ⅴ2	0.6195	山间盆地区	65Ⅰ1	0.5616
鄂西北山区（北片）	42Ⅰ	0.5244	中低山区	65Ⅰ2	0.5616
鄂西北山区（南片）	42Ⅱ	0.5244	伊犁河谷平原区	65Ⅱ1	0.5208
鄂西南山区（北片）	42Ⅲ	0.5112	西缘河谷中低山区	65Ⅱ2	0.5208
鄂西南山区（南片）	42Ⅳ	0.5112	阿勒泰河谷平原区	65Ⅱ3	0.5208
鄂北岗地	42Ⅴ	0.5237	北缘河谷低山区	65Ⅱ4	0.5208
鄂中丘陵区	42Ⅵ	0.5112	盆地南、西缘区	65Ⅲ1	0.5944
江汉平原区	42Ⅶ	0.5074	盆地东缘区	65Ⅲ2	0.5944
鄂东北山丘区	42Ⅷ	0.4886	盆地高温区	65Ⅳ1	0.6142
鄂东沿江平原	42Ⅸ	0.5074	盆地东缘区	65Ⅳ2	0.6142
鄂东南山丘区	42Ⅹ	0.5071	盆地低山区	65Ⅳ3	0.6142
湘西北山区	43Ⅰ	0.5129	盆地西缘区	65Ⅴ1	0.5213
湘西南山丘区	43Ⅱ	0.5077	北缘平原区	65Ⅴ2	0.5213
洞庭湖及环湖区	43Ⅲ	0.5237	北缘冲击扇区	65Ⅴ3	0.5213
湘中山丘区	43Ⅳ	0.5129	南缘平原区	65Ⅴ4	0.5213
湘东南山区	43Ⅴ	0.5312	周边山间河谷及盆地	65Ⅴ5	0.5213
粤西雷州半岛台地	44Ⅰ	0.4500			

4.6　区域农业用水月尺度动态评价模型开发

4.6.1　区域农业用水月尺度动态评价模型

按照农业用水月尺度动态综合评价方法，综合利用历年典型田块数据、当年用水统计直报数据和气象数据，构建区域农业用水月尺度动态评价模型。模型采用的各项参数如下：

典型田块：通过对 2017—2019 年典型田块监测数据进行整理分析，得到不同分区不同作物的净灌溉亩均用水量。

农田灌溉水有效利用系数：对 2019 年度全国不同规模类型样点灌区的农田灌溉水有效利用系数进行整理分析，得到不同农业灌溉分区的综合农田灌溉水有效利用系数，按照农业灌溉分区与县级行政区的关系将农田灌溉水有效利用系数分配到各县级行政区。

作物综合灌溉系数 K_i：根据 2017—2019 年不同作物典型田块监测数据，结合当年 ET_0 及 P_e 推算不同灌溉分区的作物综合灌溉系数 K_i，将作物系数、下垫面条件、农户灌溉习惯进行概化，$K_i=K_c \cdot K_s \cdot K_f$，建立实际灌溉用水与 ET_0 的相关关系，认为同一灌溉分区内同种作物的 K_i 相同，并与县级行政区进行匹配。

灌区：通过用水统计调查直报系统上报的大中型灌区季报用水量数据和典型小型灌区年报用水量数据，从用水统计调查直报系统下载。

渔塘和畜禽调查对象：收集整理用水统计工作 2018、2019 年上报的渔塘和畜禽调查对象用水量数据，得到不同区域渔塘和畜禽单位用水指标和年内各月分布规律。

县级行政区不同作物实际灌溉面积：限于目前掌握数据的局限性，考虑以 2019 年度各县级行政区作物播种面积、实际灌溉面积两组数据为基础，采用灌溉优先原则并结合调查分析，进行不同作物实际灌溉面积估算。

气象资料：包括降水量、气温、太阳辐射（日照时数）、相对湿度、风速等逐日数据，从中国气象数据网处下载获取。

4.6.2 软件开发

按照研究提出的基于调查统计和模型计算的两种评价方法，开发了农业用水动态评价系统。农业用水动态评价系统包括三个模块，分别为基于两种评价方法的调查统计模块、模型计算模块，以及基于上述模块计算得到的县级行政区农业用水量数据结果进行分析和评价的农业用水动态评价模块（图 4.5）。

4.6.2.1 调查统计模块

基于调查统计的农业用水月尺度动态评价，主要采用大中型灌区全面统计调查、小型灌区和渔塘畜禽选取典型进行推算的技术方法。调查统计的频次要求为月度，即大中型灌区、典型小型灌区、典型渔塘和畜禽养殖场（厂）应按月填报取用水相关信息，县级水行政主管部门也应逐月填写区域实际灌溉面积、渔塘补水面积和畜禽数量等区域调查统计指标，各级水行政主管部门按月对取用水量信息进行分析和汇总，开展区域农业用水量月尺度动态评价工作。

调查统计模块中农业用水量统计汇总的最小单元为县级行政区。大型灌区、

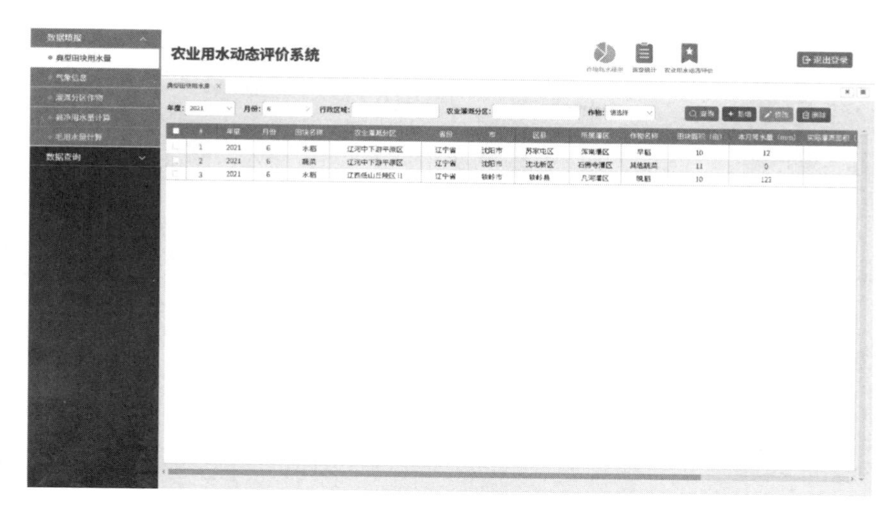

图 4.5　农业用水动态评价系统主界面

典型小型灌区逐月填报取用水相关信息，并将填报数据导入系统中，相关表格及数据要求见《农业用水量监测评价导则》。

调查计算模块中，分为灌区管理、县典型小型灌区用水量、县小型灌区用水量、县大中型灌区用水量以及县其他用水量等内容。其中，在灌区管理中，可以将大中型灌区名录、取用水基础表格进行导入、查看及编辑；县典型小型灌区用水量中，可以导入和查看县级行政区内典型小型灌区的取用水相关信息；县小型灌区用水量，可通过灌溉分区内不同类型典型小型灌区灌溉亩均用水量与县级小型灌区对应实际灌溉面积进行推算；县大中型灌区用水量，可以导入和查看县级行政区内大中型灌区的取用水相关信息；县其他用水量（渔塘补水和畜禽用水），可通过省级行政区内单位用水指标与区域规模进行推算。

通过导入大中型灌区、典型小型灌区、区域调查统计指标（实际灌溉面积、渔塘补水面积和畜禽养殖数量），可以计算得出县级行政区农业用水量。农业用水动态评价系统中调查统计模块的主界面如图 4.6 所示。

4.6.2.2　模型计算模块

基于模型计算的评价方法，主要通过对不同区域主要作物分布和作物的生育期、主要灌溉用水期进行整理分析，总结不同区域农业灌溉用水时空分布特征，对典型田块逐次灌水信息进行分析得到不同区域各主要作物逐月净灌溉亩均用水量，以农业灌溉分区为单元分析区域农田灌溉水有效利用系数，通过历年典型渔塘和畜禽养殖场（厂）用水数据分析渔塘和畜禽用水特征，结合区域不同作物实际灌溉面积、渔塘补水面积和畜禽养殖规模，建立区域农业用水量月尺度计算分析模型，开展不同区域农业用水量月尺度动态评价。

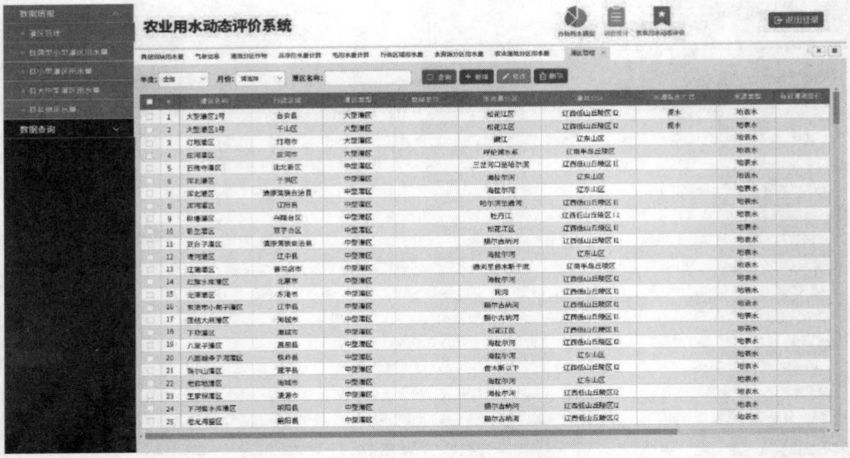

农业用水动态评价系统

1	大型灌区1号	台安县	大型灌区	松花江区	[illegible]	[illegible]	地表水
2	大型灌区1号	千山区	大型灌区	松花江区	[illegible]	[illegible]	地表水
3	灯塔灌区	灯塔市	大型灌区	[illegible]	辽东山区		地表水
4	[illegible]	庄河市	大型灌区	[illegible]	[illegible]		地表水
5	[illegible]	[illegible]	中型灌区	[illegible]	[illegible]		地表水
6	[illegible]	[illegible]	中型灌区	海拉尔河	辽东山区		地表水
7	[illegible]	[illegible]	中型灌区	海拉尔河	辽东山区		地表水
8	[illegible]	[illegible]	中型灌区	[illegible]	[illegible]		地表水
9	[illegible]	[illegible]	中型灌区	牡丹江	[illegible]		地表水
10	[illegible]	[illegible]	中型灌区	松花江区	[illegible]		地表水
11	[illegible]	[illegible]	中型灌区	额尔古纳河	[illegible]		地表水
12	[illegible]	江中县	中型灌区	海拉尔河	辽东山区		地表水
13	[illegible]	[illegible]	中型灌区	[illegible]	[illegible]		地表水
14	[illegible]	[illegible]	中型灌区	海拉尔河	[illegible]		地表水
15	[illegible]	东港市	中型灌区	[illegible]	[illegible]		地表水
16	[illegible]	江中县	中型灌区	额尔古纳河	[illegible]		地表水
17	[illegible]	[illegible]	中型灌区	额尔古纳河	[illegible]		地表水
18	[illegible]	[illegible]	中型灌区	松花江区	[illegible]		地表水
19	[illegible]	[illegible]	中型灌区	海拉尔河	[illegible]		地表水
20	[illegible]	[illegible]	中型灌区	海拉尔河	辽东山区		地表水
21	[illegible]	[illegible]	中型灌区	[illegible]	[illegible]		地表水
22	[illegible]	[illegible]	中型灌区	海拉尔河	辽东山区		地表水
23	[illegible]	[illegible]	中型灌区	海拉尔河	[illegible]		地表水
24	[illegible]	[illegible]	中型灌区	额尔古纳河	[illegible]		地表水
25	[illegible]	[illegible]	中型灌区	额尔古纳河	[illegible]		地表水

图 4.6　农业用水动态评价系统中调查统计模块的主界面

与调查统计模块类似，模型计算模块中农业用水量统计汇总的最小单元也为县级行政区。模型计算模块包括典型田块用水量、气象资料、灌溉分区作物、县净水量计算、毛用水量计算等内容。其中，典型田块用水量中，可以导入、查看和编辑典型田块月度取用水信息；气象资料中，可以将全国 839 个国家级气象站与县级行政区进行逐一匹配，利用气象资料计算各县级行政区逐月 ET_0，并根据不同区域降水分布情况确定有效降水量 P_e；灌溉分区作物中，可以根据典型田块取用水信息分析计算灌溉分区内不同作物净灌溉用水量；县净水量计算中，可以通过灌溉分区不同作物净灌溉亩均用水量等于不同作物灌溉需水量扣除有效降雨量，并确定作物综合灌溉系数 $K_i=K_c\cdot K_s\cdot K_f$，即 $K_i=(w_{田净}+P_e)/ET_0$，认为同一灌溉分区内同种作物的 K_i 相同，并与县级行政区进行匹配，根据各县级行政区 ET_0、P_e 以及所属灌溉分区的 K_i 可以计算得出县级行政区不同作物净灌溉亩均用水量 $w_{净}$；毛水量计算中，根据县级行政区不同作物净灌溉亩均用水量、不同作物的实际灌溉面积 A_i 并考虑灌溉系统的灌溉水利用系数，可推算各县级行政区逐月农业灌溉用水量。农业用水动态评价系统中模型计算模块的主界面如图 4.7 所示。

4.6.2.3　农业用水动态评价模块

在农业用水动态评价模块中，可以将由上述两种评价方法计算得到的县级行政区农业用水量汇总到不同行政分区、水资源分区和灌溉分区，也可以将两种方法得到的数据结果进行比较和分析。

不同行政区、农业灌溉分区的农业用水量为区域内县级行政区农业用水量之和，水资源分区农业用水量为区域内县级行政区农业用水量之和，对于跨水资源

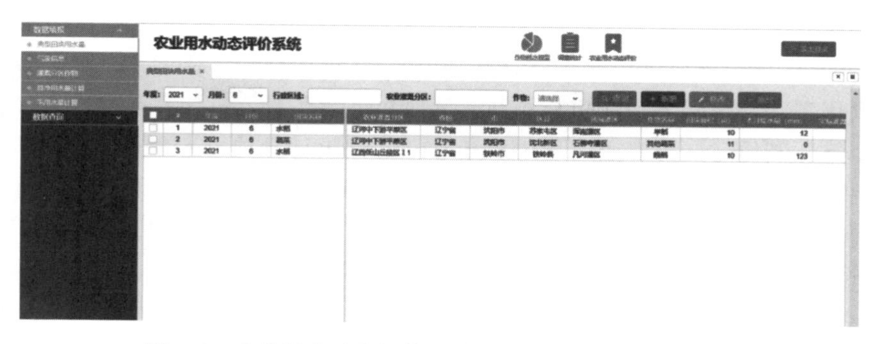

图 4.7 农业用水动态评价系统中模型计算模块的主界面

分区的县级行政区，可按照实际灌溉面积进行拆分。农业用水动态评价系统中农业用水动态评价模块的主界面如图 4.8 所示。

图 4.8 农业用水动态评价系统中农业用水动态评价模块的主界面

4.7 区域农业用水量分析计算

4.7.1 农业灌溉用水量

根据区域农业用水月尺度动态综合评价方法，建立农业灌溉用水量月尺度分析计算模型，根据当年不同区域气象数据计算 ET_0 及 P_e，通过历史数据计算不同农业灌溉分区不同作物逐月综合灌溉系数 K_i，以及通过历史数据估算的各县级行政区不同作物实际灌溉面积，推算各县级行政区逐月毛灌溉用水量。

以 2017 年、2018 年典型田块逐次灌水信息、气象资料（计算 ET_0 及 P_e）、农田灌溉水有效利用系数、实际灌溉面积和播种灌溉面积等建立农业灌溉用水量月尺度分析计算模型，率定模型相关参数（主要是作物综合灌溉系数 K_i 等），采用 2019 年度典型田块逐次灌水信息、气象资料（计算 ET_0 及 P_e）、农田灌溉水有效利用系数、实际灌溉面积和播种灌溉面积等数据对分析计算模型进行验证。

最终，利用建立的农业灌溉用水量月尺度分析计算模型，采用 2017、2018、2019 年度典型田块数据、2019 年度农田灌溉水有效利用系数、实际灌溉面积和播种灌溉面积等数据，结合 2020 年度最新的气象数据计算当年当月的 ET_0 及 P_e，开展 2020 年度农业灌溉用水量月尺度动态评价。

按照行政分区分析时，可由县级行政区到地级、省级和全国逐级向上汇总分析。按照水资源分区分析时，以县级行政区为基本单元，通过汇总分析得到水资源分区的农业用水量，对于跨水资源分区的县级行政区，可根据实际灌溉面积、渔塘补水面积、畜禽养殖数量将县级行政区用水量分解到水资源一级区或二级区。按照农业灌溉分区分析时，以县级行政区为基本单元汇总得到农业灌溉分区的农业用水量。灌区上级水行政主管部门可通过与已发布的灌溉用水定额、不同水文年型用水、相邻地区或同类灌区用水进行对比，对灌区填写的实际灌溉面积、农业灌溉用水量、灌溉亩均用水量等数据进行复核分析。2020 年各省级行政区逐月农业灌溉用水量如表 4.7 所示。

表 4.7　2020 年各省级行政区逐月农业灌溉用水量　单位：亿 m^3

行政区	农业灌溉用水量												
	合计	1月	2月	3月	4月	5月	6月	7月	8月	9月	10月	11月	12月
全国	3478.0	35.2	40.2	98.0	232.4	428.5	640.5	728.1	676.2	378.4	124.2	60.4	35.8
北京	3.0	0.1	0.1	0.2	0.4	0.4	0.5	0.4	0.1	0.3	0.3	0.1	0.1
天津	8.3	0.1	0.1	0.4	0.7	1.4	1.4	1.5	1.3	1.1	0.1	0.2	0.0
河北	115.4	0.8	0.8	5.7	10.4	18.3	20.4	26.8	17.4	9.4	1.9	2.7	0.7
山西	43.8	0.1	0.1	1.5	2.9	5.4	7.3	9.0	11.4	4.5	0.5	0.9	0.1
内蒙古	146.6	0.2	0.7	2.8	7.7	14.0	43.7	41.3	18.4	8.2	7.1	2.5	0.0
辽宁	76.6	0.2	0.2	0.2	2.6	9.2	18.7	21.9	16.5	6.2	0.3	0.8	0.0
吉林	79.0	0.0	0.0	0.0	2.5	9.9	20.1	22.1	16.1	6.4	0.6	1.1	0.0
黑龙江	234.7	0.1	0.1	0.1	2.3	28.7	55.8	64.5	58.8	20.5	1.4	2.3	0.0
上海	11.0	0.3	0.3	0.3	0.3	1.2	2.1	2.3	2.3	1.1	0.3	0.2	0.2
江苏	262.2	3.2	3.3	12.1	23.4	45.5	44.1	40.4	41.7	16.6	13.8	7.4	10.6
浙江	68.3	1.0	0.9	1.4	3.1	6.7	11.0	16.3	15.0	8.3	2.8	1.1	0.7
安徽	145.7	2.1	1.1	5.2	10.5	22.3	23.5	37.7	23.6	12.3	3.9	2.8	0.9
福建	82.1	3.4	3.4	3.4	5.2	6.3	9.7	14.4	15.8	10.3	4.5	3.0	2.9
江西	162.6	1.7	1.7	1.7	8.5	9.1	22.9	37.2	40.9	26.8	10.2	1.2	0.8

续表

行政区	农业灌溉用水量												
	合计	1月	2月	3月	4月	5月	6月	7月	8月	9月	10月	11月	12月
山东	120.5	1.9	2.6	7.9	13.8	23.1	22.8	27.4	6.1	11.0	1.1	2.4	0.3
河南	107.1	2.1	1.0	8.0	11.7	16.5	13.2	7.0	30.9	11.6	2.6	1.4	1.0
湖北	148.5	1.3	1.1	2.2	9.1	10.4	21.6	30.4	40.2	22.3	6.4	2.2	1.4
湖南	178.8	1.4	1.4	1.4	9.7	10.1	29.2	54.6	38.8	22.8	5.4	2.9	1.3
广东	182.1	4.6	5.1	11.7	17.4	29.6	29.6	15.1	24.5	23.7	12.9	3.9	4.1
广西	179.0	2.0	2.0	9.0	16.2	30.9	33.1	24.1	26.2	21.2	11.0	1.6	1.8
海南	35.1	1.0	2.1	2.1	3.1	5.1	4.3	4.6	5.4	5.9	0.3	0.1	1.0
重庆	22.9	0.5	0.6	0.7	1.0	2.2	3.7	5.3	5.0	1.8	1.3	0.5	0.3
四川	159.1	1.1	1.3	2.3	4.5	13.4	25.7	38.2	52.3	14.2	3.3	1.7	1.2
贵州	58.3	0.7	0.8	1.3	2.7	5.4	10.0	13.3	15.1	5.2	2.2	0.7	0.9
云南	121.5	2.6	3.3	4.4	6.2	11.2	18.7	23.6	28.1	13.6	3.8	3.6	2.4
西藏	23.4	0.0	0.0	0.0	1.0	1.7	6.8	7.1	5.0	1.8	0.0	0.0	0.0
陕西	50.6	0.6	0.5	2.4	4.5	6.8	8.9	10.2	9.5	3.7	2.1	0.8	0.7
甘肃	86.1	0.4	0.6	3.9	8.5	14.9	18.8	17.0	11.5	4.9	2.8	1.4	1.6
青海	17.7	0.1	0.1	0.3	1.3	2.2	5.2	4.7	2.6	0.8	0.4	0.0	0.0
宁夏	63.0	0.3	0.3	0.8	2.9	7.8	14.2	10.9	10.9	2.9	1.8	10.0	0.1
新疆	484.9	1.4	4.7	4.8	38.2	58.8	93.6	99.0	84.7	79.1	19.0	0.9	0.6

4.7.2 渔塘和畜禽用水量

根据2018年和2019年各省（自治区、直辖市）渔塘单位面积补水量和畜禽单位用水量，结合2020年初或2019年底渔塘补水面积和畜禽存栏数量和年内各月大致的用水规律和权重，可以推算2020年1—12月全国各县级行政区渔塘和畜禽用水情况。

4.7.2.1 区域渔塘补水量

2018年渔塘调查对象数量为269个，2019年为499个，分布的省份为山西、辽宁、安徽、河南、广西、重庆、四川、云南8个省（自治区、直辖市）。全国分为东北、西北、华北、华东、华中、西南、华东等7个区域。其中，辽宁代表东北，山西代表华北，安徽代表华东，河南代表华中，重庆、四川和云南代表西南，广西代表华南，西北地区没有代表省份，可参照定额文件中的定额和典型调查数据进行权重划分。

对季度用水量数据进行分析，并通过现场调研、电话、QQ、微信等各种方式与各省用水统计技术人员进行沟通交流，得到各省（自治区、直辖市）渔塘用水月度变化规律。2020 年各省级行政区渔塘补水量月度权重如表 4.8 所示。

表 4.8　　2020 年各省级行政区渔塘补水量月度权重

省级行政区	1月	2月	3月	4月	5月	6月	7月	8月	9月	10月	11月	12月
北京	0.073	0.093	0.073	0.093	0.093	0.093	0.093	0.093	0.093	0.075	0.075	0.075
天津	0.073	0.093	0.073	0.093	0.093	0.093	0.093	0.093	0.093	0.075	0.075	0.075
河北	0.073	0.093	0.073	0.093	0.093	0.093	0.092	0.092	0.092	0.074	0.074	0.074
山西	0.081	0.085	0.081	0.093	0.093	0.093	0.089	0.089	0.089	0.070	0.070	0.070
内蒙古	0.036	0.226	0.036	0.226	0.226	0.226	0.044	0.044	0.044	0.027	0.027	0.027
辽宁	0.035	0.218	0.035	0.225	0.225	0.225	0.047	0.047	0.047	0.026	0.026	0.026
吉林	0.036	0.226	0.036	0.226	0.226	0.226	0.044	0.044	0.044	0.027	0.027	0.027
黑龙江	0.036	0.226	0.036	0.226	0.226	0.226	0.044	0.044	0.044	0.027	0.027	0.027
上海	0.073	0.093	0.073	0.093	0.093	0.093	0.093	0.093	0.093	0.075	0.075	0.075
江苏	0.073	0.093	0.073	0.093	0.093	0.093	0.093	0.093	0.093	0.075	0.075	0.075
浙江	0.073	0.093	0.073	0.093	0.093	0.093	0.093	0.093	0.093	0.075	0.075	0.075
安徽	0.070	0.085	0.070	0.090	0.090	0.090	0.101	0.101	0.101	0.072	0.072	0.072
福建	0.089	0.095	0.089	0.096	0.096	0.096	0.077	0.077	0.077	0.072	0.072	0.072
江西	0.089	0.096	0.089	0.096	0.096	0.096	0.077	0.077	0.077	0.072	0.072	0.072
山东	0.073	0.093	0.073	0.093	0.093	0.093	0.093	0.093	0.093	0.075	0.075	0.075
河南	0.084	0.075	0.084	0.078	0.078	0.078	0.145	0.145	0.145	0.027	0.027	0.027
湖北	0.085	0.075	0.085	0.075	0.075	0.075	0.147	0.147	0.147	0.026	0.026	0.026
湖南	0.085	0.075	0.085	0.075	0.075	0.075	0.147	0.147	0.147	0.026	0.026	0.026
广东	0.079	0.086	0.079	0.086	0.086	0.086	0.088	0.088	0.088	0.079	0.079	0.079
广西	0.082	0.088	0.082	0.086	0.086	0.086	0.088	0.088	0.088	0.077	0.077	0.077
海南	0.079	0.086	0.079	0.086	0.086	0.086	0.088	0.088	0.088	0.079	0.079	0.079
重庆	0.075	0.085	0.075	0.098	0.098	0.098	0.099	0.099	0.099	0.062	0.062	0.062
四川	0.087	0.088	0.087	0.092	0.092	0.092	0.084	0.084	0.084	0.071	0.071	0.071
贵州	0.084	0.089	0.084	0.089	0.089	0.089	0.092	0.092	0.092	0.068	0.068	0.068
云南	0.083	0.083	0.083	0.083	0.083	0.083	0.083	0.083	0.083	0.083	0.083	0.083
西藏	0.073	0.093	0.073	0.093	0.093	0.093	0.093	0.093	0.093	0.075	0.075	0.075
陕西	0.073	0.093	0.073	0.093	0.093	0.093	0.093	0.093	0.093	0.075	0.075	0.075
甘肃	0.073	0.093	0.073	0.093	0.093	0.093	0.093	0.093	0.093	0.075	0.075	0.075
青海	0.073	0.093	0.073	0.093	0.093	0.093	0.093	0.093	0.093	0.075	0.075	0.075
宁夏	0.073	0.093	0.073	0.093	0.093	0.093	0.093	0.093	0.093	0.075	0.075	0.075
新疆	0.073	0.093	0.073	0.093	0.093	0.093	0.093	0.093	0.093	0.075	0.075	0.075

根据统计部门发布的2019年底渔塘补水面积，结合调查对象的单位面积渔塘补水量指标和各省（自治区、直辖市）发布的渔塘补水定额，综合考虑降水量对渔塘补水情况的影响，推算得到2020年1—12月的渔塘补水量。2020年1—12月各省级行政区渔塘用水量如表4.9所示。

表4.9　　2020年1—12月各省级行政区渔塘用水量　　单位：亿m^3

省级行政区	1月	2月	3月	4月	5月	6月	7月	8月	9月	10月	11月	12月
全国	9.814	12.544	9.814	12.650	12.650	12.650	12.457	12.457	12.457	8.508	8.508	8.508
北京	0.007	0.009	0.007	0.009	0.009	0.009	0.009	0.009	0.009	0.007	0.007	0.007
天津	0.080	0.101	0.080	0.101	0.101	0.101	0.102	0.102	0.102	0.082	0.082	0.082
河北	0.071	0.089	0.071	0.090	0.090	0.090	0.089	0.089	0.089	0.072	0.072	0.072
山西	0.026	0.028	0.026	0.031	0.031	0.031	0.030	0.030	0.030	0.022	0.022	0.022
内蒙古	0.035	0.220	0.035	0.220	0.220	0.220	0.043	0.043	0.043	0.026	0.026	0.026
辽宁	0.045	0.275	0.045	0.286	0.286	0.286	0.062	0.062	0.062	0.033	0.033	0.033
吉林	0.079	0.497	0.079	0.497	0.497	0.497	0.098	0.098	0.098	0.060	0.060	0.060
黑龙江	0.147	0.920	0.147	0.920	0.920	0.920	0.181	0.181	0.181	0.110	0.110	0.110
上海	0.092	0.118	0.092	0.118	0.118	0.118	0.118	0.118	0.118	0.096	0.096	0.096
江苏	1.922	2.458	1.922	2.458	2.458	2.458	2.459	2.459	2.459	1.990	1.990	1.990
浙江	0.528	0.675	0.528	0.675	0.675	0.675	0.676	0.676	0.676	0.547	0.547	0.547
安徽	0.354	0.417	0.354	0.462	0.462	0.462	0.547	0.547	0.547	0.362	0.362	0.362
福建	0.275	0.296	0.275	0.297	0.297	0.297	0.239	0.239	0.239	0.224	0.224	0.224
江西	0.162	0.174	0.162	0.174	0.174	0.174	0.140	0.140	0.140	0.131	0.131	0.131
山东	0.334	0.423	0.334	0.423	0.423	0.423	0.425	0.425	0.425	0.342	0.342	0.342
河南	0.399	0.358	0.399	0.382	0.382	0.382	0.693	0.693	0.693	0.138	0.138	0.138
湖北	0.953	0.847	0.953	0.847	0.847	0.847	1.653	1.653	1.653	0.288	0.288	0.288
湖南	0.232	0.206	0.232	0.206	0.206	0.206	0.402	0.402	0.402	0.070	0.070	0.070
广东	1.594	1.735	1.594	1.735	1.735	1.735	1.765	1.765	1.765	1.592	1.592	1.592
广西	0.632	0.673	0.632	0.655	0.655	0.655	0.666	0.666	0.666	0.589	0.589	0.589
海南	0.056	0.060	0.056	0.060	0.060	0.060	0.062	0.062	0.062	0.055	0.055	0.055
重庆	0.150	0.168	0.150	0.195	0.195	0.195	0.198	0.198	0.198	0.126	0.126	0.126
四川	0.682	0.699	0.682	0.712	0.712	0.712	0.702	0.702	0.702	0.577	0.577	0.577
贵州	0.026	0.027	0.026	0.027	0.027	0.027	0.028	0.028	0.028	0.021	0.021	0.021
云南	0.433	0.433	0.433	0.433	0.433	0.433	0.433	0.433	0.433	0.433	0.433	0.433
西藏	0.001	0.001	0.001	0.001	0.001	0.001	0.001	0.001	0.001	0.001	0.001	0.001

续表

省级行政区	1月	2月	3月	4月	5月	6月	7月	8月	9月	10月	11月	12月
陕西	0.118	0.149	0.118	0.149	0.149	0.149	0.150	0.150	0.150	0.121	0.121	0.121
甘肃	0.002	0.002	0.002	0.002	0.002	0.002	0.002	0.002	0.002	0.002	0.002	0.002
青海	0.001	0.001	0.001	0.001	0.001	0.001	0.001	0.001	0.001	0.001	0.001	0.001
宁夏	0.194	0.246	0.194	0.246	0.246	0.246	0.247	0.247	0.247	0.199	0.199	0.199
新疆	0.187	0.237	0.187	0.237	0.237	0.237	0.238	0.238	0.238	0.192	0.192	0.192

4.7.2.2　区域畜禽用水量

2019 年畜禽调查对象数量为 472 个，2019 年为 823 个，分布的省份为河北、山西、内蒙古、辽宁、安徽、福建、河南、湖北、广西、重庆、四川和甘肃 12 个省（自治区、直辖市）。全国分为东北、西北、华北、华东、华中、西南、华东等 7 个区域。其中，辽宁代表东北，河北、山西、内蒙古代表华北，安徽、福建代表华东，河南、湖北代表华中，重庆、四川代表西南，广西代表华南，甘肃代表西北，可参照定额文件中的定额和典型调查数据进行权重划分。

对季度用水量数据进行分析，并通过现场调研、电话、QQ、微信等各种方式与各省（自治区、直辖市）用水统计技术人员进行沟通交流，得到各省（自治区、直辖市）畜禽用水月度变化规律。2020 年各省级行政区畜禽用水量月度权重如表 4.10 所示。

表 4.10　　2020 年各省级行政区畜禽用水量月度权重

省级行政区	1月	2月	3月	4月	5月	6月	7月	8月	9月	10月	11月	12月
北京	0.105	0.099	0.098	0.095	0.091	0.087	0.078	0.071	0.069	0.068	0.070	0.069
天津	0.105	0.099	0.098	0.095	0.091	0.087	0.078	0.071	0.069	0.068	0.070	0.069
河北	0.148	0.148	0.148	0.063	0.063	0.063	0.106	0.106	0.106	0.016	0.016	0.016
山西	0.070	0.070	0.070	0.105	0.105	0.105	0.102	0.102	0.102	0.055	0.055	0.055
内蒙古	0.115	0.115	0.115	0.002	0.002	0.002	0.133	0.133	0.133	0.084	0.084	0.084
辽宁	0.078	0.078	0.078	0.088	0.088	0.088	0.086	0.086	0.086	0.082	0.082	0.082
吉林	0.078	0.078	0.078	0.087	0.087	0.087	0.086	0.086	0.086	0.082	0.082	0.082
黑龙江	0.078	0.078	0.078	0.087	0.087	0.087	0.086	0.086	0.086	0.082	0.082	0.082
上海	0.094	0.094	0.094	0.083	0.083	0.083	0.088	0.088	0.088	0.069	0.069	0.069
江苏	0.094	0.094	0.094	0.083	0.083	0.083	0.088	0.088	0.088	0.069	0.069	0.069
浙江	0.094	0.094	0.094	0.083	0.083	0.083	0.088	0.088	0.088	0.069	0.069	0.069
安徽	0.088	0.088	0.088	0.085	0.085	0.085	0.091	0.091	0.091	0.069	0.069	0.069
福建	0.110	0.110	0.110	0.103	0.103	0.103	0.070	0.070	0.070	0.051	0.051	0.051
江西	0.109	0.109	0.109	0.107	0.107	0.107	0.105	0.105	0.105	0.013	0.013	0.013

续表

省级行政区	1月	2月	3月	4月	5月	6月	7月	8月	9月	10月	11月	12月
山东	0.094	0.094	0.094	0.083	0.083	0.083	0.088	0.088	0.088	0.069	0.069	0.069
河南	0.111	0.111	0.111	0.071	0.071	0.071	0.089	0.089	0.089	0.063	0.063	0.063
湖北	0.084	0.084	0.084	0.089	0.089	0.089	0.082	0.082	0.082	0.078	0.078	0.078
湖南	0.109	0.109	0.109	0.107	0.107	0.107	0.105	0.105	0.105	0.013	0.013	0.013
广东	0.085	0.085	0.085	0.087	0.087	0.087	0.081	0.081	0.081	0.080	0.080	0.080
广西	0.091	0.091	0.091	0.088	0.088	0.088	0.079	0.079	0.079	0.075	0.075	0.075
海南	0.085	0.085	0.085	0.087	0.087	0.087	0.081	0.081	0.081	0.080	0.080	0.080
重庆	0.207	0.207	0.207	0.052	0.052	0.052	0.040	0.040	0.040	0.033	0.033	0.033
四川	0.081	0.081	0.081	0.094	0.094	0.094	0.085	0.085	0.085	0.073	0.073	0.073
贵州	0.105	0.099	0.098	0.095	0.091	0.087	0.078	0.071	0.069	0.068	0.070	0.069
云南	0.105	0.099	0.098	0.095	0.091	0.087	0.078	0.071	0.069	0.068	0.070	0.069
西藏	0.105	0.099	0.098	0.095	0.091	0.087	0.078	0.071	0.069	0.068	0.070	0.069
陕西	0.105	0.099	0.098	0.095	0.091	0.087	0.078	0.071	0.069	0.068	0.070	0.069
甘肃	0.105	0.099	0.098	0.095	0.091	0.087	0.078	0.071	0.069	0.068	0.070	0.069
青海	0.105	0.099	0.098	0.095	0.091	0.087	0.078	0.071	0.069	0.068	0.070	0.069
宁夏	0.105	0.099	0.098	0.095	0.091	0.087	0.078	0.071	0.069	0.068	0.070	0.069
新疆	0.105	0.099	0.098	0.095	0.091	0.087	0.078	0.071	0.069	0.068	0.070	0.069

根据统计部门发布的2019年底畜禽存栏量（分为大牲畜、小牲畜、禽类），结合调查对象单位用水量指标和各省（自治区、直辖市）发布的单位用水定额，推算得到2020年1—12月的畜禽补水量。2020年1—12月各省级行政区畜禽用水量如表4.11所示。

表4.11　2020年1—12月各省级行政区畜禽用水量　单位：亿m^3

省级行政区	1月	2月	3月	4月	5月	6月	7月	8月	9月	10月	11月	12月
全国	8.842	8.731	8.708	7.546	7.468	7.377	7.806	7.655	7.614	5.693	5.720	5.716
北京	0.025	0.024	0.024	0.023	0.022	0.021	0.019	0.017	0.016	0.016	0.017	0.017
天津	0.020	0.019	0.019	0.018	0.017	0.016	0.015	0.013	0.013	0.013	0.013	0.013
河北	0.347	0.347	0.347	0.147	0.147	0.147	0.251	0.251	0.251	0.037	0.037	0.037
山西	0.098	0.098	0.098	0.146	0.146	0.146	0.140	0.140	0.140	0.077	0.077	0.077
内蒙古	0.547	0.547	0.547	0.005	0.005	0.005	0.634	0.634	0.634	0.401	0.401	0.401
辽宁	0.270	0.270	0.270	0.300	0.300	0.300	0.297	0.297	0.297	0.279	0.279	0.279
吉林	0.213	0.213	0.213	0.239	0.239	0.239	0.235	0.235	0.235	0.223	0.223	0.223
黑龙江	0.339	0.339	0.339	0.379	0.379	0.379	0.373	0.373	0.373	0.355	0.355	0.355

续表

省级行政区	1月	2月	3月	4月	5月	6月	7月	8月	9月	10月	11月	12月
上海	0.009	0.009	0.009	0.008	0.008	0.008	0.008	0.008	0.008	0.007	0.007	0.007
江苏	0.199	0.199	0.199	0.177	0.177	0.177	0.187	0.187	0.187	0.146	0.146	0.146
浙江	0.059	0.059	0.059	0.052	0.052	0.052	0.055	0.055	0.055	0.043	0.043	0.043
安徽	0.286	0.286	0.286	0.268	0.268	0.268	0.293	0.293	0.293	0.216	0.216	0.216
福建	0.137	0.137	0.137	0.132	0.132	0.132	0.089	0.089	0.089	0.066	0.066	0.066
江西	0.349	0.349	0.349	0.342	0.342	0.342	0.335	0.335	0.335	0.041	0.041	0.041
山东	0.436	0.436	0.436	0.386	0.386	0.386	0.409	0.409	0.409	0.320	0.320	0.320
河南	0.720	0.720	0.720	0.467	0.467	0.467	0.575	0.575	0.575	0.422	0.422	0.422
湖北	0.262	0.262	0.262	0.275	0.275	0.275	0.255	0.255	0.255	0.241	0.241	0.241
湖南	0.536	0.536	0.536	0.526	0.526	0.526	0.515	0.515	0.515	0.063	0.063	0.063
广东	0.246	0.246	0.246	0.249	0.249	0.249	0.232	0.232	0.232	0.231	0.231	0.231
广西	0.630	0.630	0.630	0.607	0.607	0.607	0.530	0.530	0.530	0.519	0.519	0.519
海南	0.034	0.034	0.034	0.035	0.035	0.035	0.032	0.032	0.032	0.032	0.032	0.032
重庆	0.350	0.350	0.350	0.089	0.089	0.089	0.071	0.071	0.071	0.055	0.055	0.055
四川	0.721	0.721	0.721	0.857	0.857	0.857	0.752	0.752	0.752	0.584	0.584	0.584
贵州	0.277	0.262	0.259	0.251	0.241	0.229	0.207	0.187	0.181	0.180	0.184	0.183
云南	0.664	0.628	0.620	0.602	0.577	0.547	0.496	0.447	0.434	0.431	0.440	0.439
西藏	0.146	0.138	0.136	0.132	0.127	0.120	0.109	0.098	0.095	0.095	0.097	0.097
陕西	0.279	0.264	0.261	0.254	0.243	0.231	0.209	0.188	0.183	0.182	0.185	0.185
甘肃	0.242	0.229	0.226	0.220	0.210	0.200	0.181	0.163	0.158	0.157	0.161	0.160
青海	0.139	0.132	0.130	0.127	0.121	0.115	0.104	0.094	0.091	0.091	0.092	0.092
宁夏	0.038	0.036	0.035	0.034	0.033	0.031	0.028	0.025	0.025	0.025	0.025	0.025
新疆	0.222	0.210	0.207	0.201	0.193	0.183	0.166	0.150	0.145	0.144	0.147	0.147

4.8　不同区域农业用水量月尺度时空动态变化规律分析

4.8.1　不同区域农业用水量

以县级行政区农业用水量为基础，汇总分析得到不同区域农业用水量成果，并对区域农业用水量进行分析评价，其中，农业灌溉用水量评价重点评价以下内容：①用水量与实际灌溉面积、作物种植结构、降水量的关系；②作物种植结构、作物生育期等方面评价用水与需水的匹配程度；③灌溉亩均用水量与用水定额的关系、农田灌溉水有效利用系数等方面评价农业灌溉用水效率。渔塘和畜禽用水量评价可根据区域养殖规模、养殖类型、历年数据等，重点评价区域渔塘和畜禽的单位用水指标。

根据农业用水月尺度综合评价方法，利用区域农业用水月尺度动态评价模型，分析计算2020年度月尺度农业用水量数据成果，以县级行政区农业用水量逐级汇总得到全国及各省（自治区、直辖市）套水资源二级区逐月农业用水量数据，如表4.12所示。

表4.12　2020年度全国及各省（自治区、直辖市）套水资源二级区农业用水量

单位：亿 m^3

省级行政区	水资源二级区	分区编码	合计	1月	2月	3月	4月	5月	6月	7月	8月	9月	10月	11月	12月
全　国			3699.7	53.6	61.3	116.5	252.9	448.7	660.6	748.4	696.3	398.5	138.4	74.6	50.0
北京	海河北系	C02	3.0	0.2	0.2	0.2	0.3	0.4	0.5	0.3	0.1	0.3	0.3	0.1	0.1
北京	海河南系	C03	0.4	0.0	0.0	0.0	0.0	0.1	0.1	0.1	0.0	0.0	0.0	0.0	0.0
天津	海河北系	C02	5.3	0.1	0.1	0.3	0.5	0.8	0.8	0.9	0.7	1.0	0.1	0.1	0.1
天津	海河南系	C03	4.3	0.1	0.1	0.3	0.4	0.7	0.7	0.7	0.7	0.2	0.1	0.2	0.1
河北	滦河及冀东沿海	C01	12.9	0.2	0.2	0.3	0.7	1.4	2.5	4.0	2.8	0.6	0.1	0.1	0.0
河北	海河北系	C02	8.8	0.2	0.2	0.3	0.6	1.2	2.2	1.7	1.2	1.1	0.1	0.1	0.1
河北	海河南系	C03	95.6	0.8	0.8	5.5	9.3	15.8	15.7	21.0	13.5	8.0	1.8	2.6	0.7
河北	内蒙古内陆河	K01	1.5	0.0	0.0	0.0	0.1	0.1	0.4	0.4	0.3	0.1	0.0	0.0	0.0
山西	海河北系	C02	5.7	0.0	0.0	0.0	0.3	0.7	1.4	0.7	2.0	0.5	0.0	0.0	0.0
山西	海河南系	C03	7.1	0.0	0.1	0.1	0.4	0.9	1.7	1.2	1.5	0.9	0.1	0.0	0.0
山西	河口镇至龙门	D04	5.9	0.0	0.0	0.2	0.4	0.8	1.2	1.8	0.8	0.6	0.1	0.0	0.0
山西	龙门至三门峡	D05	22.3	0.1	0.1	1.1	1.7	2.7	2.6	4.8	6.0	2.2	0.4	0.7	0.1
山西	三门峡至花园口	D06	4.6	0.0	0.0	0.2	0.3	0.5	0.6	0.8	1.3	0.5	0.0	0.2	0.1
内蒙古	额尔古纳河	A01	6.8	0.1	0.2	0.3	0.6	1.1	2.9	0.8	0.3	0.1	0.1	0.1	0.1
内蒙古	嫩江	A02	27.0	0.1	0.4	0.8	1.8	3.9	12.7	6.3	0.5	0.2	0.1	0.1	0.1
内蒙古	西辽河	B01	40.0	0.2	0.2	0.2	1.3	3.5	11.6	14.2	6.0	1.9	0.4	0.4	0.1
内蒙古	辽河干流	B03	1.2	0.0	0.0	0.0	0.1	0.2	0.4	0.3	0.2	0.0	0.0	0.0	0.0
内蒙古	滦河及冀东沿海	C01	1.1	0.0	0.0	0.0	0.0	0.1	0.2	0.2	0.3	0.1	0.1	0.0	0.0
内蒙古	海河北系	C02	3.1	0.0	0.0	0.1	0.1	0.3	1.0	0.7	0.6	0.2	0.1	0.1	0.0
内蒙古	兰州至河口镇	D03	44.5	0.1	0.1	1.2	2.7	2.8	7.8	12.2	6.3	4.1	5.9	1.4	0.0
内蒙古	河口镇至龙门	D04	5.3	0.0	0.0	0.1	0.4	0.4	1.5	1.6	0.4	0.2	0.1	0.3	0.0
内蒙古	内流区	D08	1.5	0.0	0.0	0.0	0.0	0.1	0.6	0.4	0.3	0.0	0.0	0.0	0.0
内蒙古	内蒙古内陆河	K01	20.7	0.2	0.3	0.5	0.9	1.7	5.0	5.0	4.1	1.9	0.7	0.4	0.1

续表

省级行政区	水资源二级区	分区编码	合计	1月	2月	3月	4月	5月	6月	7月	8月	9月	10月	11月	12月
内蒙古	河西走廊内陆河	K02	1.4	0.1	0.2	0.1	0.1	0.1	0.2	0.2	0.1	0.1	0.1	0.1	0.1
辽宁	西辽河	B01	3.0	0.0	0.0	0.0	0.1	0.4	0.7	0.4	1.0	0.3	0.0	0.0	0.0
辽宁	辽河干流	B03	33.2	0.1	0.2	0.1	1.1	3.7	7.4	11.3	4.9	3.8	0.2	0.4	0.1
辽宁	浑太河	B04	10.5	0.1	0.1	0.1	0.4	1.5	3.0	2.0	2.8	0.3	0.1	0.1	0.1
辽宁	鸭绿江	B05	2.3	0.0	0.1	0.0	0.1	0.3	0.6	0.4	0.5	0.2	0.0	0.1	0.0
辽宁	东北沿黄渤海诸河	B06	31.7	0.2	0.3	0.2	1.4	3.7	7.3	8.1	7.6	2.0	0.3	0.5	0.1
辽宁	滦河及冀东沿海	C01	0.8	0.0	0.0	0.0	0.1	0.2	0.3	0.0	0.1	0.0	0.0	0.0	0.0
吉林	嫩江	A02	24.8	0.1	0.2	0.1	0.8	2.8	5.7	6.7	5.3	1.8	0.4	1.0	0.1
吉林	第二松花江	A03	28.5	0.1	0.3	0.1	1.2	3.9	7.4	7.6	6.3	1.3	0.2	0.1	0.1
吉林	松花江（三岔口以下）	A04	13.1	0.0	0.1	0.0	0.5	1.7	3.4	4.2	2.2	0.7	0.0	0.0	0.0
吉林	图们江	A08	6.0	0.0	0.1	0.0	0.2	0.5	0.9	1.9	1.8	0.2	0.1	0.1	0.0
吉林	西辽河	B01	3.0	0.0	0.0	0.0	0.1	0.3	0.5	0.6	0.5	1.0	0.0	0.0	0.0
吉林	东辽河	B02	2.9	0.0	0.0	0.0	0.2	0.8	1.5	0.1	0.0	0.1	0.0	0.0	0.0
吉林	辽河干流	B03	4.4	0.0	0.0	0.0	0.2	0.5	1.0	0.9	0.0	1.5	0.1	0.2	0.0
吉林	鸭绿江	B05	1.7	0.0	0.1	0.0	0.1	0.2	0.3	0.4	0.3	0.2	0.0	0.0	0.0
黑龙江	嫩江	A02	81.3	0.1	0.3	0.1	1.2	10.3	19.7	23.8	18.6	4.4	1.1	1.4	0.1
黑龙江	松花江（三岔口以下）	A04	115.9	0.2	0.5	0.2	1.5	13.6	26.1	33.4	30.3	8.9	0.5	0.5	0.2
黑龙江	黑龙江干流	A05	14.2	0.1	0.3	0.1	0.5	2.3	3.9	1.7	2.6	2.0	0.1	0.2	0.1
黑龙江	乌苏里江	A06	31.7	0.1	0.2	0.1	0.3	3.6	7.0	6.2	7.8	5.7	0.1	0.6	0.1
黑龙江	绥芬河	A07	0.7	0.0	0.0	0.0	0.0	0.2	0.4	0.0	0.0	0.0	0.0	0.0	0.0
上海	太湖水系	F12	12.4	0.4	0.5	0.4	0.5	1.4	2.2	2.5	2.4	1.2	0.4	0.3	0.3
江苏	淮河中游（王家坝至洪泽湖出口）	E02	19.1	0.4	0.5	1.1	2.1	3.9	3.6	2.8	1.7	1.1	0.8	0.3	0.6
江苏	淮河下游（洪泽湖出口以下）	E03	102.8	1.7	1.9	5.4	9.9	17.8	15.7	16.1	15.2	6.2	5.2	3.0	4.6
江苏	沂沭泗河	E04	97.9	1.7	1.9	4.5	8.4	15.7	15.5	12.2	13.9	8.8	6.3	4.2	4.9
江苏	湖口以下干流	F11	43.4	0.8	0.9	2.0	3.6	6.8	7.5	8.4	6.0	2.1	2.5	1.1	1.6
江苏	太湖水系	F12	28.2	0.7	0.8	1.2	2.0	3.9	4.4	3.5	7.6	1.0	1.1	0.8	1.1

续表

省级行政区	水资源二级区	分区编码	合计	1月	2月	3月	4月	5月	6月	7月	8月	9月	10月	11月	12月
浙江	太湖水系	F12	18.5	0.3	0.2	0.5	0.8	2.2	2.7	3.9	5.0	1.9	0.7	0.1	0.2
浙江	钱塘江	G01	30.1	0.6	0.7	0.8	1.7	2.6	4.6	5.9	5.8	4.5	1.4	0.9	0.6
浙江	浙东诸河	G02	8.5	0.2	0.2	0.3	0.4	1.0	1.6	1.9	1.5	0.5	0.6	0.1	0.2
浙江	浙南诸河	G03	18.6	0.4	0.5	0.5	0.8	1.6	2.7	5.1	3.5	2.0	0.7	0.5	0.2
浙江	闽东诸河	G04	0.7	0.0	0.0	0.0	0.0	0.0	0.1	0.3	0.0	0.1	0.0	0.0	0.0
安徽	淮河中游（王家坝至洪泽湖出口）	E02	83.5	1.6	0.7	4.1	8.4	16.3	14.6	13.5	14.6	5.3	2.1	2.0	0.3
安徽	淮河下游（洪泽湖出口以下）	E03	4.8	0.0	0.0	0.1	0.1	0.3	0.4	2.9	0.4	0.3	0.4	0.0	0.0
安徽	鄱阳湖水系	F09	0.3	0.0	0.0	0.0	0.0	0.0	0.0	0.0	0.0	0.0	0.0	0.0	0.0
安徽	湖口以下干流	F11	62.2	1.1	0.9	1.5	2.6	6.2	8.8	20.8	9.0	7.4	1.7	1.2	1.1
安徽	钱塘江	G01	3.3	0.1	0.1	0.1	0.1	0.3	0.4	1.4	0.4	0.1	0.2	0.1	0.1
福建	闽东诸河	G04	10.2	0.5	0.5	0.5	0.7	0.8	1.2	1.2	1.5	1.6	0.9	0.5	0.4
福建	闽江	G05	34.1	1.3	1.3	1.3	2.2	2.6	4.4	5.6	8.8	3.6	1.3	0.9	0.7
福建	闽南诸河	G06	32.5	1.6	1.6	1.6	2.0	2.5	3.2	5.5	5.2	3.7	2.4	1.6	1.6
福建	韩江及粤东诸河	H08	9.7	0.4	0.4	0.4	0.7	0.8	1.3	2.5	0.5	1.7	0.3	0.2	0.6
江西	洞庭湖水系	F07	2.1	0.0	0.0	0.0	0.1	0.1	0.4	0.5	0.5	0.2	0.1	0.0	0.0
江西	鄱阳湖水系	F09	162.0	2.1	2.1	2.1	8.6	9.2	22.4	36.4	39.9	26.6	10.2	1.4	0.9
江西	宜昌至湖口	F10	1.0	0.0	0.0	0.0	0.1	0.1	0.3	0.0	0.3	0.0	0.0	0.0	0.0
江西	湖口以下干流	F11	0.6	0.0	0.0	0.0	0.1	0.1	0.2	0.2	0.1	0.0	0.0	0.0	0.0
江西	东江	H06	1.9	0.0	0.0	0.0	0.1	0.1	0.2	0.5	0.5	0.4	0.1	0.0	0.0
山东	徒骇马颊河	C04	24.2	0.6	0.3	2.1	3.5	5.8	5.0	3.5	0.3	2.4	0.2	0.3	0.2
山东	花园口以下	D07	6.2	0.2	0.5	0.5	0.9	1.4	1.2	0.5	0.1	0.7	0.1	0.1	0.1
山东	沂沭泗河	E04	58.8	1.1	1.2	3.6	6.2	10.2	10.4	15.3	4.2	4.6	0.4	1.3	0.4
山东	山东半岛沿海诸河	E05	40.6	0.8	1.5	2.4	4.0	6.6	7.0	8.9	2.2	4.2	1.1	1.4	0.4
河南	海河南系	C03	13.5	0.2	0.1	0.7	1.0	1.4	1.0	1.9	4.5	1.7	0.1	0.4	0.3
河南	徒骇马颊河	C04	1.3	0.0	0.0	0.2	0.2	0.3	0.2	0.0	0.0	0.2	0.0	0.0	0.0
河南	龙门至三门峡	D05	1.2	0.0	0.0	0.1	0.1	0.1	0.1	0.1	0.2	0.2	0.0	0.0	0.1
河南	三门峡至花园口	D06	12.2	0.3	0.2	0.9	1.1	1.5	1.0	2.3	2.5	1.6	0.4	0.2	0.2
河南	花园口以下	D07	11.1	0.3	0.1	1.1	1.4	2.1	1.2	1.5	2.7	0.4	0.0	0.0	0.2

续表

省级行政区	水资源二级区	分区编码	合计	1月	2月	3月	4月	5月	6月	7月	8月	9月	10月	11月	12月
河南	淮河上游（王家坝以上）	E01	21.8	0.6	0.4	1.7	2.4	3.3	3.0	0.3	8.9	0.6	0.2	0.2	0.1
河南	淮河中游（王家坝至洪泽湖出口）	E02	45.7	1.2	0.8	3.3	4.6	6.3	5.5	1.6	12.3	7.4	1.5	0.7	0.4
河南	沂沭泗河	E04	2.2	0.1	0.0	0.2	0.3	0.4	0.3	0.2	0.0	0.6	0.2	0.0	0.0
河南	汉江	F08	9.6	0.4	0.3	1.0	1.4	1.9	1.7	0.2	1.0	0.2	0.8	0.4	0.3
湖北	乌江	F05	1.1	0.0	0.0	0.0	0.1	0.1	0.2	0.1	0.3	0.0	0.0	0.0	0.0
湖北	宜宾至宜昌	F06	6.4	0.1	0.1	0.2	0.3	0.4	0.7	2.0	1.4	0.8	0.1	0.1	0.1
湖北	洞庭湖水系	F07	16.3	0.2	0.2	0.2	0.6	0.7	1.4	4.4	5.5	2.3	0.5	0.3	0.0
湖北	汉江	F08	48.6	0.9	0.7	1.4	3.8	4.5	7.5	8.5	11.3	7.2	1.6	0.7	0.7
湖北	宜昌至湖口	F10	87.3	1.2	1.1	1.5	5.2	5.7	12.3	17.2	23.1	13.8	3.6	1.4	1.1
湖北	湖口以下干流	F11	3.0	0.0	0.0	0.1	0.2	0.2	0.5	0.1	0.4	0.0	1.1	0.3	0.0
湖南	洞庭湖水系	F07	180.9	2.1	2.1	2.1	10.2	10.6	29.2	54.3	38.2	22.5	5.4	2.9	1.4
湖南	宜昌至湖口	F10	1.9	0.0	0.0	0.0	0.1	0.1	0.4	0.0	0.7	0.4	0.0	0.0	0.0
湖南	北江	H05	3.6	0.0	0.0	0.0	0.1	0.2	0.4	1.2	0.7	0.7	0.1	0.1	0.0
广东	西江	H04	19.5	0.6	0.6	1.3	1.9	3.1	3.1	1.0	2.0	3.9	1.4	0.3	0.4
广东	北江	H05	31.1	1.1	1.2	2.3	3.4	5.7	5.7	2.1	4.1	3.0	1.6	0.4	0.4
广东	东江	H06	28.3	0.8	0.8	1.6	2.3	3.7	3.7	2.8	2.4	4.7	2.6	1.5	1.5
广东	珠江三角洲	H07	34.1	1.2	1.2	2.1	2.8	4.4	4.4	3.2	5.0	4.0	3.1	1.3	1.3
广东	韩江及粤东诸河	H08	38.8	1.4	1.5	2.8	4.0	6.5	6.5	3.1	5.7	4.0	2.0	0.7	0.7
广东	粤西桂南沿海诸河	H09	53.4	1.5	1.7	3.4	5.0	8.2	8.2	4.8	7.4	6.1	4.1	1.5	1.5
广西	洞庭湖水系	F07	8.8	0.1	0.1	0.4	0.6	1.1	1.1	2.1	1.4	1.4	0.4	0.1	0.0
广西	南北盘江	H01	1.1	0.0	0.0	0.1	0.1	0.2	0.2	0.2	0.0	0.0	0.1	0.1	0.0
广西	红柳江	H02	51.1	1.0	1.0	3.0	5.1	9.2	9.8	3.2	9.1	4.6	3.2	0.9	1.0
广西	郁江	H03	61.6	0.9	0.9	3.1	5.4	10.0	10.7	10.2	8.4	7.3	2.4	1.0	1.3
广西	西江	H04	46.6	0.7	0.7	2.1	3.6	6.6	7.1	5.5	7.3	7.6	4.7	0.5	0.4
广西	粤西桂南沿海诸河	H09	23.5	0.4	0.4	1.5	2.6	4.9	5.2	4.0	1.1	1.5	1.5	0.2	0.2
广西	红河	J01	0.8	0.0	0.0	0.1	0.1	0.2	0.2	0.1	0.0	0.0	0.0	0.0	0.0
海南	海南岛及南海各岛诸河	H10	36.2	1.1	2.1	2.2	3.2	5.2	4.4	4.7	5.5	6.0	0.4	0.2	1.1

续表

省级行政区	水资源二级区	分区编码	合计	1月	2月	3月	4月	5月	6月	7月	8月	9月	10月	11月	12月
重庆	岷沱江	F03	1.4	0.1	0.1	0.1	0.1	0.1	0.2	0.6	0.2	0.0	0.1	0.0	0.0
重庆	嘉陵江	F04	4.5	0.2	0.2	0.2	0.2	0.4	0.6	0.9	0.7	0.7	0.2	0.1	0.1
重庆	乌江	F05	3.4	0.1	0.2	0.2	0.2	0.4	0.6	0.5	0.8	0.2	0.1	0.1	0.1
重庆	宜宾至宜昌	F06	16.3	0.6	0.7	0.8	0.8	1.6	2.4	3.4	3.6	1.0	0.8	0.4	0.3
重庆	洞庭湖水系	F07	0.9	0.0	0.0	0.0	0.0	0.1	0.1	0.2	0.0	0.0	0.2	0.1	0.0
四川	龙羊峡以上	D01	0.7	0.1	0.1	0.1	0.1	0.1	0.1	0.1	0.1	0.1	0.0	0.0	0.0
四川	金沙江石鼓以上	F01	1.4	0.1	0.1	0.1	0.1	0.1	0.1	0.2	0.2	0.1	0.1	0.1	0.1
四川	金沙江石鼓以下	F02	15.5	0.6	0.6	0.7	0.9	1.5	2.2	2.9	3.3	1.2	0.7	0.5	0.4
四川	岷沱江	F03	62.3	0.8	0.9	1.2	1.9	5.2	9.4	18.7	13.1	6.5	2.0	1.5	1.0
四川	嘉陵江	F04	76.2	0.7	0.8	1.3	2.4	6.3	12.1	15.3	27.5	6.9	1.4	0.6	0.7
四川	宜宾至宜昌	F06	19.7	0.2	0.2	0.3	0.6	1.8	3.4	2.4	9.5	0.8	0.2	0.1	0.1
贵州	金沙江石鼓以下	F02	1.9	0.0	0.1	0.1	0.2	0.3	0.4	0.2	0.1	0.2	0.1	0.1	0.1
贵州	乌江	F05	29.4	0.4	0.5	0.7	1.5	2.7	4.8	6.4	7.7	2.2	1.5	0.5	0.6
贵州	宜宾至宜昌	F06	6.0	0.1	0.1	0.1	0.3	0.5	0.9	1.1	1.8	0.6	0.3	0.1	0.1
贵州	洞庭湖水系	F07	9.4	0.1	0.1	0.1	0.3	0.7	1.4	2.8	3.0	0.6	0.2	0.0	0.1
贵州	南北盘江	H01	8.5	0.1	0.2	0.3	0.6	0.9	1.5	2.0	1.3	1.3	0.2	0.1	0.0
贵州	红柳江	H02	6.0	0.1	0.1	0.2	0.3	0.7	1.3	0.9	1.4	0.6	0.2	0.1	0.1
云南	金沙江石鼓以上	F01	2.8	0.1	0.1	0.1	0.1	0.2	0.3	0.7	0.5	0.5	0.1	0.1	0.1
云南	金沙江石鼓以下	F02	31.8	0.8	1.0	1.4	1.8	2.9	4.3	6.1	6.0	3.8	1.5	1.1	1.0
云南	宜宾至宜昌	F06	3.3	0.1	0.1	0.2	0.3	0.5	0.7	0.3	0.8	0.1	0.0	0.0	0.0
云南	南北盘江	H01	30.7	0.9	1.0	1.3	1.8	2.7	4.1	4.2	8.2	2.9	1.6	1.1	0.8
云南	郁江	H03	4.7	0.2	0.2	0.2	0.3	0.4	0.6	0.9	0.9	0.7	0.1	0.1	0.2
云南	红河	J01	28.9	0.8	0.9	1.1	1.5	2.5	4.2	5.2	7.5	2.8	0.9	0.8	0.6
云南	澜沧江	J02	16.4	0.5	0.5	0.6	0.9	1.7	2.9	4.3	2.6	1.3	0.3	0.6	0.3
云南	怒江及伊洛瓦底江	J03	14.3	0.3	0.3	0.4	0.6	1.3	2.5	3.0	2.4	2.4	0.2	0.6	0.3
西藏	金沙江石鼓以上	F01	1.5	0.0	0.0	0.0	0.1	0.1	0.5	0.5	0.3	0.0	0.0	0.0	0.0
西藏	澜沧江	J02	0.9	0.0	0.0	0.0	0.0	0.1	0.3	0.3	0.3	0.0	0.0	0.0	0.0
西藏	怒江及伊洛瓦底江	J03	2.6	0.0	0.0	0.0	0.1	0.2	0.9	0.6	0.6	0.0	0.0	0.0	0.0
西藏	雅鲁藏布江	J04	14.2	0.0	0.0	0.0	0.6	1.0	4.1	4.2	2.9	1.3	0.0	0.0	0.0
西藏	藏南诸河	J05	3.2	0.0	0.0	0.0	0.1	0.2	0.8	1.0	0.7	0.3	0.0	0.0	0.0

续表

省级行政区	水资源二级区	分区编码	合计	1月	2月	3月	4月	5月	6月	7月	8月	9月	10月	11月	12月
西藏	藏西诸河	J06	0.4	0.0	0.0	0.0	0.0	0.0	0.1	0.1	0.1	0.0	0.0	0.0	0.0
西藏	羌塘高原内陆区	K14	2.0	0.1	0.1	0.1	0.1	0.1	0.3	0.5	0.3	0.2	0.0	0.0	0.0
陕西	河口镇至龙门	D04	7.1	0.1	0.1	0.1	0.6	1.0	1.7	1.5	1.2	0.3	0.4	0.1	0.1
陕西	龙门至三门峡	D05	29.0	0.6	0.4	1.9	2.9	4.0	4.0	5.0	4.8	2.6	1.5	0.6	0.8
陕西	三门峡至花园口	D06	0.7	0.0	0.0	0.0	0.1	0.1	0.2	0.1	0.1	0.1	0.0	0.0	0.0
陕西	内流区	D08	3.4	0.0	0.0	0.0	0.1	0.2	0.4	1.1	1.2	0.1	0.1	0.0	0.0
陕西	嘉陵江	F04	0.9	0.0	0.0	0.1	0.1	0.1	0.2	0.1	0.0	0.1	0.0	0.0	0.0
陕西	汉江	F08	13.9	0.2	0.3	0.6	1.1	1.8	2.9	2.8	2.6	0.8	0.4	0.3	0.1
甘肃	龙羊峡以上	D01	0.1	0.0	0.0	0.0	0.0	0.0	0.0	0.0	0.0	0.0	0.0	0.0	0.0
甘肃	龙羊峡至兰州	D02	10.4	0.1	0.1	0.3	0.8	1.4	2.1	2.6	2.0	0.3	0.5	0.1	0.2
甘肃	兰州至河口镇	D03	18.8	0.1	0.1	0.5	1.3	2.1	2.5	5.2	4.3	1.3	1.0	0.2	0.3
甘肃	龙门至三门峡	D05	31.4	0.1	0.3	2.2	4.2	7.0	7.5	4.0	2.2	1.5	0.9	0.8	0.9
甘肃	嘉陵江	F04	9.4	0.1	0.1	0.7	1.2	1.9	2.1	1.3	0.8	0.4	0.3	0.3	0.3
甘肃	河西走廊内陆河	K02	18.2	0.3	0.3	0.4	1.3	2.6	4.9	4.1	2.3	1.5	0.2	0.1	0.1
甘肃	柴达木盆地	K04	0.2	0.0	0.0	0.0	0.0	0.0	0.0	0.0	0.0	0.0	0.0	0.0	0.0
青海	龙羊峡以上	D01	1.4	0.0	0.0	0.0	0.1	0.2	0.5	0.2	0.2	0.1	0.0	0.0	0.0
青海	龙羊峡至兰州	D02	14.2	0.1	0.1	0.2	1.1	1.9	4.3	3.7	2.0	0.5	0.3	0.0	0.0
青海	金沙江石鼓以上	F01	0.2	0.0	0.0	0.0	0.0	0.0	0.0	0.0	0.0	0.0	0.0	0.0	0.0
青海	金沙江石鼓以下	F02	0.1	0.0	0.0	0.0	0.0	0.0	0.0	0.0	0.0	0.0	0.0	0.0	0.0
青海	岷沱江	F03	0.0	0.0	0.0	0.0	0.0	0.0	0.0	0.0	0.0	0.0	0.0	0.0	0.0
青海	澜沧江	J02	0.3	0.0	0.0	0.0	0.0	0.0	0.1	0.0	0.1	0.0	0.0	0.0	0.0
青海	河西走廊内陆河	K02	0.1	0.0	0.0	0.0	0.0	0.0	0.0	0.0	0.0	0.0	0.0	0.0	0.0
青海	青海湖水系	K03	1.2	0.0	0.0	0.0	0.0	0.1	0.2	0.4	0.2	0.2	0.1	0.0	0.0
青海	柴达木盆地	K04	1.5	0.1	0.1	0.1	0.1	0.1	0.2	0.4	0.2	0.1	0.0	0.0	0.0
宁夏	兰州至河口镇	D03	54.2	0.4	0.5	0.8	2.1	5.9	10.6	10.5	9.1	2.3	1.6	10.1	0.2
宁夏	龙门至三门峡	D05	11.9	0.1	0.1	0.3	1.1	2.2	3.9	0.7	2.0	0.8	0.4	0.1	0.1
新疆	吐哈盆地小河	K05	4.3	0.0	0.1	0.1	0.4	0.5	0.7	1.1	0.8	0.4	0.3	0.0	0.0
新疆	阿尔泰山南麓诸河	K06	16.3	0.0	0.0	0.0	1.2	2.2	4.8	4.6	2.6	0.7	0.0	0.0	0.0
新疆	中亚西亚内陆河区	K07	68.1	0.1	0.1	0.1	5.4	10.0	21.0	18.0	10.5	2.5	0.0	0.3	0.0
新疆	古尔班通古特荒漠区	K08	24.1	0.1	0.1	0.1	2.0	2.7	4.9	7.9	4.4	1.7	0.3	0.0	0.0

续表

省级行政区	水资源二级区	分区编码	合计	1月	2月	3月	4月	5月	6月	7月	8月	9月	10月	11月	12月
新疆	天山北麓诸河	K09	93.7	0.2	0.3	0.3	7.6	9.8	16.9	15.3	19.0	22.8	1.4	0.1	0.1
新疆	塔里木河源流	K10	263.5	1.2	4.2	4.2	20.5	31.8	42.7	48.7	44.5	47.7	16.5	0.7	0.7
新疆	昆仑山北麓小河	K11	11.0	0.2	0.3	0.3	0.9	1.3	1.7	2.2	1.7	1.5	0.6	0.1	0.1
新疆	塔里木河干流	K12	8.8	0.0	0.1	0.1	0.6	1.0	1.3	1.5	1.6	2.2	0.1	0.0	0.0
新疆	塔里木盆地荒漠区	K13	0.0	0.0	0.0	0.0	0.0	0.0	0.0	0.0	0.0	0.0	0.0	0.0	0.0

将各省级行政区农业用水量评价结果与《中国水资源公报》中2020年度农业用水量进行对比，通过农业用水动态评价方法得到的2020年度全国农业用水量为3699.7亿m^3，与《中国水资源公报》发布的3612.4亿m^3差距不大，总体偏多2.4%。其中，耕地灌溉用水量总体误差较小，仅为3.1%，非耕地灌溉用水量误差为−7.9%，渔塘和畜禽用水误差为4.6%。

各省级行政区中，大部分省份的评价结果与水资源公报发布的数据结果误差在10%以内，仅在少数省份如黑龙江、上海、福建、湖北、四川、贵州、云南等差异较大。通过与2020年度农业用水量核算工作相结合，对农业用水量评价结果与《中国水资源公报》中2020年度农业用水量存在差距的原因进行了逐项对比和分析（图4.9和表4.13）。例如，评价结果中福建省2020年度农业用水量为86.5亿m^3，比2019年度的83.7亿m^3略有增加，由于东南沿海地区的农业灌溉用水量受降水量变化影响不是很大，2020年度降水量比上年略微偏枯16.9%，因此农业用水量可能会比上年略有增加，而水资源公报发布的农业用水量为99.7亿m^3，比2019年度增加16亿m^3（19.1%），增加幅度太大，在农业用水量核算时，也对福建省提出过质疑，当时省里给予的解释为工业用水量2020年下降太大，因此对农业用水量进行了适当调整。对于贵州、云南等省的

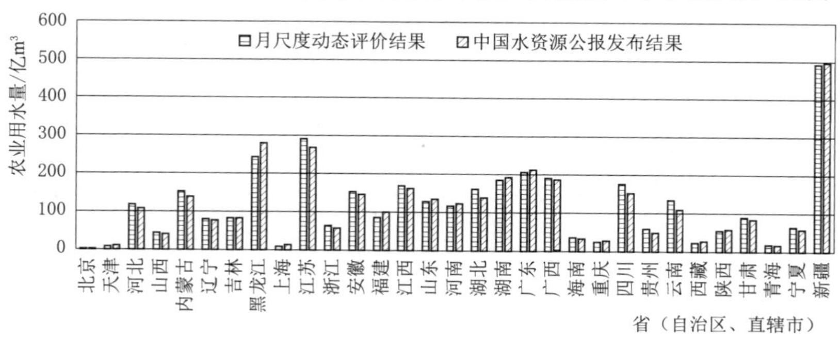

图4.9 2020年度各省级行政区农业用水量月尺度评价结果与《中国水资源公报》发布结果对比

公报农业用水量进行复核时，也提出过农业用水量可能偏低的意见，但相关省份并未对数据进行修改，由此判断，相关省份农业用水量可能受到人为因素影响。因此，综合分析认为，利用月尺度农业用水量综合评价方法得出的农业用水量评价成果相对可靠。

表 4.13　　2020 年度各省级行政区农业用水量月尺度评价结果与《中国水资源公报》发布结果对比

省级行政区	水资源公报/亿 m³				月尺度动态评价结果/亿 m³				评价误差/%			
	耕地灌溉用水	非耕地灌溉用水	渔塘和畜禽用水	小计	耕地灌溉用水	非耕地灌溉用水	渔塘和畜禽用水	小计	耕地灌溉用水	非耕地灌溉用水	渔塘和畜禽用水	小计
全国	3147.9	252.5	212.0	3612.4	3245.4	232.6	221.7	3699.7	3.1	−7.9	4.6	2.4
北京	2.0	1.1	0.2	3.2	2.0	1.0	0.4	3.4	1.1	−4.3	91.5	4.6
天津	8.9	0.4	1.0	10.3	8.2	0.1	1.3	9.6	−8.2	−86.5	38.1	−6.9
河北	95.8	9.4	2.5	107.7	108.5	6.9	3.3	118.8	13.3	−26.6	31.5	10.3
山西	37.9	1.5	1.6	41.0	43.0	0.9	1.7	45.6	13.4	−41.7	5.6	11.1
内蒙古	124.3	9.8	5.9	140.0	136.5	10.2	5.9	152.6	9.8	4.1	−0.2	9.0
辽宁	71.2	3.5	4.9	79.6	72.3	4.3	4.9	81.6	1.6	23.2	0.2	2.5
吉林	76.9	1.6	4.5	83.0	78.2	0.7	5.3	84.3	1.7	−53.7	17.8	1.6
黑龙江	271.5	0.1	6.8	278.4	234.6	0.1	9.2	243.8	−13.6	−10.6	35.0	−12.4
上海	12.1	0.2	2.9	15.2	10.8	0.2	1.4	12.4	−10.9	8.6	−51.9	−18.4
江苏	240.3	1.6	24.7	266.6	260.8	1.3	29.2	291.3	8.5	−14.8	18.0	9.3
浙江	64.2	1.4	8.2	73.9	67.0	1.3	8.1	76.3	4.3	−8.3	−2.4	3.4
安徽	130.6	6.1	7.9	144.5	145.0	0.7	8.4	154.1	11.0	−87.8	7.0	6.7
福建	89.0	5.3	5.4	99.7	78.4	3.7	4.4	86.5	−11.9	−29.9	−18.9	−13.2
江西	154.3	3.4	4.2	161.9	159.4	3.2	5.0	167.6	3.3	−4.6	20.7	3.6
山东	112.6	13.4	8.0	134.0	110.9	9.6	9.3	129.8	−1.5	−28.6	16.0	−3.2
河南	111.0	4.3	8.1	123.5	104.3	2.8	11.3	118.4	−6.1	−33.8	39.7	−4.1
湖北	122.5	4.9	11.7	139.1	143.2	5.3	14.2	162.7	16.9	7.8	21.6	17.0
湖南	179.8	8.5	7.6	195.8	177.4	1.4	7.6	186.4	−1.3	−83.7	0.0	−4.8
广东省	176.1	10.5	24.3	210.9	176.4	5.7	23.1	205.2	0.2	−45.1	−5.1	−2.7
广西	167.9	5.5	13.4	186.9	173.7	5.3	14.5	193.6	3.4	−3.0	8.1	3.6
海南	27.8	2.2	3.4	33.4	32.8	2.3	1.1	36.2	18.1	1.5	−67.6	8.2
重庆	20.3	1.0	7.7	29.0	22.1	0.8	3.7	26.6	9.0	−17.0	−52.0	−8.1
四川	132.1	6.6	15.2	153.9	153.2	5.9	16.8	175.9	16.0	−10.9	10.3	14.3

续表

省级行政区	水资源公报/亿 m^3				月尺度动态评价结果/亿 m^3				评价误差/%			
	耕地灌溉用水	非耕地灌溉用水	渔塘和畜禽用水	小计	耕地灌溉用水	非耕地灌溉用水	渔塘和畜禽用水	小计	耕地灌溉用水	非耕地灌溉用水	渔塘和畜禽用水	小计
贵州	44.9	2.9	4.0	51.8	58.2	0.1	2.9	61.2	29.6	−95.8	−28.0	18.2
云南	91.8	6.2	12.0	110.0	94.1	27.4	11.4	132.9	2.5	343.7	−5.4	20.8
西藏	21.8	4.0	1.6	27.4	19.5	3.9	1.4	24.8	−10.4	−3.0	−11.7	−9.4
陕西省	45.1	6.4	4.1	55.6	45.4	5.3	4.3	55.0	0.5	−17.3	5.4	−1.2
甘肃	75.8	6.3	1.6	83.7	79.6	6.4	2.3	88.4	5.1	1.5	49.7	5.7
青海	10.8	5.6	1.4	17.7	12.0	5.6	1.3	19.0	11.1	1.3	−1.0	7.1
宁夏	50.7	5.8	2.1	58.6	59.1	3.9	3.1	66.1	16.6	−32.4	43.3	12.7
新疆	378.2	113.2	4.8	496.2	378.9	106.0	4.7	489.6	0.2	−6.3	−1.6	−1.3

4.8.2 月尺度时空动态变化规律分析

2020年，全国平均降水量为706.5mm，比多年平均偏多10.0%，比2019年增加8.5%，为1951年来第四多。1—3月和6—9月降水量偏多，4月、5月及10—12月降水量均偏少。其中，10个水资源一级区中有7个水资源分区降水量比多年平均值偏多，31个省级行政区中有24个省级行政区降水量比多年平均值偏多。2020年，我国主要粮食作物生长期间气候条件总体较为适宜，农业灌溉用水量相对往年偏少。

4.8.2.1 2020年度全国农业用水量年内变化规律

1. 农业灌溉用水量

从全国来看，各月的灌溉用水量在年内呈现先增加后减少的趋势，受作物需水和灌溉频次影响，冬季的灌溉用水量最少，夏秋季的灌溉用水量相对较多，且不同月份的灌溉用水量空间差异较大。其中，3月之前，大部分北方地区尚未开始灌溉，南方地区水稻也未开始播种，全国灌溉用水量总体较少；从3月开始，北方地区由南到北陆续开灌；4月、5月南方地区水稻陆续播种，全国农业灌溉用水量明显增加；在7月、8月达到用水顶峰，9月开始，各地受秋收影响，大部分作物用水结束，仅有冬小麦的灌溉用水及各类蔬菜灌溉用水，主要集中在南方地区及北方部分地区，全国农业灌溉用水量明显减少。2020年全国及各水资源分区的逐月农业灌溉用水量如图4.10所示。

2020年，各月农业用水量差异明显，由于大部分作物的主要灌溉需水期为5—9月，6月、7月、8月3个月的农业用水量占全年用水量的55.3%，其中，7月农业用水量为全年各月中最高的，为728.1亿 m^3；11月、12月、1月、2月4个月农业用水量相对较少，仅占全年用水量的4.6%。水资源一级区中，位

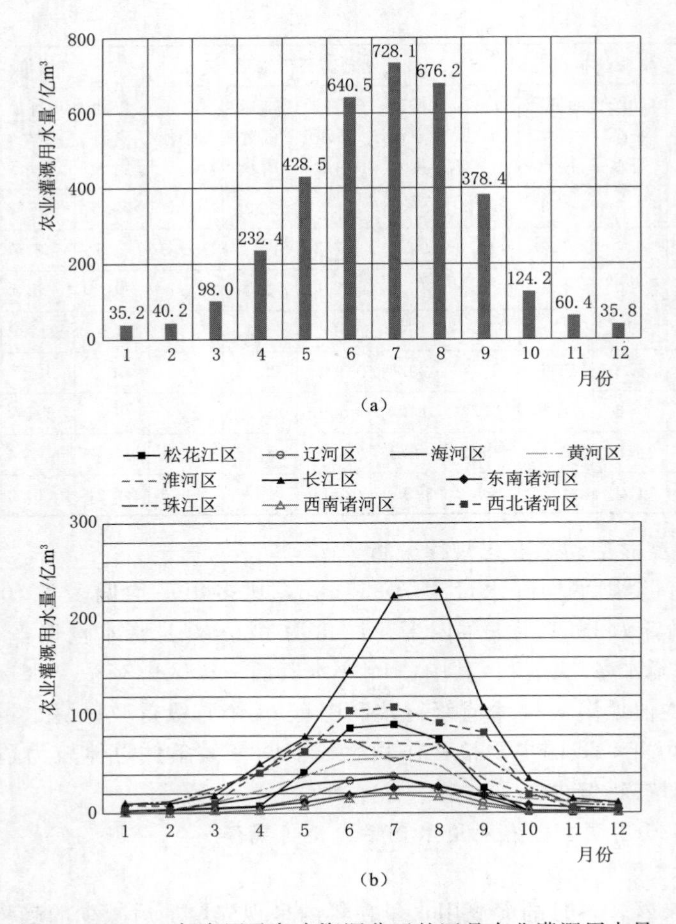

图4.10 2020年全国及各水资源分区的逐月农业灌溉用水量

(a) 2020年全国各月农业灌溉用水量；(b) 2020年水资源分区各月农业灌溉用水量

于南方的西南诸河、东南诸河、珠江等地区的农业用水量在各月的分布相对均匀，各季节均有作物种植和灌溉用水；长江区水稻种植面积较大，用水主要集中在6月、7月；北方的松花江区、辽河区、黄河区、淮河区、海河区等各月用水差异较大，主要集中在5—9月，与全国年内变化规律基本一致。

全国各农业灌溉分区的灌溉亩均用水量在92～1732m³/亩之间，对于各灌溉分区，水稻和蔬菜种植比例高的灌溉分区灌溉亩均用水量普遍较高。全国灌溉亩均用水量空间分布的总体趋势是华南、西南、西北和东北地区相对较高，如广西桂北区（1731m³/亩）、吉林长白山地区（1006m³/亩）、宁夏中部干旱带（844m³/亩）等；华北、华中和西北中部较低，如河北坝上内陆河区（119m³/亩）、甘肃河西片（133m³/亩）、河南豫北山丘区（135m³/亩）等地区。2020年

各农业灌溉分区灌溉亩均用水量的空间分布详如图 4.11 所示。

全国各水资源二级区的灌溉亩均用水量在 $0\sim1291m^3$/亩之间，总体表现出南方水稻种植区、南疆天山南麓和塔里木河流域、东北水稻种植区的灌溉亩均水量较高。

其中，珠江流域的灌溉亩均用水量相对较高，如郁江区（$1291m^3$/亩）、西江区（$1143m^3$/亩）等；黄河流域下游、淮河区、海河区灌溉亩均用水量较低，黄河流域的花园口以下区为 $218m^3$/亩，海河流域的徒骇马颊河区仅为 $138m^3$/亩；塔里木盆地荒漠区无农业用水，灌溉亩均用水量为 0。2020 年各水资源二级区灌溉亩均用水量的空间分布详如图 4.12 所示。

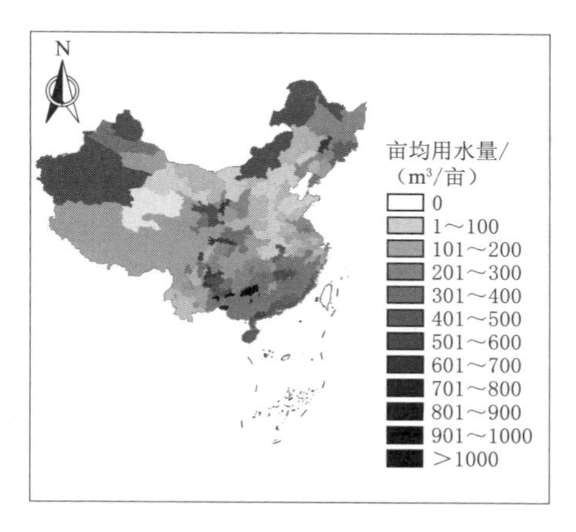

图 4.11 2020 年各农业灌溉分区灌溉亩均用水量的空间分布图

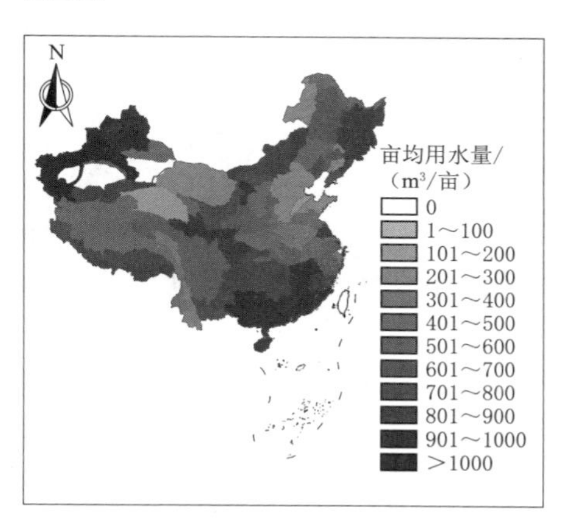

图 4.12 2020 年水资源二级区灌溉亩均用水量的空间分布图

2. 渔塘和畜禽用水量

受夏季渔塘蒸发量大和换水量多、畜禽饮水和清洁降温用水多和年底畜禽出栏数量多和存栏数量少的影响，全国渔塘和畜禽用水量在年内总体呈现出夏秋季偏多、冬春季偏少的特征。

4.8.2.2 2020 年度不同区域农业灌溉用水量年内变化规律

1. 不同区域主要作物灌溉需求分析

华北地区种植的主要作物为玉米和小麦，播种面积分别占比 51% 和 21%，实灌面积约为 $8483\times10^3hm^2$（$1hm^2=0.01km^2$），小麦分为春小麦和冬小麦两种类型。其中，玉米主要生育期为 4—9 月，主要灌溉用水期为 6—7 月；春小麦主要生育期为 3—8 月，主要灌溉用水期为 5—6 月；冬小麦主要生育期为 9 月到次年 6 月，主要灌溉用水期为 4—5 月。降雨高峰为 7 月、8 月，受玉米和小麦的需水影响，用水高峰为 5—7 月。

东北地区种植的主要作物为玉米、水稻、大豆，播种面积分别占比 57%、

18%和 16%，实灌面积约为 $9742\times10^3 hm^2$。其中，玉米主要生育期为 4—9 月，主要灌溉用水期为 6—7 月；水稻主要生育期为 5—9 月，主要灌溉用水期为 6—8 月；大豆主要生育期为 5—9 月，主要灌溉用水期为 7—9 月。降雨高峰为 8 月，由于玉米、大豆灌水量较小，东北地区灌溉用水主要受水稻影响，用水高峰持续时间长，且灌溉用水量大，用水高峰为 6—8 月。

华东地区种植的主要作物为水稻、小麦和蔬菜，播种面积分别占比 34%、24%和 21%，实灌面积为 $10875\times10^3 hm^2$。其中，水稻主要生育期为 4—10 月，主要灌溉用水期为 7—8 月；小麦主要生育期为 9 月到次年 6 月，主要灌溉用水期为 4—5 月；蔬菜全年各季节均有种植。降雨高峰为 6—7 月，由于水稻、小麦和蔬菜灌水量均较大，华东地区各季节均有灌溉用水量，用水高峰持续时间长，用水高峰为 5—8 月。

华中地区种植的主要作物为水稻、冬小麦、蔬菜、油料和玉米，播种面积分别占比 31%、20%、17%、15%和 13%，实灌面积约为 $10126\times10^3 hm^2$。其中，水稻主要生育期为 4—10 月，主要灌溉用水期为 7—8 月；冬小麦主要生育期为 9 月到次年 6 月，主要灌溉用水期为 4—5 月；蔬菜全年各季节均有种植；油料作物主要生育期为 4—8 月，主要灌溉用水期为 6—8 月；玉米主要生育期为 6—9 月，主要灌溉用水期为 7—8 月。由于种植比例比较均衡，华中地区各季节均有灌溉用水量，夏季用水需求最大，2020 年除 8 月降雨量明显减少外，其余作物生长发育季节降雨较多，导致灌溉用水量高峰在 7—8 月。

华南地区种植的主要作物为水稻和蔬菜，分别占比 49%和 36%。播种实灌面积为 $8644\times10^3 hm^2$。其中，华南地区水稻为双季稻，主要生育期为 3—10 月，其中主要灌溉用水期为 5—6 月、8—9 月，蔬菜全年各季节均有种植，主要灌溉用水期为 5—10 月。2020 年海南省降雨高峰出现在 10 月，华南地区其余省份降雨量呈现双峰规律，5—6 月及 8—9 月降雨量较大。由于水稻需水量较大，华南地区灌溉用水量主要受水稻需水规律影响，3—10 月灌溉用水量均较大，存在两个用水高峰，分别是 5—6 月及 8—9 月。

西南地区种植的主要作物为玉米、蔬菜、水稻、油料和薯类，播种面积分别占比 23%、19%、19%、14%和 13%，实灌面积约为 $9723\times10^3 hm^2$。其中，玉米主要生育期为 6—9 月，主要灌溉用水期为 7—8 月；水稻主要生育期为 5—9 月，主要灌溉用水期为 7—8 月；蔬菜全年各季节均有种植；油料作物主要生育期为 4—8 月，主要灌溉用水期为 6—8 月；薯类主要生育期为 2—11 月，主要灌溉用水期为 5—6 月。由于种植比例比较均衡，西南地区各季节均有灌溉用水量，夏秋季用水需求最大，2020 年除 8 月降雨量明显减少外，其余作物生长发育季节降雨较多，导致灌溉用水量高峰在 7—8 月。

西北种植的主要作物为玉米、小麦、棉花、蔬菜和薯类，播种面积分别占比

28%、25%、15%、11%和10%，实灌面积为9679.17×$10^3$$hm^2$。其中，玉米主要生育期为4—9月，主要灌溉用水期为6—7月；小麦主要生育期为3—8月，主要灌溉用水期为5—6月；棉花主要生育期为4—10月，主要灌溉用水期为7—9月；蔬菜全年各季节均有种植；薯类作物主要生育期为2—11月，主要灌溉用水期为5—8月。降雨高峰为8月，由于种植比例比较均衡，西北地区除冬季外均有灌溉用水量，夏秋季用水需求最大，用水高峰为6—8月。

2. 不同区域农业灌溉用水量月尺度时空动态变化规律分析

1—2月，全国各地的灌溉用水量普遍偏低，华南、西南等地区的灌溉用水量相对偏多，北部高纬度地区由于1—2月处于土壤封冻状态，灌溉需水量较少，仅需灌溉少量大棚蔬菜瓜果类作物。3—4月，正值初春时期，北方冬小麦、棉花等种植区用水量增加，新疆、东南沿海、西南和甘肃陕西一带农业灌溉用水量增加较多。5—6月，各地灌溉用水量开始迅速增加，除华北、华中、西北和西南部分地区外，全国各地灌水量均增幅明显。西北地区的甘肃、陕西和东北地区的用水量大幅度增加，其中，甘肃、陕西正处于冬小麦需水高峰，东北地区正处于水稻种植期，且降雨量均较少，因此灌溉用水量较高。7—8月，全国大部分地区处于用水高峰期。9—10月，随着大宗作物逐渐进入生育末期，全国灌溉用水量逐渐下降，尤其是北方部分灌区开始停灌，此时灌溉用水量高值出现在华南、西南和华东等南方地区。11—12月，随着气温逐渐降低，全国各灌溉分区灌溉用水量进一步减少，灌溉用水量主要集中于南方地区。

（1）不同农业灌溉分区各月单位面积用水量。鉴于目前采用的农业用水量动态评价方法中，现有田块数量不能满足区域农业灌溉用水量推算要求，且不同区域月度实际灌溉面积难以获取，因而，采用逐月作物综合灌溉系数 K_i 将各月实际灌溉面积变化、作物生育期需水特点、农户灌水习惯等因素进行综合考虑。为反映不同区域灌溉用水强度，将各灌溉分区逐月农业灌溉用水量除以区域全年实际灌溉面积得到单位面积灌溉用水量，在一定程度上可反映不同区域各月的用水差异，如图4.13所示。

（2）不同农业灌溉分区各月农业灌溉用水占全年的比例。各灌溉分区2020年逐月灌溉用水量占全年比例分布如图4.14、图4.15所示。总的来看，灌溉用水量占全年比例呈现先提高后降低的趋势，冬季比例最低，夏秋季比例较高，且不同月份灌溉用水量占全年比例空间差异较大。

1—2月，灌溉用水量占全年比例在6.9%以下，灌溉用水量占全年比例高值出现在华南、西南等一带，北部高纬度地区由于1—2月处于土壤封冻状态，灌溉需水量较少，仅需灌溉少量大棚蔬菜瓜果类作物。

3—4月，灌溉用水量占全年比例在0.4%～14.5%之间，灌溉用水量占全年比例高值出现在华中、华东、西南和华南，由于3—4月正值初春时期，北方冬

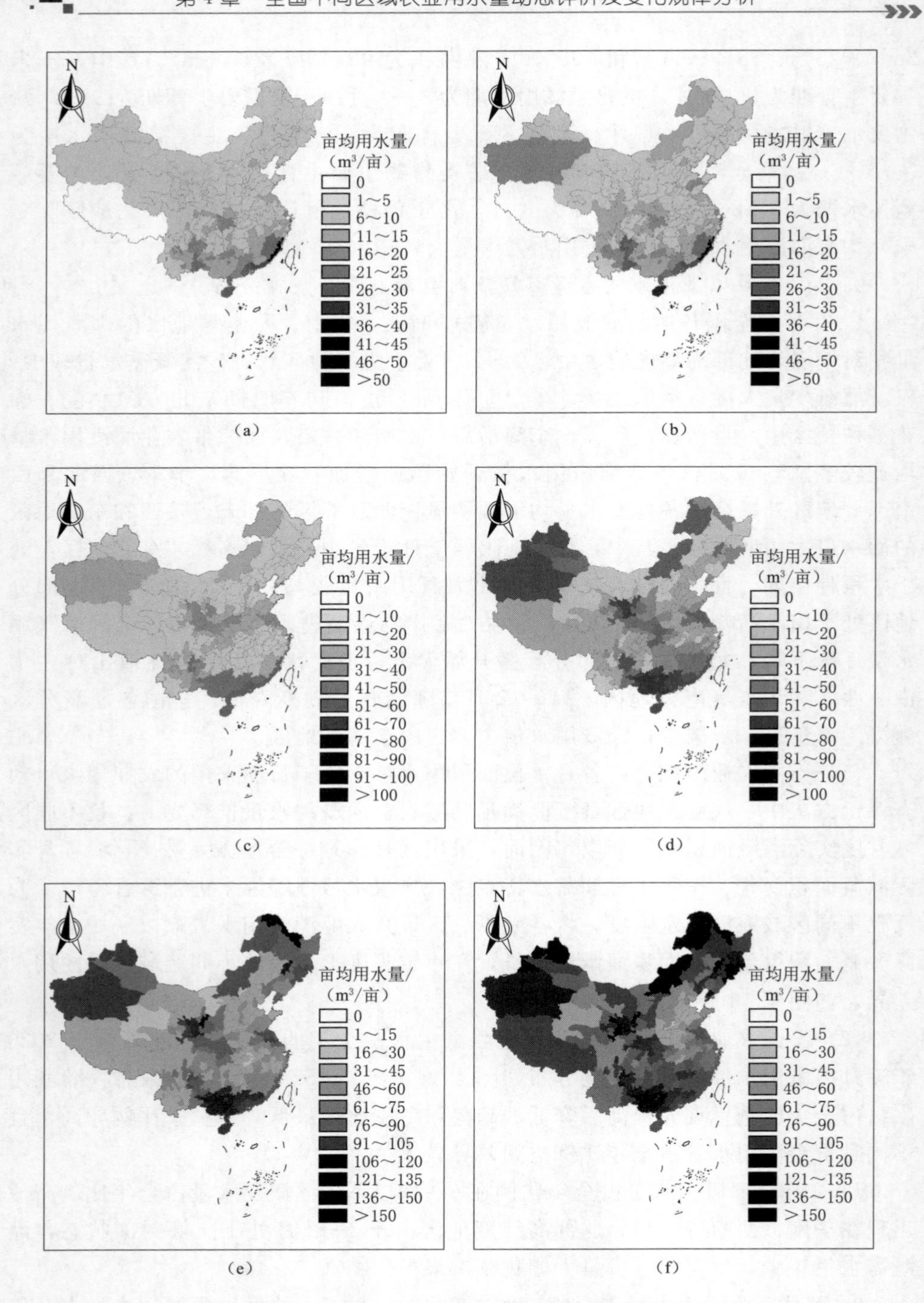

图4.13（一） 各灌溉分区2020年逐月单位面积用水量

(a) 1月；(b) 2月；(c) 3月；(d) 4月；(e) 5月；(f) 6月

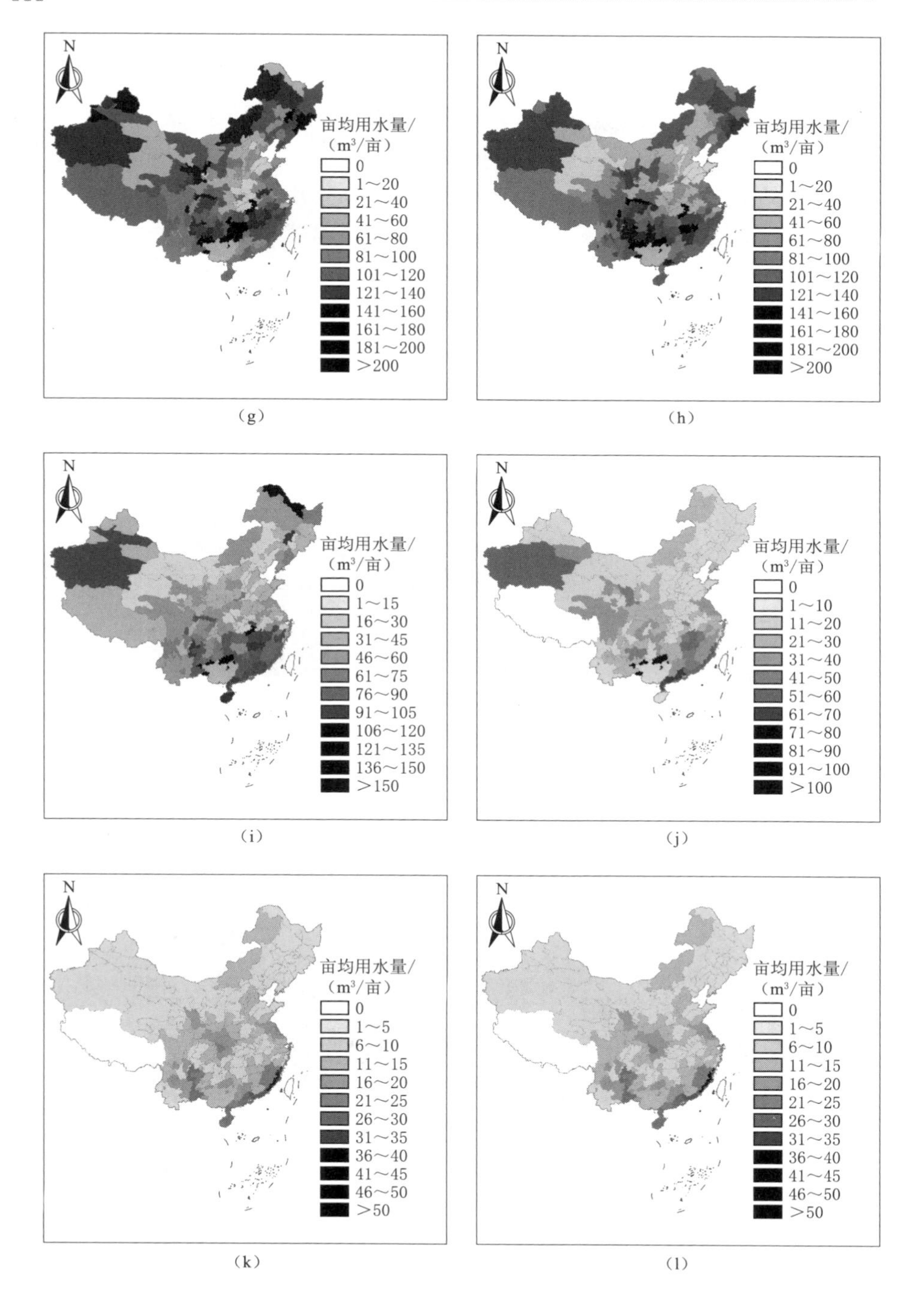

图 4.13（二） 各灌溉分区 2020 年逐月单位面积用水量

(g) 7月；(h) 8月；(i) 9月；(j) 10月；(k) 11月；(l) 12月

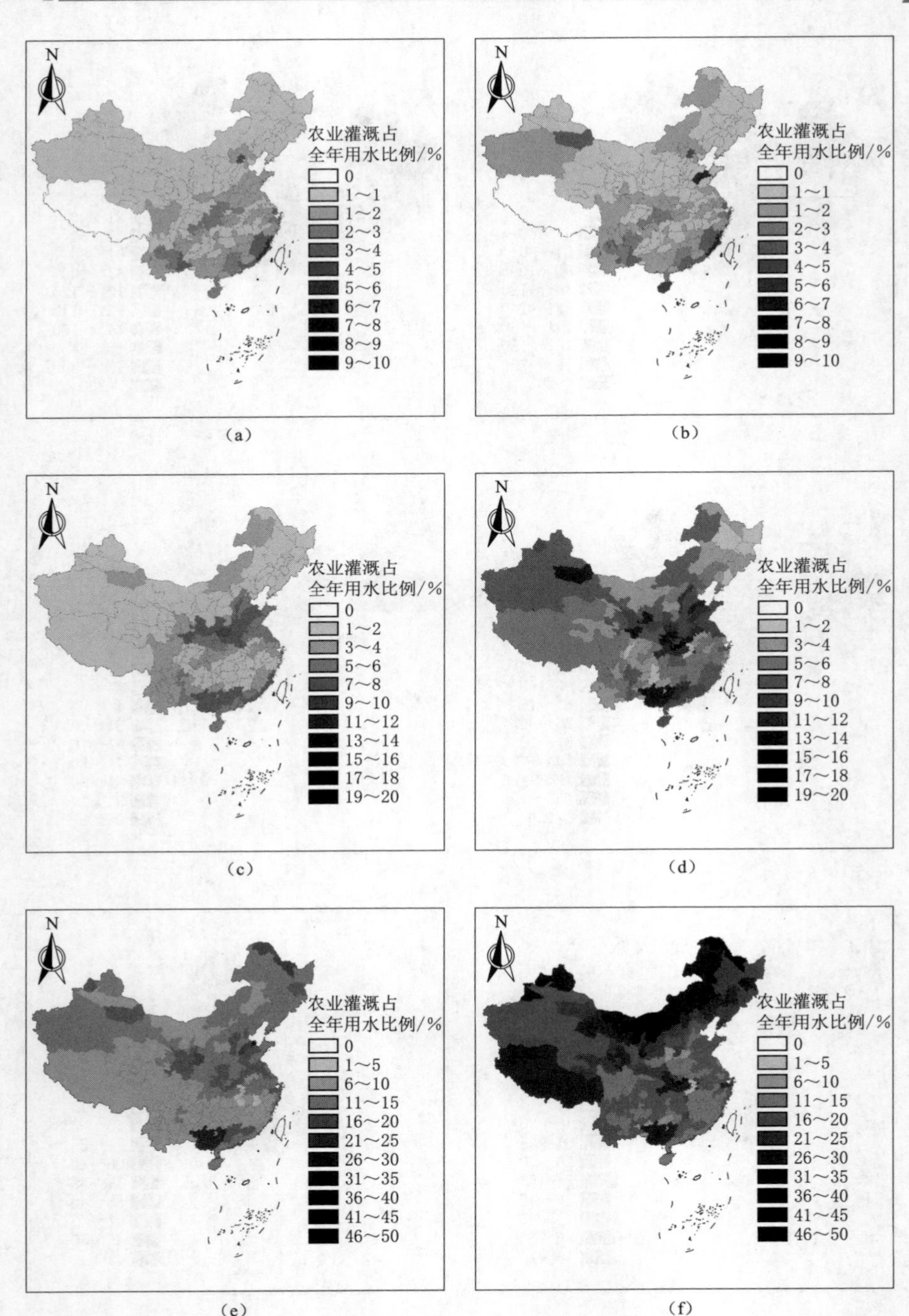

图 4.14（一）　各灌溉分区 2020 年逐月灌溉用水量占全年比例（各图比例尺不同）

(a) 1月；(b) 2月；(c) 3月；(d) 4月；(e) 5月；(f) 6月

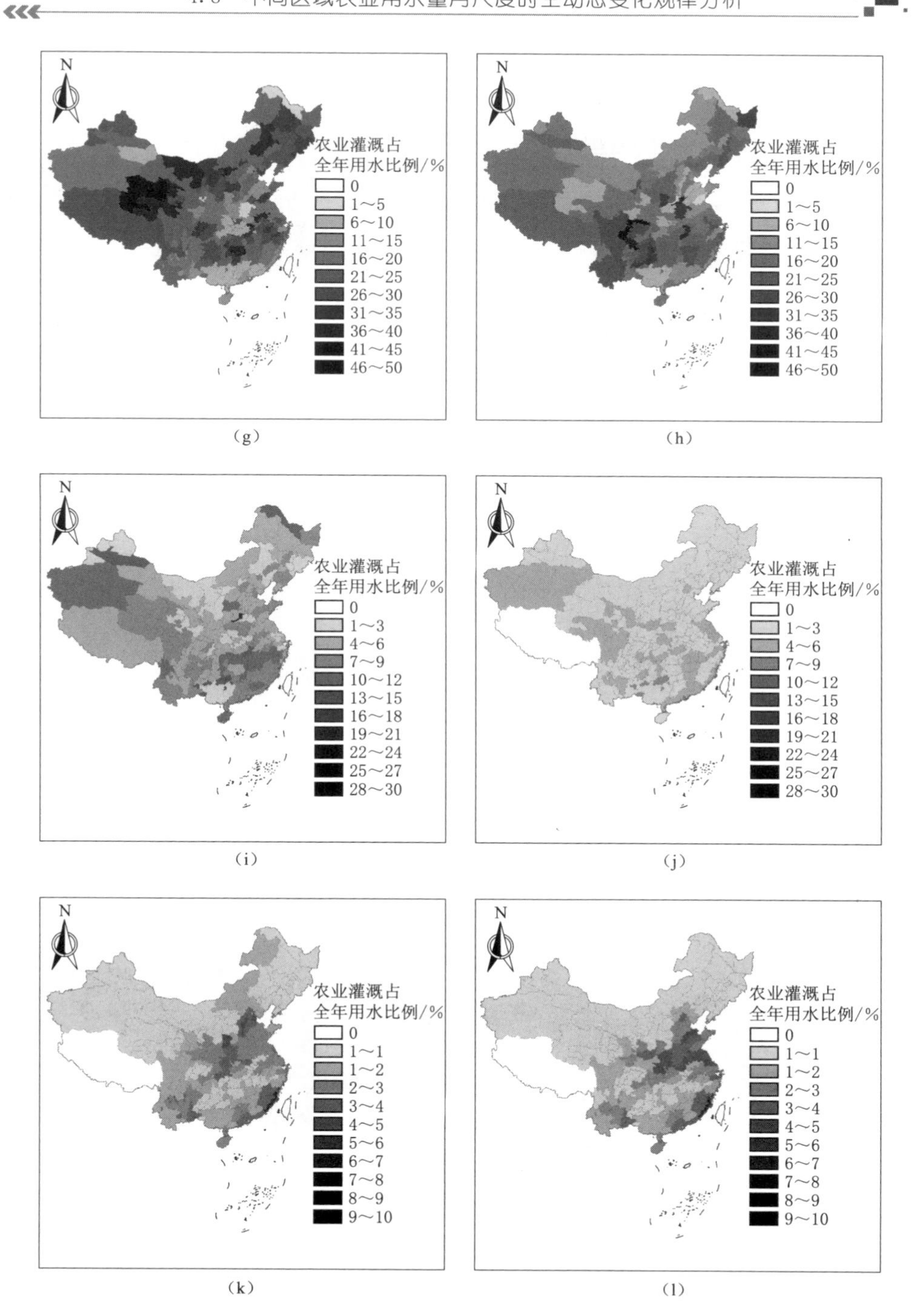

图 4.14（二） 各灌溉分区 2020 年逐月灌溉用水量占全年比例（各图比例尺不同）
(g) 7月；(h) 8月；(i) 9月；(j) 10月；(k) 11月；(l) 12月

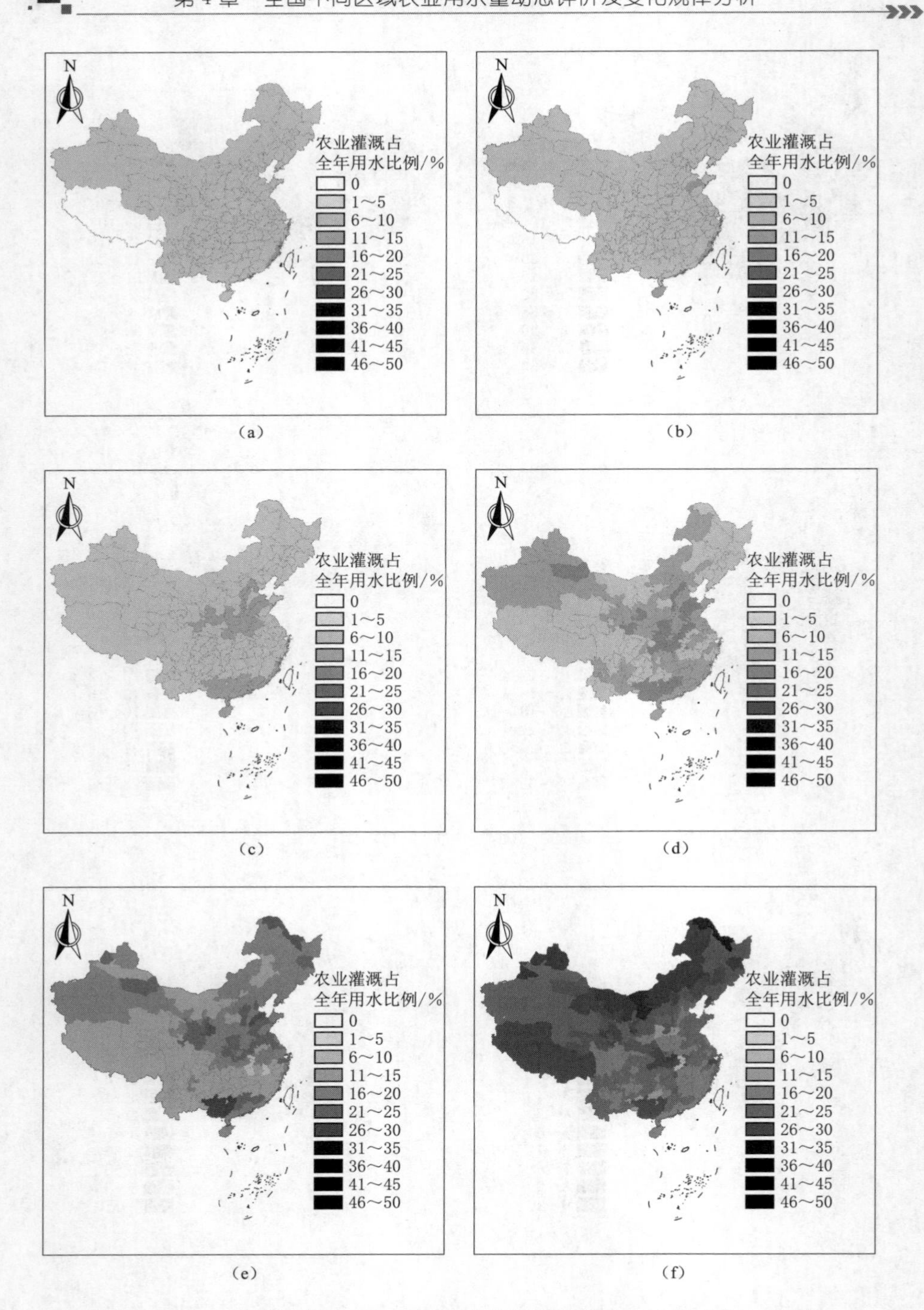

图4.15（一）　各灌溉分区2020年逐月灌溉用水量占全年比例（统一比例尺）

(a) 1月；(b) 2月；(c) 3月；(d) 4月；(e) 5月；(f) 6月

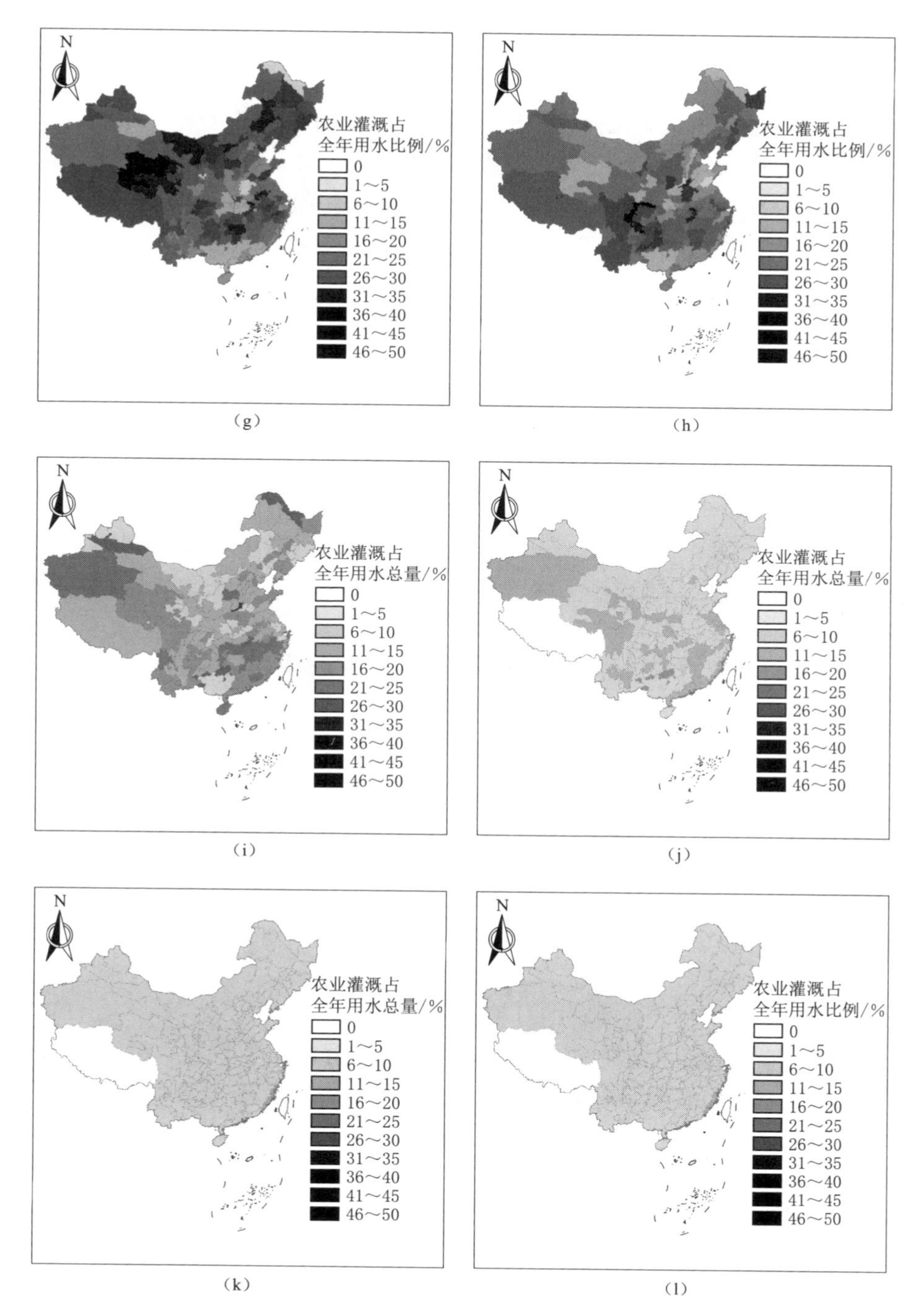

图 4.15（二） 各灌溉分区 2020 年逐月灌溉用水量占全年比例（统一比例尺）
(g) 7 月；(h) 8 月；(i) 9 月；(j) 10 月；(k) 11 月；(l) 12 月

小麦种植区需水量增加，而华南低纬度地区早稻也开始种植需水量增加，4 月灌溉用水量比例有明显提高。

5—6 月，灌溉用水量比例开始迅速提高，灌溉用水量占全年比例在 1.5%～40.6%之间，灌溉用水量占全年比例高值出现在北方地区，6 月，高值出现在内蒙古、东北、新疆北部等春小麦地区，由于 5—6 月冬小麦、春小麦均处于需水量高峰，而东北地区正处于水稻种植期，且降雨量少，因此灌溉用水量比例较高。

7—8 月，全国大部分地区处于用水高峰，灌溉用水量占全年比例在 1.9%～42.5%之间。

9—10 月，随着大宗作物逐渐进入生育末期，全灌溉用水量占全年比例逐渐下降，在 0～32.6%之间。高值出现在南方地区，主要是由于南方中稻和晚稻处于生长阶段，且降雨量少，仍需要一定的灌溉用水量，10 月全国灌溉用水量比例回落明显。

11—12 月，随着气温逐渐降低，全国各灌溉分区灌溉用水量比例在 6.0%以下，灌溉用水量比例高值位于华南、华北、华中地区，北方地区冬季灌溉用水主要用于冬灌。

4.8.3　示范区农业灌溉用水量月尺度动态评价与时空变化规律分析

4.8.3.1　黄河流域

1. 示范区基本情况

结合各省（自治区、直辖市）出台的灌溉定额分区情况及黄河流域界限，将研究区域划分为 36 个农业灌溉二级分区，分别如下：

1）山西省：14Ⅰ（晋北区）、14Ⅱ（晋中区）、14Ⅲ（晋东南区）、14Ⅳ（晋南区）；

2）内蒙古：15Ⅰ1（温凉半干旱农业区）、15Ⅱ（温暖半干旱农业区）、15Ⅲ（温暖干旱农业区）；

3）山东省：37Ⅲ（鲁中）；

4）河南省：41Ⅰ（豫北平原区）、41Ⅲ（豫北山丘区）、41Ⅳ（豫西山丘区）；

5）陕西省：61Ⅰ1（长城沿线风沙区）、61Ⅰ2（黄土丘陵沟壑区）、61Ⅰ3（黄土高原沟壑区）、61Ⅱ1（渭北旱塬区）、61Ⅱ2（关中东部平原区）、61Ⅱ3（关中南部平原区）、61Ⅱ4（关中西部平原区）、61Ⅲ2（商洛丘陵浅山区）；

6）甘肃省：62Ⅱ（陇中片）、62Ⅲ（陇东片）、62Ⅳ（甘南临夏片）、62Ⅴ（陇南片）；

7）青海省：63Ⅰ1（玛曲至龙羊峡）、63Ⅰ2（龙羊峡至省界）、63Ⅱ（湟水）、63Ⅳ1（门源）、63Ⅳ3（青海湖地区）、63Ⅳ5（青南地区），其中，青南地区无农业灌溉用水，本应用不予考虑；

8）宁夏回族自治区：64Ⅰ1（卫宁沙坡头灌区）、64Ⅰ2（青铜峡河东灌区）、64Ⅰ3（青铜峡河西银南灌区）、64Ⅰ4（青铜峡河西银北灌区）、63Ⅱ1（扬黄灌区）、63Ⅱ2（井灌区）、8Ⅲ（南部山区库井灌区）。

各灌溉分区共包含8个省份在内的55个市及339个县。

根据2020年《中国水利统计年鉴》相关数据，2019年黄河流域耕地灌溉面积567.56万hm^2，耕地实际灌溉面积为509.50万hm^2。其中，实际灌溉面积较大的是内蒙古、山西、陕西、河南、宁夏等省（自治区），如表4.14和图4.16所示。

表4.14　黄河流域各省（自治区）耕地灌溉面积

黄河流域	合计	内蒙古	陕西	山西	河南	宁夏	甘肃	山东	青海	四川
耕地灌溉面积/万hm^2	567.56	128.54	110.12	95.74	80.36	53.83	45.76	38.01	15.06	0.13
耕地实际灌溉面积/万hm^2	590.50	117.38	89.72	93.70	71.54	48.68	38.68	36.74	13.00	0.05
实灌率/%	89.8	91.3	81.5	97.9	89.0	90.4	84.5	96.6	86.3	35.8

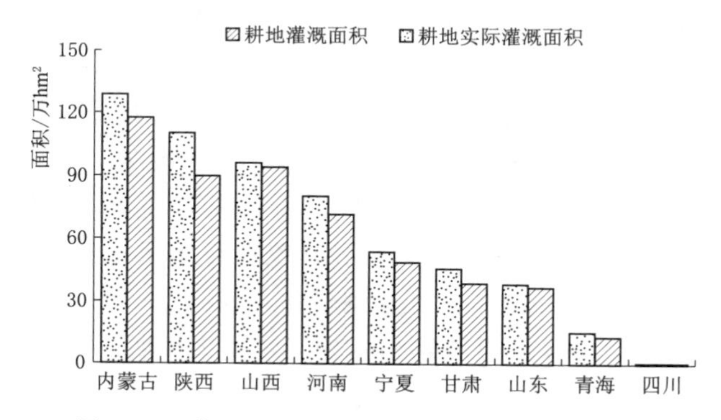

图4.16　黄河流域各省（自治区）耕地灌溉面积

2. 评价结果

黄河流域2020全年1—12月的农业灌溉用水量分别为1.68亿m^3、1.79亿m^3、9.80亿m^3、20.17亿m^3、36.41亿m^3、54.30亿m^3、59.47亿m^3、48.65亿m^3、17.46亿m^3、6.68亿m^3、3.37亿m^3及2.66亿m^3，总计262.44亿m^3（图4.17）。

此外，西北盐碱化较严重的地区会进行秋浇和冬灌，如内蒙古自治区在9月下旬至11月上旬进行秋浇，宁夏回族自治区在10月至11月上旬进行冬灌，两自治区秋浇冬灌用水量可达19亿m^3；部分地区还有春灌的习惯，如内蒙古自治区一般在3月中下旬至5月中上旬进行一次为期两个月的春灌造墒，用水量近4亿m^3，

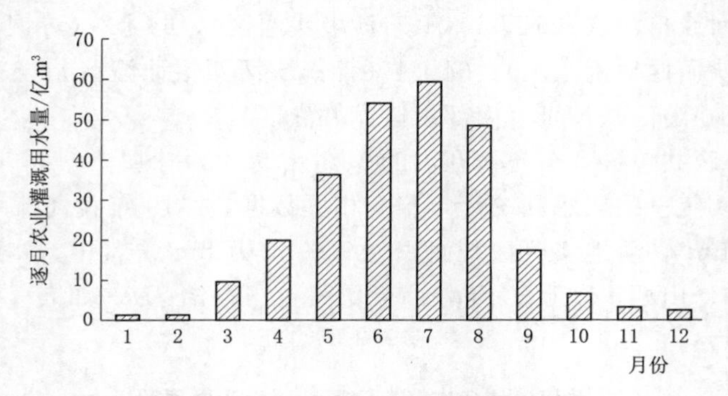

图 4.17 黄河流域逐月农业灌溉用水量

本方案以灌溉用水量为研究对象，在规律分析和模型结果中暂时未考虑该部分水量，但在全国农业用水量模型计算结果和规律分析时已考虑了该部分用水。

3. 规律分析

黄河流域内各灌溉分区 2020 年的逐月农业灌溉用水量分布如图 4.18 所示，其中同一列数据代表各灌溉分区分别在该月的农业灌溉用水量。可以发现各灌溉分区 1 月、2 月及 10 月、11 月、12 月的农业灌溉用水量未见明显差异，多数集中在 0～0.1 亿 m^3，个别区域由于冬季蔬菜种植面积较大使得用水量相对突出。从 3 月开始，各灌溉分区的农业灌溉用水量开始显示差异，5—8 月差异最为明显。各灌溉分区的农业灌溉用水量均呈现随着时间的变化，先增加后减小的趋势。图 4.19 中的曲线表示不同灌溉分区各月农业灌溉用水量的均值，可以看出整体趋势也是先增加后减少，在 6 月达到峰值，超过 1.4 亿 m^3。不难理解，随着作物生育期的变化，这个时期作物基本处于快速生长期，耗水量增大，且流域

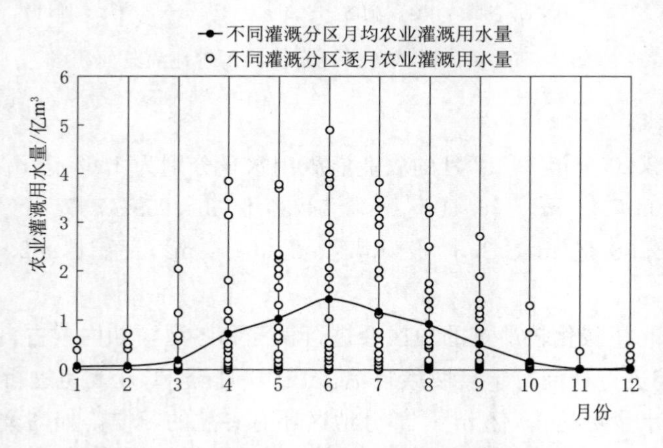

图 4.18 不同灌溉分区逐月农业灌溉用水量

降雨在这个时候还未达到峰值，所以农业灌溉用水量处于顶峰。从9月开始，大部分作物进入黄熟期或者收获期，灌溉用水量减少明显。

不同作物的农业灌溉用水量如图4.19所示，可以看出小麦和玉米的灌溉用水量最大，分别为63.7亿m^3和73.9亿m^3，占总灌溉用水量的33.1%和37.8%。其余作物灌溉用水总量从大到小分别为蔬菜、油料、薯类、水稻、大豆、棉花，分别占总灌溉用水量的10.7%、8.0%、5.98%、3.26%、0.93%及0.24%。

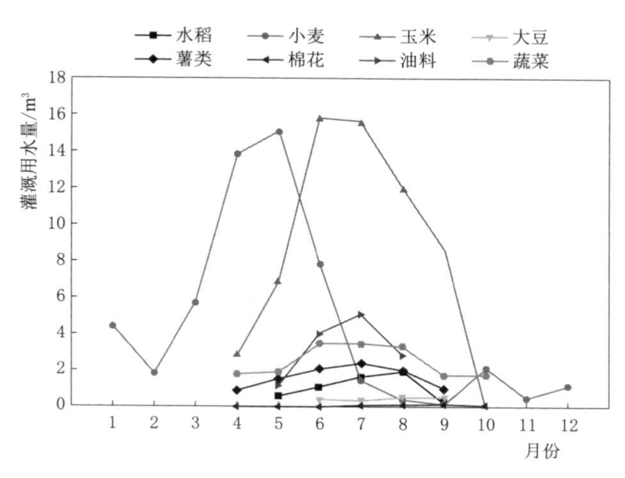

图4.19 不同作物生育期内逐月农业灌溉用水量

流域内的净灌溉定额在69～517mm之间，平均值为265.04mm，空间分布的总体趋势与总灌溉用水量的类似，呈现南北高、东西低的分布特征。其中青海省内灌溉分区值较小，河南豫北平原区、宁夏北部引黄灌区及内蒙古温暖干旱农业区相对较大。从作物种植结构分析可知，这几个高值区域水稻的分布范围较广，由于水稻是喜水作物，生育期耗水较大，因此净灌溉定额也相应变大。

随着生育期的变化，不同作物农业灌溉用水量均呈现先增加、后减少的趋势，其中小麦在5月达到灌水顶峰，为15.0亿m^3；玉米在6月达到灌水顶峰，为15.8亿m^3；油料作物（花生）和薯类在7月达到灌水顶峰，分别为5.12亿m^3和2.33亿m^3；水稻和蔬菜在8月达到灌水顶峰，分别为1.86亿m^3和3.42亿m^3；大豆和棉花在9月达到灌水顶峰，分别为0.49亿m^3和0.14亿m^3；由前面作物种植结构分析可知，小麦和玉米是流域内分布最广、种植最多的作物，因此其灌溉需水量也最大，农业灌溉用水量也相应最多。

从不同省（自治区）来看，甘肃、宁夏、内蒙古、陕西的灌溉用水量较大，分别为57.07亿m^3、44.74亿m^3、45.48亿m^3、34.06亿m^3；山东及青海的灌溉用水量较小，分别为10.78亿m^3、4.26亿m^3。对于不同灌溉分区而言，其空间分布的总体趋势是南北部的灌溉分区灌溉用水量值较大，如内蒙古温暖干旱农业区、陕西关中等；东西部的较小，如青海省内的灌溉分区及山东省的鲁中等。

总的来看农业灌溉用水量呈现先增加后减少的趋势，流域内灌水高值出现在东南、西北一带，如河南豫北平原区、关中、北部引黄灌区等，其中3—9月各灌溉分区的农业灌溉用水量差异明显，如6月温暖干旱农业区的农业灌溉用水量为5.69亿m^3，南部山区库井灌区仅为0.60亿m^3。

4.8.3.2 黑龙江省

1. 示范区基本情况

结合黑龙江省灌溉定额分区情况，将研究区域划分为4个农业灌溉一级分区和7个农业灌溉二级分区，分别为：①三江平原区；②张广才岭老爷岭山地区：张广才岭山地区、老爷岭山地区；③大小兴安岭山地区；④松嫩平原区：松嫩低平原区、松嫩北部高平原区、松嫩南部高平原区。

2. 评价结果及规律分析

黑龙江省种植的主要作物为水稻、玉米、小麦、大豆等，其中水稻、小麦、大豆等作物基本都需要灌溉，而玉米虽然种植面积最大，但实际灌溉面积最小，全省大部分地区的玉米基本不需要灌溉。

根据计算，黑龙江省2020年全年的农业灌溉用水量分别为0.1亿m^3、0.1亿m^3、0.1亿m^3、2.3亿m^3、28.7亿m^3、55.8亿m^3、64.5亿m^3、58.8亿m^3、20.5亿m^3、1.4亿m^3、2.3亿m^3及0.1亿m^3，总计234.7亿m^3（图4.20）。

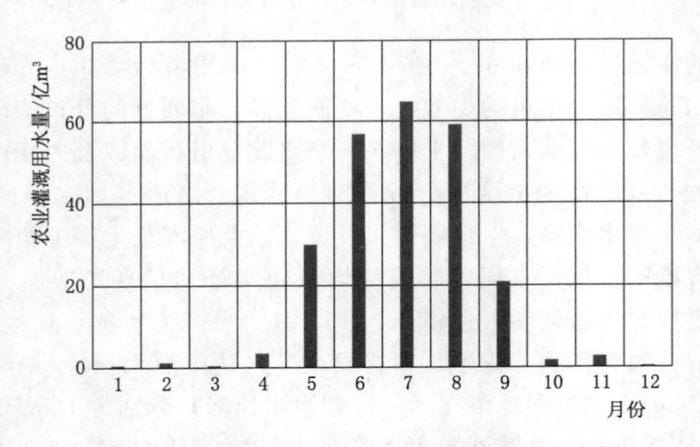

图4.20　黑龙江省2020年度各月农业灌溉用水量

由于黑龙江省地处我国的最北部，冬春季气温较低，农业灌溉用水主要集中在5—9月，其他月份仅有少量温室大棚用水和畜禽养殖用水。在农业灌溉分区中，农业灌溉用水主要集中在松嫩平原区和三江平原区，在水资源分区中，农业灌溉用水主要集中在嫩江区和松花江区（三岔口以下）（表4.15）。

表 4.15　　黑龙江省套水资源二级区 2020 年度农业用水量评价结果

省级行政区	编号	水资源二级区	农业用水量	耕地灌溉用水量	非耕地灌溉用水量	渔塘畜禽用水量
合　计			243.8	234.7	0.1	9.2
黑龙江省	A02	嫩江	81.297	79.280	0.028	1.990
黑龙江省	A04	松花江（三岔口以下）	115.948	112.628	0.037	3.282
黑龙江省	A05	黑龙江干流	14.177	11.713	0.005	2.458
黑龙江省	A06	乌苏里江	31.722	30.409	0.010	1.303
黑龙江省	A07	绥芬河	0.695	0.542	0.000	0.153

4.9　小结

（1）根据农业用水动态综合评价方法，构建了农业用水月度监测统计网络与数据体系，建立了区域农业用水月尺度分析计算模型。以历年不同作物典型田块逐次灌水信息为基础，利用区域调查统计数据、农田灌溉水有效利用系数和实时气象资料，通过模型计算得到全国各县级行政区逐月农业灌溉用水量。结合不同区域渔塘补水、畜禽用水月尺度变化规律，汇总得到不同行政分区、水资源分区和农业灌溉分区农业用水量，并以用水统计直报的大中型灌区季度用水量信息、典型大型灌区月度用水量信息对数据成果进行了校核，综合分析得到 2020 年度省套二级区和示范区的农业用水量月度数据成果。

（2）将各省级行政区农业用水量评价结果与《中国水资源公报》中 2020 年度农业用水量进行对比，农业用水量评价结果中 2020 年度全国农业用水量为 3699.7 亿 m^3，与《中国水资源公报》发布的 3612.4 亿 m^3 差距不大，总体偏多 2.4%。对差异较大的省（自治区、直辖市）进行了误差原因与合理性分析，综合分析认为评价结果符合实际用水情况，排除了评价方法缺陷。按照行政分区、农业灌溉分区、水资源分区分别对农业灌溉用水量、灌溉亩均用水量等时空变化规律进行了分析。

（3）从全国来看，各月的灌溉用水量在年内呈现先增加后减少的趋势，受作物需水和灌溉频次影响，冬季的灌溉用水量最低，夏秋季的灌溉用水量较高，且不同月份的灌溉用水量空间差异较大。其中，3 月之前，全国大部分地区尚未开始灌溉，灌溉用水量总体较少；从 3 月开始，北方地区由南到北陆续开灌，4 月、5 月南方地区水稻陆续播种，农业灌溉用水量增加明显，7 月、8 月达到用水顶峰；9 月开始，各地受秋收影响，大部分作物用水结束，北方仅有冬小麦的冬灌用水和各类蔬菜的灌溉用水，南方地区同样是冬小麦和蔬菜灌溉用水居多。

第5章　农业灌溉需水月尺度预测

5.1　区域月尺度农业灌溉需水量预测

5.1.1　技术路线

本书农业用水月尺度预测主要是利用中长期天气预报数据，解析获得各参照作物需水模型所需气象参数，研究确定参照作物需水量的主控因子及其修正方法，并对月尺度参照作物需水量进行预报，结合收集整理获得各地区各典型作物的系数资料，推求各典型作物月尺度需水量预报值；利用中长期降水量预报数据，解析获得降水量预报值，并选择适宜有效降水量的估算方法计算获得各典型作物月尺度有效降水量预报值；采用作物需水量与有效降水量的差值估算月尺度作物净灌溉需水量预报值，并结合农业用水动态评价收集整理获得各主要作物实际灌溉面积及灌溉水有效利用系数情况，估算月尺度农业净灌溉需水量预报值及月尺度农业毛灌溉需水量预报值；最后结合该月份农业实际灌溉用水量，研究考虑灌区供水条件、灌溉习惯等因素影响下月尺度农业毛灌溉需水量与对应月份农业实际灌溉用水量之间的转换关系。农业灌溉预报技术路线图如图5.1所示。

5.1.2　参照作物需水量

参照作物需水量（ET_0）是计算作物需水量的基础，逐日参照作物需水量采用由FAO－56推荐的Penman－Monteith综合法（P－M公式）计算，该公式以能量平衡与水汽扩散为理论基础，并将作物生理特征与空气动力学的相关参数考虑在内。考虑的因素主要有冠层表面的净辐射、气温、风速、湿度等，精度较高，公式如下：

$$ET_0=\frac{0.408\Delta(R_n-G)+\gamma\dfrac{900}{T+273}U_2(e_s-e_a)}{\Delta+\gamma(1+0.34U_2)} \tag{5.1}$$

式中：ET_0 为参照作物需水量，mm/d；R_n 为作物表面净辐射量，MJ/(m^2·d)；G 为土壤热通量，MJ/(m^2·d)；e_s 为饱和水汽压，kPa；e_a 为实际水汽压，kPa；Δ 为饱和水汽压曲线的倾率，kPa/℃；γ 为湿度计常数，kPa/℃；T 为2m高处的日平均气温，℃；U_2 为2m高处的风速，m/s。

5.1.3　月尺度参照作物需水量预报

利用天气网（http：//www.weather.com.cn）获取各区县日天气类型、最高

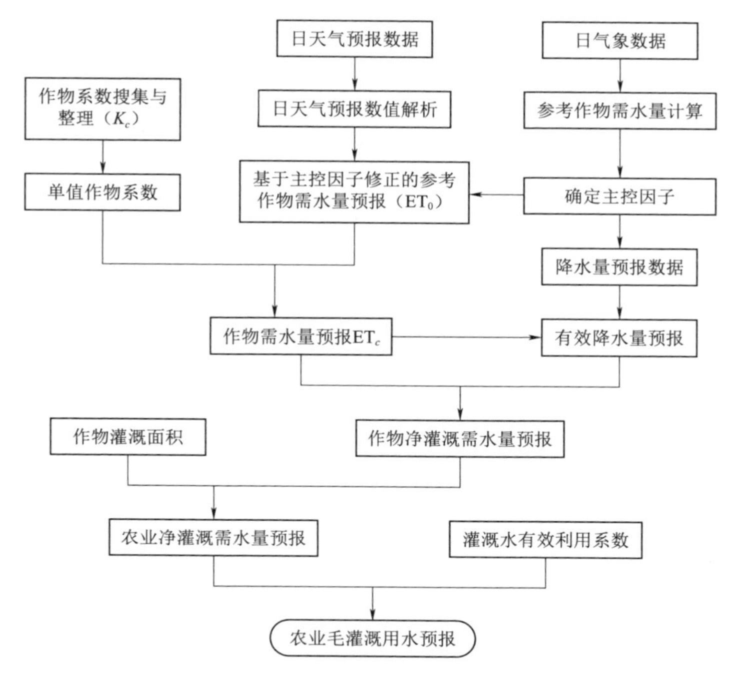

图 5.1 农业灌溉预报技术路线图

气温、最低气温及风力等级中长期气象预报数据，并根据 P－M、Hargreaves（HG）、McCloud（MC）、Makkink（MK）、Priestley－Taylor（PT）等 5 种公式计算参照作物需水量数据需求对收集获得中长期气象数据进行解析，通过对各模型模拟效果进行评价，提出适宜的月尺度参照作物需水量预报方法。

5.1.3.1 P－M 法

由于在天气预报数据中缺少相对湿度、风速及日照时数等气象参数，涉及相关计算参数需要通过气象预报参数进行数值解析获得，具体如下：

1. 实际水汽压

当相对湿度缺失时，通过假定露点温度与最低气温近似，即在最低气温时空气湿度接近于饱和状态，以此来推算实际水汽压，具体公式如下：

$$e_a = e^0(T_{\min}) = 0.611\exp\left(\frac{17.27T_{\min}}{T_{\min}+273.3}\right) \tag{5.2}$$

式中：$e^0(T_{\min})$ 为最低气温时对应饱和水汽压，kPa；$T_{\min}$ 为最低气温，℃。

2. 辐射量

区域的辐射强度取决于太阳射线的方向和大气层表面法线方向的夹角，该夹角随着季节和纬度的不同而不同，每天的太阳天顶辐射 R_a 可以通过太阳常数、太阳倾角以及该地的地理位置参数等计算出来：

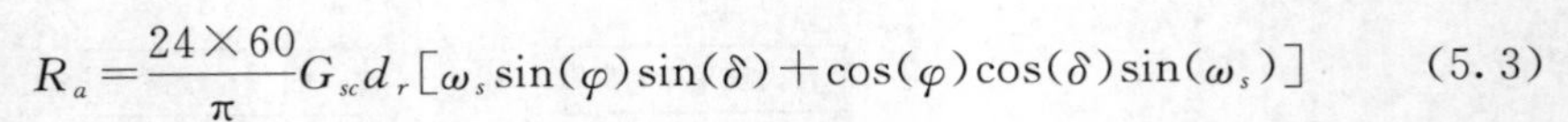

$$R_a=\frac{24\times 60}{\pi}G_{sc}d_r[\omega_s\sin(\varphi)\sin(\delta)+\cos(\varphi)\cos(\delta)\sin(\omega_s)] \tag{5.3}$$

式中：R_a 为太阳天顶辐射，MJ/(m^2·d)；G_{sc} 为太阳常数，值为0.0820MJ/(m^2·min)；d_r 为日地相对距离；δ 为太阳倾角，与日序数 j 有关，可以由月数 M 和天数 D 确定，当月份小于3时，$j=J+2$；如果是闰年且月份大于2，$j=J+1$；φ 为当地纬度，采用弧度单位，rad；ω_s 为日落时角，rad。其中 d_r、δ、J、φ、ω_s 参数等计算公式如下：

$$\begin{cases} d_r=1+0.033\cos\left(\frac{2\pi}{365}j\right) \\ \delta=0.409\sin\left(\frac{2\pi}{365}j-1.39\right) \\ J=\mathrm{int}(275M/9-30+D)-2 \\ \varphi=\frac{\pi}{180}(\text{纬度}) \\ \omega_s=\arccos\theta[-\tan(\varphi)\tan(\delta)] \end{cases} \tag{5.4}$$

通过天气类型进行太阳短波辐射量的预测。根据已有研究（蔡甲冰等，2007），将理论的日照时数与对应的5种天气类型系数相乘，可得出每日预测的日照时数，计算公式如下：

$$n_1=aN \tag{5.5}$$

$$N=\frac{24}{\pi}\omega_s \tag{5.6}$$

式中：n_1 为预测日照时数，h；a 为天气类型系数，晴、晴到多云、多云、阴、雨时分别对应0.9、0.7、0.5、0.3、0.1；N 为理论日照时数，h。

太阳短波辐射量 R_s 与太阳天顶辐射量 R_a 关系式如下：

$$R_s=\left(a_s+b_s\frac{n_2}{N}\right)R_a \tag{5.7}$$

式中：n_2 为实际持续日照时间，h；a_s 为回归常数，系指在多云天气时天顶辐射到达地面的部分；a_s+b_s 为晴天时到达地面的天顶辐射，在没有实测太阳辐射资料可以利用和没有提高 a_s 与 b_s 参数的精度矫正时，则可采用推荐值0.25、0.50。

通过气温进行太阳短波辐射量的预测。辐射量也可以通过天气预报数据中的最高、最低气温估算（Allen et al.，1998），太阳短波辐射 R_s 计算公式如下：

$$R_s=K_r(T_{\max}-T_{\min})^{0.5}R_a \tag{5.8}$$

式中：$T_{\max}$、$T_{\min}$ 分别为最高、最低气温，℃；K_r 为调节系数，对内陆地区通常取0.17，而沿海地区为0.19。

3. 风速预测

按风力的 12 个等级，根据《地面气象观测规范 风向和风速》（GB/T 35227—2017），将天气预报中的风力等级预报信息转换为不同高度处的风速值，如表 5.1 所示。

表 5.1　　风力等级换算值　　单位：m/s

风力等级	名称	相当于距离地面 10m 风速	
		范围	中数
0	静风	0～0.2	0.0
1	软风	0.3～1.5	1.0
2	轻风	1.6～3.3	2.0
3	微风	3.4～5.4	4.0
4	和风	5.5～7.9	7.0
5	清劲风	8.0～10.7	9.0
6	强风	10.8～13.8	12.0
7	疾风	13.9～17.1	16.0
8	大风	17.2～20.7	19.0
9	烈风	20.8～24.4	23.0
10	狂风	24.5～28.4	26.0
11	暴风	28.5～32.6	31.0
12	飓风	32.7～36.9	35.0

进而转换为 FAO - 56 P - M 公式计算所需的 2m 风速，具体公式如下：

$$U_2=U_Z\frac{4.87}{\ln(67.8Z-5.42)} \tag{5.9}$$

式中：U_Z 为距离地面 Zm 处风速，m/s；Z 为风速测量高程，m。

上述 P - M 法中分别采用天气类型与气温进行太阳短波辐射量预测，分别记为 PMT1 与 PMT2。

5.1.3.2 Hargreaves 公式

HG 公式属于温度法预报 ET_0 方法的一种，具有所需数据量较少、较易获得的优点，因而该预报方法得到了广泛应用，其计算公式如下：

$$ET_0=c/\left[\lambda R_a(T_{max}-T_{min})^E\left(\frac{T_{max}+T_{min}}{2}+T_x\right)\right] \tag{5.10}$$

式中：λ 为水汽化潜热，值为 2.45MJ/kg；c、E、T_x 各参数取值分别为 0.0023、0.5、17.8。研究指出，c、E、T_x 参数具有地区变异性，因而该公式在使用前需要先进行参数率定。

5.1.3.3　McCloud 公式

MC 公式为基于日均气温的指数函数模型，具体计算公式如下：

$$ET_0 = KZ^{1.8T_d} \tag{5.11}$$

式中：T_d 为日平均气温，℃，为天气预报提供的日最高和日最低气温的平均值；K、Z 参数分别为 0.254、1.07，具体某一站点，需要对公式参数进行率定。

5.1.3.4　Makkink 公式

MK 公式是比较了蒸渗仪数据和 Penman 公式后的修正式，计算公式如下：

$$ET_0 = a_1 \frac{1}{\lambda} \frac{\Delta}{\Delta + \gamma} R_s + b_1 \tag{5.12}$$

式中：a_1、b_1 参数分别为 0.61、−0.12，R_s 可由式（5.8）算得，具体某一站点，需要对公式参数进行率定。

5.1.3.5　Priestley - Taylor 公式

Priestley - Taylor 公式在辐射法中应用最广泛，为 Penman 公式的简化版，其具体计算公式为

$$ET_0 = \frac{a_2}{\lambda} \frac{\Delta}{\Delta + \gamma} (R_n - G) + b_2 \tag{5.13}$$

式中：a_2、b_2 参数分别为 1.26、0，具体某一站点，需要对公式参数进行率定。

5.1.4　作物系数

作物系数（K_c）是表示作物表面与参照作物表面腾发量之间差异的综合系数，其大小与作物种类、品种、作物生长阶段、土壤蒸发和田间管理条件等因素密切相关，反映作物自身生物学特性。在标准无水分胁迫状态下，分段单值作物系数法在灌溉规划设计、灌溉管理以及基本灌溉制度的制定等方面得到广泛应用，与当地灌溉试验站的实测值较为接近。对各灌溉试验站资料收集整理全国各分区单值作物系数值；而部分地区缺失作物系数以 FAO - 56 推荐值为依据，并参照各地区作物灌溉、栽培及其气象资料等进行修正。

5.1.5　作物需水量

采用作物系数法计算作物需水量，该方法最适用于灌溉规划的设计与管理，具有较好的理论基础，计算公式如下：

$$ET_c = K_c \times ET_0 \tag{5.14}$$

式中：ET_c 为作物需水量，mm/d；K_c 为作物系数。

5.1.6　有效降水量

本书分别采用 USDA 法、USDA - SCS 法、USDA - SCS 修正法与比值法 4 种方法计算作物生育期有效降水量，其中旱地作物如小麦、玉米、大豆等，采用经校验的作物生长模型模拟充分灌溉条件下作物生育期内作物计划湿润层土壤水量平衡各个参量，以采用水量平衡法计算获得有效降水量作为有效降水量实际

值，对上述4种方法计算精度进行评价，以此提出与旱地作物相适宜的有效降水量计算方法；而水田作物如水稻等，以各地代表性灌溉制度中灌溉下限与最大蓄水深度等作为灌溉排水依据，后采用水量平衡法计算水田作物生育期内有效降水量，以此对上述4种有效降水量计算公式的计算精度进行评价，并提出水田作物的适宜的有效降水量计算公式。

5.1.6.1 美国农业部法

USDA法是目前较公认和推广的有效降水量计算方法之一，计算公式如下：

$$P_e=\begin{cases}P(4.17-0.2P)/4.17 & ,P<8.3\text{mm/d}\\4.17+0.1P & ,P\geqslant 8.3\text{mm/d}\end{cases} \tag{5.15}$$

式中：P_e为日有效降水量，mm/d，P为日总降水量，mm/d。

5.1.6.2 USDA-SCS法

美国农业部土壤保持局科学家通过分析全美22个地区的降水资料，采用土壤水量平衡方程，并将降水、作物蒸散与灌溉的因素考虑进来，提出了USDA-SCS法计算月尺度有效降水量，基本计算公式如下：

$$P_e=\text{SF}(1.2525P_t^{0.82416}-2.935224)\times 10^{9.5511811\times 10^{-4}\text{ET}_c} \tag{5.16}$$

式中：P_e为月平均有效降水量，mm；P_t为月平均降水量，mm；ET_c为月平均作物需水量，mm。SF为土壤水分储存因子，其计算公式如下：

$$\text{SF}=0.531747+1.62063\times 10^{-2}D-8.943053\times 10^{-5}D^2+2.3213432\times 10^{-7}D^3 \tag{5.17}$$

式中：D为可使用的土壤贮水量，mm，与灌溉管理的措施相关，其值通常为作物根区土壤有效持水量的40%～60%。美国国家灌溉工程手册中给出了$D=76.2$mm时，SF取值为1.0。

5.1.6.3 USDA-SCS修正法

结合我国北方地区各地实际耕作情况分析发现，对于40mm以下的旬降水或者月降水，用USDA-SCS法计算的结果不合理，主要原因在于北方地区旬内降水不足40mm，且雨强不是特别大的情况下，基本都能被贮存在田间土壤中，被作物吸收利用，以此为基础对USDA-SCS法进行了修正，修正后公式如下：

$$P_e=40+\text{SF}[(1.2525(P_t-40)^{0.82416}-2.935224)]\times 10^{9.5511811\times 10^{-4}\text{ET}_c} \tag{5.18}$$

式中：P_e为旬有效降水量，mm；P_t为旬降水量，mm；ET_c为旬作物需水量，mm；SF为土壤水分储存因子，计算同式（5.17）。如果用以上方法计算得到的旬有效降水量大于该旬的作物需水量，则借鉴美国农业部土壤保持局的方法，即将该旬的作物需水量视为有效降水量。

5.1.6.4 比值法

国内各地总结出了一些有效降水量的计算公式，但一般需要根据当地的土壤质地与作物等条件率定出相关参数，因而通用性较差。相关研究表明，有效降水量的计算方法与所选计算时段长短有关，计算旬有效降水量可以满足当前灌溉规划和设计的要求，计算公式如下：

$$P_e=\begin{cases}P,P<\mathrm{ET}\\ \mathrm{ET}_c,P\geqslant \mathrm{ET}_c\end{cases} \tag{5.19}$$

式中：P_e 为旬有效降水量，mm；ET_c 为旬作物需水量，mm；P 为旬降水量。将计算所得的旬有效降水量进行生育期汇总得到生育期有效降水量。

5.1.7　作物灌溉需水量

作物灌溉需水量是指在作物生长过程中需要依赖灌溉补充的那部分水量，即生育期内作物需水量和同期有效降水量的差值，计算公式如下：

$$I_i=\mathrm{ET}_{ci}-P_{ei} \tag{5.20}$$

式中：I_i 为第 i 种作物生育期的灌溉需水量，mm；P_{ei} 为第 i 种作物生育期的有效降水量，mm。

5.1.8　农业灌溉需水量

农业灌溉需水量依据不同分区各种作物灌溉面积、作物灌溉需水量及农田灌溉水有效利用系数综合确定。首先利用各种作物灌溉面积及作物灌溉需水量情况，计算各分区农业净灌溉需水量，并在此基础上考虑灌溉用水量从水源到农作物利用整个过程中的输水损失后，计算不同分区农业毛灌溉需水量，农业净灌溉需水量与农业毛灌溉需水量计算公式如下：

$$I_{净}=\sum a_i\times I_i \tag{5.21}$$

$$I_{毛}=I_{净}/\mu \tag{5.22}$$

式中：$I_{净}$ 为农业净灌溉需水量，万 m^3；a_i 为第 i 种作物灌溉面积，$\times10^3\mathrm{hm}^2$；$I_{毛}$ 为农业毛灌溉定额，万 m^3；μ 为农田灌溉水有效利用系数。

5.2　预测关键技术参数标准化计算方法

5.2.1　参照作物需水量区域参数率定

作物需水量作为衡量农作物水分供应状况的关键指标，是研究一个地区农田水分平衡的重要参数，其准确计算对水利工程规划设计、灌区优化配水管理及区域农业节水潜力分析等具有重要实际指导意义。参照作物需水量估算是计算作物需水量的关键环节。与温度法、辐射法及蒸发皿法等其他计算参照作物需水量的计算方法相比，Penman - Monteith 方法以能量平衡和水汽扩散理论为基础，既

考虑了作物的生理特征，又考虑了空气动力学参数的变化，具有充分的理论依据和较高的计算精度，所以被联合国粮农组织推荐为计算参照作物需水量的标准方法。太阳辐射作为作物蒸发蒸腾的主要驱动力，是估算参照作物需水量的关键参量之一。太阳辐射观测体系投资与维护成本高，导致诸多气象站点太阳辐射观测数据缺失。与估算太阳辐射其他方法相比，A－P（Ångström－Prescott）公式输入仅为日照时数，模型结构简洁，其系数具有明确的物理意义，并且诸多研究结果表明采用A－P公式模拟精度较高。针对太阳辐射观测数据缺失气象站，在FAO－56中推荐采用A－P公式估算太阳辐射，且建议该公式系数 a、b 分别采用0.25、0.50，并在参照作物需水量估算中普遍采用该建议值估算太阳辐射。由于地球本身的形状特点和引力特性使得地表大气组分与厚度的地域差异客观存在，在无太阳辐射观测数据地区统一采用建议值不可避免引入误差，所以A－P公式系数校正对太阳辐射与参照作物需水量的准确估算至关重要。

5.2.1.1 数据来源

从中国气象数据网地面气象资料观测数据中选取同时具有太阳辐射和日照时间的观测站114个，同时，利用R软件对1958—2016年的数据进行处理和统计分析。由于受各种因素的影响，太阳辐射和日照时间观测数据在不同程度上存在缺失和异常，为避免缺失值和异常值带来的影响，在统计分析之前对数据进行处理：①利用日值数据计算 N、R_a，舍弃每月时间小于20d的数据，以保证月数据的代表性；②舍弃 R_s/R_a 和 n/N 大于1的数据，以确保数据具有真实的物理意义。

各站点的A－P公式使用最小二乘法进行拟合，按照年份先后顺序分别对各站点的数据进行分割，前3/4的数据作为训练数据集用于拟合公式，后1/4的数据作为测试数据集用于验证公式。

本书中统计了全国2289个基本站点的干湿指数，全国划分为七个气候区，具体划分如表5.2所示。

表5.2　干湿气候分区界限值

气候区	极端干旱	干旱	半干旱	半湿润	湿润	潮湿	过湿润
干湿指数	＜0.05	0.05～0.20	0.20～0.50	0.50～1.00	1.00～1.50	1.50～2.00	＞2.00

5.2.1.2 A－P公式 a、b 系数空间分布特征

1. A－P公式系数插值方法优选

在114个有日太阳辐射监测资料的气象站点，采用最小二乘法计算获得各个站点A－P公式系数值，其中系数 a、b 的均值分别为0.189、0.558。利用各气象站点经校正的系数值，采用A－P公式对其日太阳辐射进行估算，与各气象站点实测日太阳辐射的决定系数 R^2 及平均相对误差MRE如图5.2所示。各站点

日太阳辐射的估算值与实测值之间的 R^2 在 0.609～0.958 范围内，均值为 0.878，其中 90%以上站点 R^2 大于 0.800；MRE 在 0.003～0.337 范围内，均值为 0.182，其中 87%以上站点 MRE 小于 0.250；均方根误差 RMSE 在 0.039～4.207MJ/(m^2·d) 范围内，均值为 2.477MJ/(m^2·d)。可见，采用最小二乘法计算获得各站点 a、b 系数值具有较高精度，能够用于各个气象站点日太阳辐射估算。

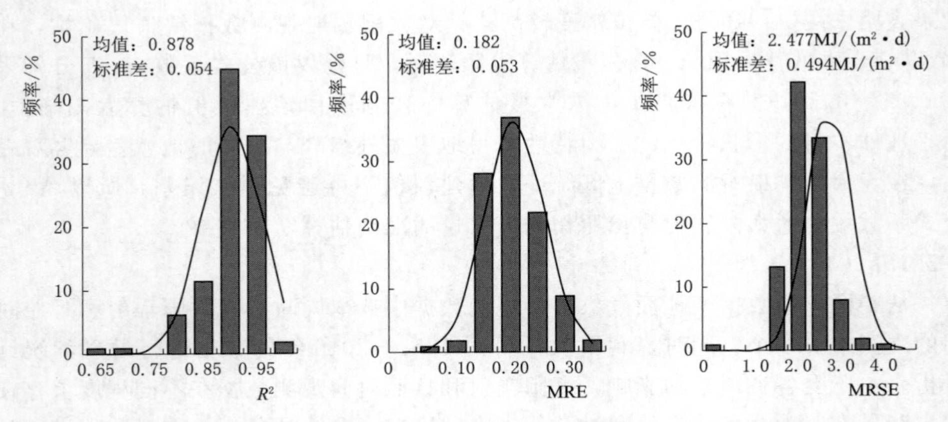

图 5.2 计算太阳辐射与实测太阳辐射之间的 R^2、MRE 及 MRSE 等误差评价指标的频率分布直方图

不同插值方法对 A－P 公式系数的插值精度如表 5.3 所示，在训练集中 A－P 公式系数 a 值，反距离加权法插值精度最高，其决定系数 R^2 最大达 0.991 且均方根误差 RMSE 最小仅为 0.004，插值精度依次为样条函数法、克里金插值法，而趋势面法的插值精度最差 R^2 仅为 0.353；在测试集中克里金插值法插值精度最高，其决定系数 R^2 最大达 0.383 且均方根误差 RMSE 最小仅为 0.032，插值精度依次为反距离加权法、趋势面法、样条函数法。在训练集中 A－P 公式系数 b 值，反距离加权法插值精度最高，其决定系数 R^2 最大达 0.997 且均方根误差 RMSE 最小仅为 0.002，插值精度依次为样条函数法、克里金插值法，而趋势面法的插值精度最差 R^2 仅为 0.042；在测试集中克里金插值法插值精度最高，其决定系数 R^2 最大达 0.117 且均方根误差 RMSE 最小仅为 0.046，插值精度依次为趋势面法、反距离加权法、样条函数法。不同插值方法的插值精度差异较大，为保证太阳辐射监测资料缺失区域 A－P 公式系数插值结果合理性，势必要对插值方法进行优选。由于训练集的插值精度受有太阳辐射气象站系数校正值的影响，并不能完全反映太阳辐射监测资料缺失地区系数值的实际情况，各插值方法合理性评价应以测试集插值精度为准。与其他插值方法相比，克里金插值法不仅考虑样本点间距而且兼顾空间相关性的大小，所以在测试集中都是采用克里金

插值法插值精度最高。以测试集插值精度最大为评价原则，选择克里金插值法作为 A－P 公式系数 a、b 值的插值方法，114 个气象站点的 a、b 系数插值均值分别为 0.189、0.561，其中系数 a 插值的决定系数 R^2 为 0.856，RMSE 为 0.016，MRE 为 0.084，系数 b 插值的决定系数 R^2 为 0.377、RMSE 为 0.033、MRE 为 0.059。与采用最小二乘法获得系数均值相比，系数 a 插值均值相同，系数 b 插值均值的 MRE 小于 1%，表明采用克里金插值法对太阳辐射监测资料缺失区域的 A－P 公式系数值进行插值具有较高精度。

表 5.3　　不同插值方法对 A－P 公式系数的插值精度

A－P 公式系数		插值方法	均值	最大值	最小值	R^2	RMSE	MAE	MRE
a	训练集	反距离加权法	0.193	0.304	0.119	0.991	0.004	0.001	0.021
		样条函数法	0.193	0.301	0.117	0.973	0.007	0.002	0.036
		克里金插值法	0.193	0.264	0.144	0.880	0.015	0.011	0.075
		趋势面法	0.192	0.247	0.150	0.353	0.032	0.026	0.167
	测试集	反距离加权法	0.181	0.254	0.143	0.321	0.033	0.026	0.180
		样条函数法	0.178	0.279	0.086	0.230	0.040	0.032	0.220
		克里金插值法	0.184	0.256	0.147	0.383	0.032	0.025	0.172
		趋势面法	0.190	0.236	0.163	0.249	0.035	0.027	0.193
	全部数据	克里金插值法	0.189	0.256	0.139	0.856	0.016	0.012	0.084
b	训练集	反距离加权法	0.557	0.661	0.474	0.997	0.002	0.001	0.004
		样条函数法	0.557	0.662	0.473	0.994	0.003	0.002	0.005
		克里金插值法	0.558	0.606	0.520	0.578	0.025	0.020	0.045
		趋势面法	0.557	0.569	0.543	0.042	0.036	0.028	0.065
	测试集	反距离加权法	0.568	0.620	0.529	0.069	0.049	0.035	0.086
		样条函数法	0.571	0.794	0.507	0.014	0.067	0.043	0.118
		克里金插值法	0.565	0.604	0.532	0.117	0.046	0.033	0.082
		趋势面法	0.557	0.566	0.546	0.077	0.048	0.034	0.086
	全部数据	克里金插值法	0.561	0.601	0.522	0.377	0.033	0.024	0.059

2. 我国地区 A－P 公式系数分布特征

Ångström－Prescott 公式系数空间分布特征如图 5.3 所示，系数 a 值在 0.139～0.270 范围内，均值为 0.205，除内蒙古东北、黑龙江西北及西藏中南部等少部分区域大于 FAO－56 建议值外，大部分区域小于 FAO－56 建议值。由于东南沿海阴雨天气多且云层厚，阴天到达地面的太阳辐射相对较少，所以系数 a 值由东南沿海向西北内陆呈增加趋势。我国各省级行政区 A－P 公式系数值见表 5.4，其中按照系数 a 值由高到低依次为西藏、青海、新疆、内蒙古、黑龙

江、甘肃等6个省（自治区），其系数值都大于0.20；而按照系数a值由低到高依次为湖南、重庆、江西、安徽、贵州、湖北、安徽、浙江及上海等省份，其系数值都小于0.16。按照各省份系数a的样本标准差（STD）由高到低依次为四川、甘肃、内蒙古及黑龙江等4省份，均不小于0.02，云南、青海、新疆及吉林等4省份不小于0.01，表明该8个省份系数a值内部差异较大；而按照STD由低到高依次为天津、湖南、上海、北京、福建、山东等6省份，均小于0.005。

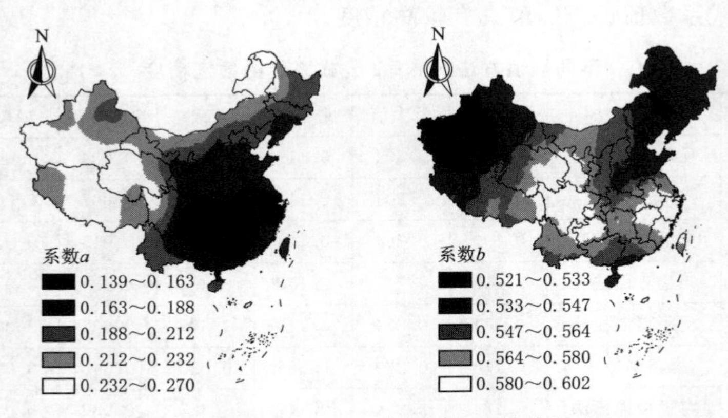

图5.3　我国地区A-P公式系数空间分布特征

表5.4　　我国各省级行政区A-P公式系数值

行政区	a				b			
	最小值	最大值	均值	标准差	最小值	最大值	均值	标准差
北京	0.183	0.194	0.188	0.003	0.537	0.544	0.541	0.002
天津	0.181	0.190	0.186	0.002	0.537	0.538	0.537	0.000
河北	0.171	0.206	0.186	0.010	0.531	0.553	0.543	0.005
山西	0.168	0.191	0.177	0.005	0.544	0.557	0.549	0.003
内蒙古	0.177	0.269	0.222	0.021	0.530	0.590	0.548	0.014
辽宁	0.173	0.203	0.185	0.008	0.532	0.539	0.535	0.002
吉林	0.177	0.223	0.194	0.010	0.531	0.540	0.537	0.002
黑龙江	0.192	0.270	0.217	0.020	0.534	0.540	0.537	0.002
上海	0.152	0.160	0.156	0.002	0.570	0.579	0.573	0.003
江苏	0.149	0.181	0.165	0.008	0.543	0.585	0.568	0.010
浙江	0.146	0.164	0.154	0.005	0.577	0.595	0.589	0.003
安徽	0.141	0.169	0.153	0.007	0.548	0.595	0.578	0.011
福建	0.157	0.172	0.165	0.003	0.573	0.592	0.582	0.005
江西	0.139	0.161	0.149	0.005	0.572	0.595	0.583	0.007

续表

行政区	a				b			
	最小值	最大值	均值	标准差	最小值	最大值	均值	标准差
山东	0.167	0.183	0.174	0.004	0.534	0.551	0.542	0.004
河南	0.151	0.177	0.170	0.006	0.542	0.574	0.551	0.009
湖北	0.140	0.171	0.153	0.008	0.543	0.585	0.565	0.010
湖南	0.141	0.153	0.146	0.002	0.556	0.584	0.572	0.005
广东	0.148	0.184	0.163	0.008	0.543	0.576	0.558	0.011
广西	0.149	0.188	0.167	0.010	0.545	0.581	0.562	0.008
海南	0.182	0.207	0.195	0.007	0.538	0.545	0.541	0.002
重庆	0.142	0.159	0.148	0.005	0.555	0.594	0.575	0.011
四川	0.143	0.245	0.194	0.029	0.564	0.602	0.588	0.007
贵州	0.142	0.172	0.153	0.008	0.571	0.595	0.584	0.005
云南	0.150	0.218	0.193	0.015	0.549	0.595	0.569	0.008
西藏	0.213	0.255	0.234	0.009	0.527	0.593	0.552	0.016
陕西	0.159	0.184	0.171	0.005	0.545	0.581	0.558	0.007
甘肃	0.170	0.235	0.204	0.024	0.541	0.599	0.571	0.016
青海	0.183	0.245	0.232	0.011	0.540	0.598	0.570	0.016
宁夏	0.173	0.200	0.183	0.007	0.568	0.589	0.573	0.005
新疆	0.201	0.250	0.229	0.011	0.521	0.557	0.532	0.007

系数 b 值在 0.521～0.602 范围内，均值为 0.554，所以系数 b 值均大于 FAO-56 建议值。总体上，在新疆、西藏西部、内蒙古东北部、黑龙江、吉林、辽宁等地区的系数 b 值偏小，而四川、浙江、贵州、甘肃南部、青海东部、安徽南部及江西北部等地区系数 b 值偏大。按照系数 b 值由高到低依次为浙江、四川、贵州、江西及福建等 5 个省份，其系数值都大于 0.58；而按照系数 b 由低到高依次为新疆、辽宁、吉林、黑龙江及天津等 5 省份，其系数值都小于 0.54。按照各省份系数 b 值的 STD 由高到低依次为甘肃、青海、西藏、内蒙古、重庆、广东及安徽等 7 省份，均大于 0.01，表明该 7 个省份系数值内部差异较大；而按照 STD 由低到高依次为天津、海南、黑龙江、辽宁、北京、吉林、浙江、上海、山西、山东等 10 省份，均小于 0.005。系数 $a+b$ 值在 0.704～0.835 范围内，平均值为 0.759。与系数 b 值变化范围相比，系数 a 值变化范围较大，所以 $a+b$ 值的变化趋势主要受系数 a 值影响，在东南沿海省份系数 $a+b$ 值偏小，西南部省份 $a+b$ 值偏大。

与 FAO-56 建议值相比，系数 a 值总体偏小，而系数 b 值偏大。与系数 b

值相比，系数 a 值内部变异更大。由于各省份系数值的STD空间变化特征不一致，各省份能否采用单一系数值应根据省份内系数值的STD的大小决定，建议STD小于0.005的省份可采用单一值，STD大于0.010的省区不能采用单一值。相关研究表明，由于影响系数 a 值、系数 b 值的主控因子并不完全一致，所以系数 a、系数 b 必须考虑其各自主控因子等因素进行合理分区；若未考虑系数主控因子，选择行政分区、农业分区、流域分区等采用单一系数值，则该类分区不利于太阳辐射与参照作物需水量的精准估算，建议依据高空间分辨率的系数值校正产品，结合各气象站经纬度信息，对涉及各个气象站分别赋值。

3. A-P公式系数校正对太阳辐射与参照腾发量的影响作用

我国地区太阳辐射分布特征如图5.4所示，太阳辐射在2753～7537MJ/m^2的范围内，均值为5504MJ/m^2。内蒙古西部、甘肃中西部、青海西北部、西藏中西部等沿线区域的年太阳辐射最高超过6500MJ/m^2，新疆由东南部向西北部呈递减趋势，但新疆太阳辐射都大于5000MJ/m^2；而其他区域由西北部向东南部呈递减趋势，在湖南、贵州、重庆等区域年太阳辐射最小低于4300MJ/m^2。与采用校正后系数估算太阳辐射相比，采用FAO-56建议值估算年太阳辐射平均相对误差在0～0.31范围内，均值为0.07。总体上，在西北地区、西南地区及东北地区等区域年太阳辐射平均相对误差较小，且大部分区域平均相对误差小于0.05；而在东南地区年太阳辐射平均相对误差大于0.10，部分区域甚至大于0.20。重庆、湖南、贵州东北等区域的年太阳辐射平均相对误差在0.20～0.31范围内，湖北、江西、安徽南部、四川东部、广西中部、广东中部等区域的年太阳辐射平均相对误差在0.15～0.20；河南、福建、山西南部、陕西南部等区域的太阳辐射年平均相对误差在0.10～0.15范围内；而其他区域的年太阳辐射平均相对误差小于0.10。太阳辐射及其平均相对误差分布的变化趋势在西北地区不一致，主要表现在该区域太阳辐射大于5000MJ/m^2，而其平均相对误差较小，所以在该区域采用建议值引起的绝对误差也不应被忽视。月平均太阳辐射及其平均相对误差的月际变化特征如图5.5所示，月平均太阳辐射的月际变化呈双峰曲线，1月平均太阳辐射为284MJ/m^2，2月缓慢增加至330MJ/m^2；而3—5月增加迅速，由448MJ/m^2增加至613MJ/m^2，即达到第一个峰值；6月降至597MJ/m^2，7月达年内最高峰值为631MJ/m^2，至8月缓慢降低至600MJ/m^2，尔后迅速降低至11月仅为306MJ/m^2，并于12月降至年内最低仅为273MJ/m^2。总体上，月平均相对误差月际的变化趋势与月平均太阳辐射月际的变化趋势呈相反规律，即呈双谷变化趋势，1—3月平均相对误差大于0.078，5月降至第一个谷值仅为0.070；6月小幅增加至0.072，8月降到最低谷值仅为0.060；至9月迅速升至0.66，到12月平均相对误差达0.073。由于月平均太阳辐射及其平均相对误差的月际变化呈相反趋势，在1—3月、9—12月等月的平均太阳辐射较

低，但是同期平均相对误差较大；在4—8月的平均太阳辐射较高，而同期平均相对误差较小。可见，利用经系数校正的A-P公式对各月太阳辐射准确估算具有重要实际指导意义。

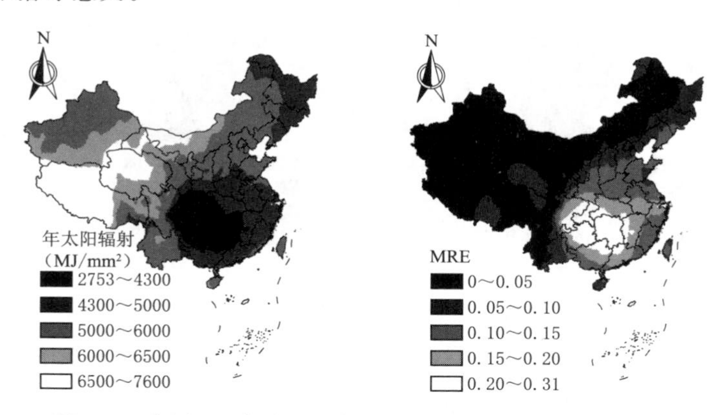

图5.4 我国地区年太阳辐射及其平均相对误差的分布特征

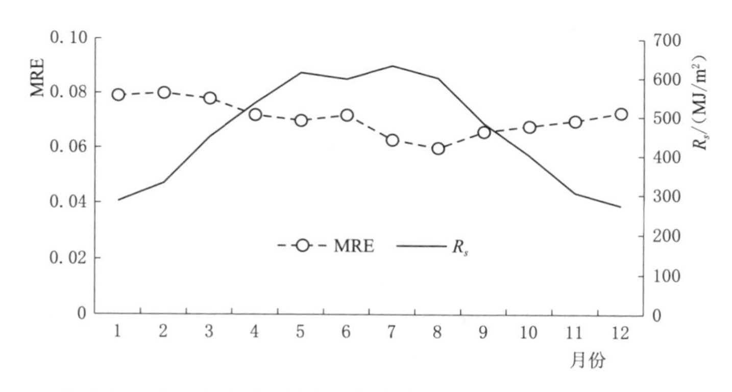

图5.5 月平均太阳辐射及其平均相对误差的月际变化特征

我国地区参照作物腾发量的分布特征及平均相对误差如图5.6所示，参照作物需水量在600～1499mm范围内，平均值为989mm；在内蒙古西北部、甘肃西北部、新疆东南部的参照作物需水量最高大于1200mm，依次为内蒙古中部、甘肃中部、新疆西南部、西藏西部与中部、青海西北部及云南大部分地区等区域的参照作物需水量大于1000mm，新疆中西部、西藏东部、内蒙古东北部、山西大部分区域、陕西北部、河南大部分区域、山东南部、江苏大部分区域、安徽北部、湖北东部、浙江南部、江西东部、福建大部分区域、山东西北部、广西北部及西藏东部等区域的参照作物需水量大于900mm，而黑龙江、吉林西部、辽宁西部、重庆、贵州、湖南、四川东北部、甘肃南部、陕西南部及青海东南部等区域参照作物需水量小于900mm。与采用系数校正值相比，采用FAO-56系数建

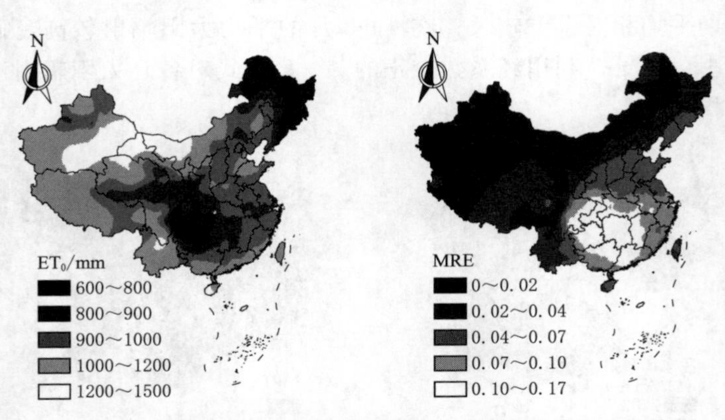

图 5.6　我国地区年参照腾发量及其平均相对误差的分布特征

议值估算参照作物需水量的平均相对误差在 0～0.17 范围内，均值为 0.04，总体上由西北部向东南沿海呈减少趋势，在西北地区、西南地区及东北地区等区域年参照作物需水量平均相对误差较小，且大部分区域小于 0.02；而在东南地区年参照作物需水量平均相对误差均大于 0.04，部分区域甚至大于 0.10。重庆、湖南、贵州东北部、广西北部、广东西北部、江西西部等区域的年参照作物需水量平均相对误差在 0.04～0.10 范围内，而其他区域小于 0.04。可见，与采用系数校正值相比，采用 FAO－56 系数建议值估算年参照作物需水量与年太阳辐射的平均相对误差变化趋势特征基本一致，但对年太阳辐射造成误差更大。月平均参照作物需水量及其平均相对误差的月际变化特征如图 5.7 所示，月平均参照作物需水量的月际变化呈单峰曲线，随着气温回升，由 1 月 33mm 增加至 2 月 42mm；随后参照作物需水量迅速增加，由 3 月 69mm 增加至 5 月 125mm；进入 6 月后，增加减缓，直至 7 月达到年内峰值为 135mm，8 月缓慢降低至 123mm，尔后迅速降低，至 11 月仅为 43mm；随后缓慢降低，至 12 月为 33mm。月平均参照作物需水量平均相对误差的月际变化也呈单峰曲线，1 月为 0.019，年内峰值 6

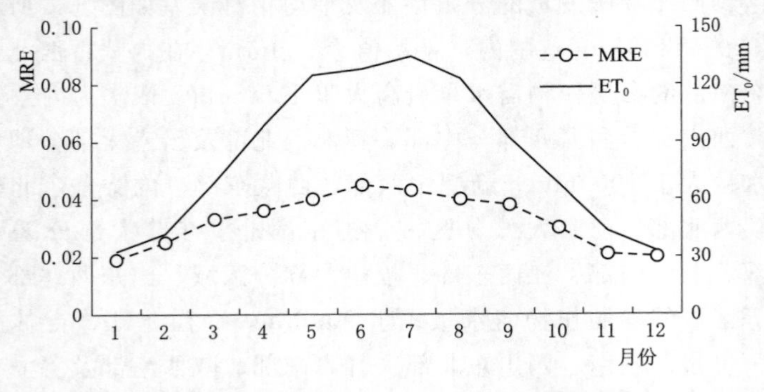

图 5.7　月平均参照作物需水量及其平均相对误差的月际变化特征

月为0.045，尔后降至11月0.021，随后缓慢降至12月0.020。月平均太阳辐射与月平均参照作物需水量的平均相对误差在月际变化规律并不一致，所以仅研究系数校正对太阳辐射影响作用，并不能真正反映对参照作物需水量的影响作用。在作物生长关键生育期4—9月，参照作物需水量大于90mm，且平均相对误差大于0.38，所以为提高参照作物腾发计算精度，在我国地区进行系数校正研究尤为必要。

5.2.2 有效降水量

本书分别采用USDA法、USDA-SCS法、USDA-SCS修正法与比值法等4种方法计算作物生育期有效降水量，其中旱地作物如小麦、玉米、大豆等，采用经校验的作物生长模型模拟充分灌溉条件下作物生育期内作物计划湿润层土壤水量平衡各个参量，以采用水量平衡法计算获得的有效降水量作为有效降水量实际值，对上述4种方法计算精度进行评价，以此提出与旱地作物相适宜的有效降水量计算方法；而水田作物如水稻等，以各地代表性灌溉制度中灌溉下限与最大蓄水深度等作为灌溉排水依据，后采用水量平衡法计算水田作物生育期内有效降水量，以此对上述4种有效降水量计算公式的计算精度进行评价，并提出水田作物的适宜的有效降水量计算公式。

5.2.2.1 水田作物

由图5.8可知USDA-SCS修正法计算结果相关性高于美国农业部法、比值法和USDA-SCS法。由表5.5可知，在水稻生育期内，一致性指数d由高到低依次为：USDA-SCS修正法、USDA-SCS法、比值法>USDA法，决定系数R^2由高到低依次为：USDA法、USDA-SCS修正法、USDA-SCS法、比值法，均方根误差RMSE由低到高依次为：USDA-SCS修正法、USDA-SCS法、比值法、USDA法，平均绝对误差MAE由低到高依次为：USDA-SCS修正法、USDA-SCS法、比值法、USDA法，相对误差RE由低到高依次为：USDA-SCS修正法、USDA-SCS法、比值法、USDA法。USDA-SCS修正法的决定系数R^2和一致性指数d较高，分别是0.62和0.87，并且RMSE、MAE和RE较小，分别为71.79mm，50.66mm，0.18。因此，采用USDA-SCS修正法计算水稻生育期有效降水量要比其他方法更为准确。

表5.5 有效降水量计算方法精度评价

计算方法	均值	R^2	b	RMSE /mm	RE	d	MAE /mm
USDA-SCS法	330.08	0.51	0.83	99.07	0.25	0.76	85.32
USDA法	151.23	0.67	0.38	251.28	0.63	0.39	246.67
比值法	247.28	0.27	0.61	167.45	0.42	0.50	151.23
USDA-SCS修正法	412.46	0.62	1.03	71.79	0.18	0.87	50.66

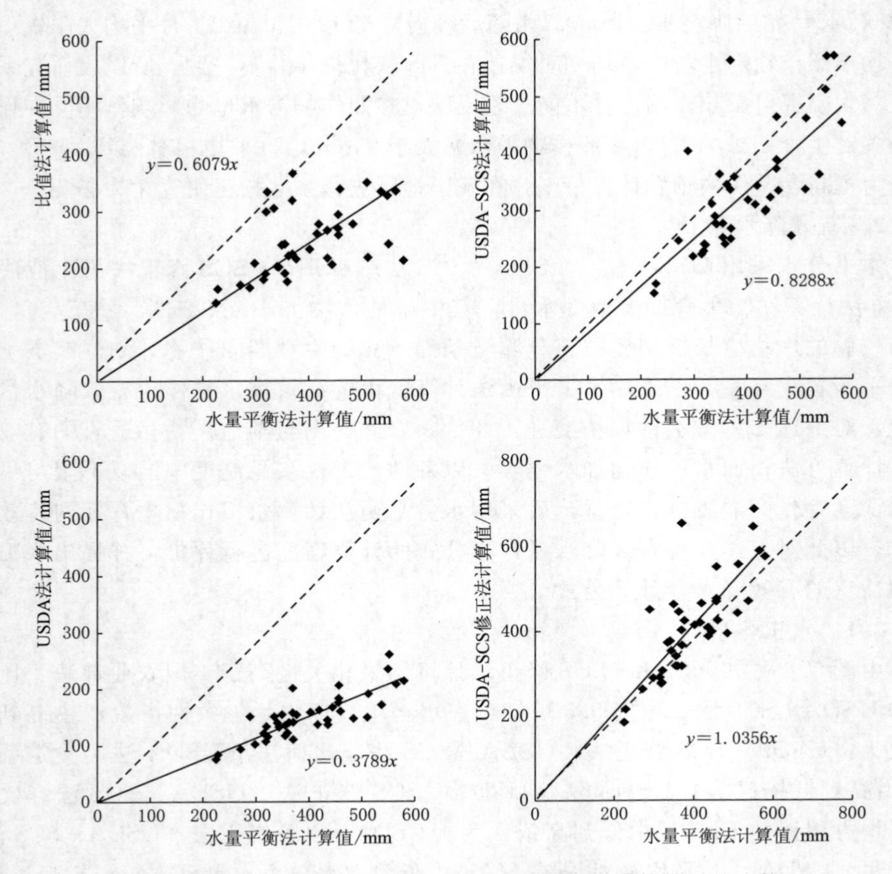

图 5.8 4 种有效降水量计算方法与水量平衡法计算结果的比较

5.2.2.2 旱地作物

作物生育期 4 种有效降水量计算方法计算结果与水量平衡法计算结果的对比如图 5.9 所示，冬小麦、夏玉米有效降水量采用 USDA - SCS 法与 USDA - SCS 修正法计算结果相关性均高于美国农业部法与比值法，但不同作物之间略有差别。由图 5.6 可以看出，冬小麦生育期有效降水量采用 USDA - SCS 法与 USDA - SCS 修正法均具有较好的模拟效果，比值法与美国农业部推荐方法模拟效果与实际值偏差较大；夏玉米生育期有效降水量采用 USDA - SCS 法与 USDA - SCS 修正法均可得到较高的相关性。

利用水量平衡法对 4 种有效降水量计算方法计算结果的合理性进行评价，如表 5.6 所示，在冬小麦生育期内，决定系数 R^2 由高到低依次为：USDA - SCS 法、USDA - SCS 修正法、USDA 法、比值法，均方根误差 RMSE 由低到高依次为：USDA - SCS 法、USDA - SCS 修正法、比值法、USDA 法，平均绝对误

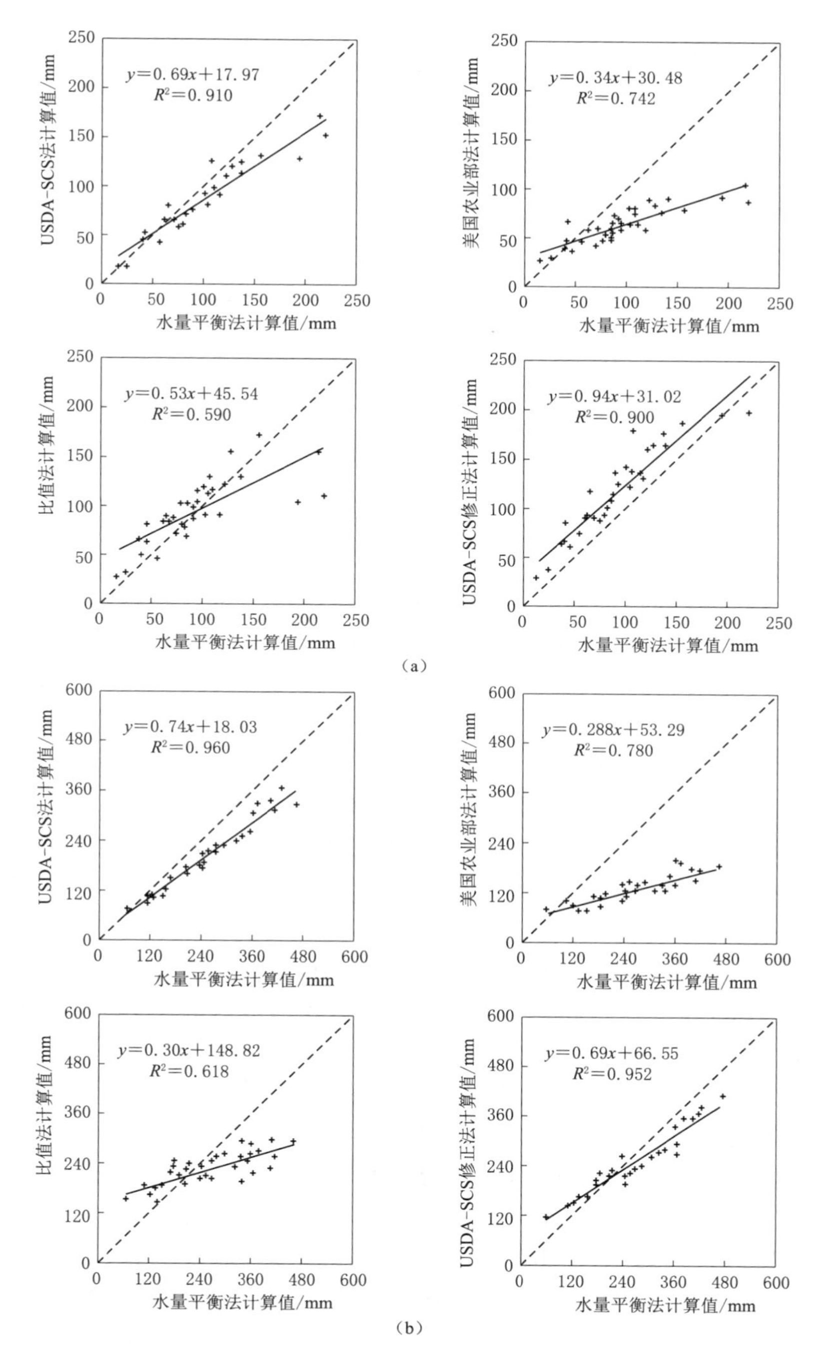

图 5.9 小麦-玉米轮作月尺度灌溉需水量变化趋势

(a) 小麦；(b) 夏玉米

差MAE由低到高依次为：USDA-SCS法、比值法、USDA-SCS修正法、USDA法，一致性指数d由高到低依次为：USDA-SCS法、USDA-SCS修正法、比值法、USDA法。

表5.6　　4种有效降水量计算方法精度评价

作物类型	指　标	模拟均值/mm	b	R^2	RMSE/mm	MAE/mm	r	d
冬小麦	USDA-SCS法	83.50	0.847	0.910	20.428	14.282	0.954	0.932
	USDA法	62.72	0.602	0.742	44.773	33.841	0.861	0.487
	比值法	95.46	0.919	0.590	29.583	19.351	0.768	0.836
	USDA-SCS修正法	119.54	1.203	0.900	28.991	26.114	0.949	0.896
夏玉米	USDA-SCS法	208.72	0.813	0.961	62.893	55.662	0.980	0.865
	USDA法	127.81	0.402	0.780	149.458	132.373	0.883	−0.378
	比值法	227.40	0.696	0.618	108.999	86.345	0.786	0.322
	USDA-SCS修正法	231.32	1.063	0.952	32.072	27.791	0.976	0.972

在夏玉米生育期内，决定系数R^2由高到低依次为：USDA-SCS法、USDA-SCS修正法、USDA法、比值法，均方根误差RMSE由低到高依次为：USDA-SCS修正法、USDA-SCS法、比值法、USDA法，平均绝对误差MAE由低到高依次为：USDA-SCS修正法、USDA-SCS法、比值法、USDA法，一致性指数d由高到低依次为：USDA-SCS修正法、USDA-SCS法、比值法、USDA法。

以决定系数和一致性指数较高，均方根误差与平均绝对误差较小为原则，初次筛选适宜有效降水量计算方法。对于夏玉米而言，运用USDA-SCS修正法一致性指数d为0.972，高于USDA-SCS法的0.865，USDA-SCS修正法均方根误差RMSE为32.072mm、平均绝对误差MAE为27.791mm，在这4种计算方法中表现最好，由此可见，运用USDA-SCS修正法进行夏玉米生育期有效降水量的计算已满足精度要求。

对冬小麦而言，USDA-SCS法和USDA-SCS修正法的决定系数R^2、一致性指数d均较高，均方根误差RMSE、平均绝对误差MAE在4种有效降水量计算方法中表现较好，由此可见，对冬小麦而言，运用USDA-SCS法或USDA-SCS修正法进行有效降水量计算比USDA法、比值法更精准。

虽然USDA-SCS法、USDA-SCS修正法在模拟精度上优于其他的经验公式，但它们对于本地冬小麦而言计算值较水量平衡法计算结果偏离程度仍较大，USDA-SCS法计算结果较之更集中于低值区，而USDA-SCS修正法计算结果更集中于高值区。故本书在此基础上将USDA-SCS修正法中的参数值以40为基准、5mm为步长递减，分别命名为USDA-SCS修正法-1、USDA-SCS修

正法-2、USDA-SCS 修正法-3、USDA-SCS 修正法-4、USDA-SCS 修正法-5、USDA-SCS 修正法-6、USDA-SCS 修正法-7、USDA-SCS 修正法-8，并与水量平衡法计算值进行相关分析与精度评价，如图 5.10、表 5.7 所示。

表 5.7　改进的 USDA-SCS 修正法模拟评价表

指　　标	模拟均值/mm	b	R^2	RMSE/mm	MAE/mm	r	d
USDA-SCS 修正法	119.54	1.203	0.900	28.991	26.114	0.949	0.896
USDA-SCS 修正法-1	118.36	1.187	0.897	28.046	25.291	0.947	0.900
USDA-SCS 修正法-2	116.66	1.167	0.889	26.910	24.030	0.943	0.905
USDA-SCS 修正法-3	114.09	1.140	0.889	24.908	21.919	0.943	0.916
USDA-SCS 修正法-4	114.09	1.140	0.889	24.908	21.919	0.943	0.916
USDA-SCS 修正法-5	105.97	1.054	0.886	20.157	16.718	0.941	0.939
USDA-SCS 修正法-6	98.94	0.986	0.900	17.332	12.695	0.949	0.953
USDA-SCS 修正法-7	86.73	0.874	0.921	18.663	12.977	0.960	0.943

结果表明，随着参数值的递减，各修正法的计算值较水量平衡法计算值偏移程度先减小后增大，在决定系数 R^2 变化不大的情况下，USDA-SCS 修正法-7（参数值为 10mm，以下称改进法）的均方根误差 RMSE 较 USDA-SCS 修正法降低了 40.21%，平均绝对误差 MAE 降低了 51.38%，一致性指数提高了 6.36%，且回归系数 b 接近 1。由此可见，采用改进法计算华北冬小麦生育期有效降水量具有较高精度。

利用改进法与 USDA-SCS 修正法分别计算冬小麦、夏玉米生育期内有效降水量，获得了华北小麦-玉米轮作生育期内有效降水量，与水量平衡法相比计算精度如图 5.11、表 5.8 所示，其计算有效降水量决定系数 R^2 达到 0.958，RMSE 仅为 35.791mm，一致性指数达到 0.970，且回归系数最接近 1，与 USDA-SCS 法、比值法与 USDA 法等有效降水量计算方法相比，能显著降低误差，同时提高决定系数 R^2 与一致性指数，采用改进法与 USDA-SCS 修正法相结合方法计算华北小麦-玉米轮作生育期内有效降水量精度最高，完全满足华北小麦-玉米轮作生育期内有效降水量计算需要。

表 5.8　小麦-玉米轮作有效降水量精度评价表

指　标	模拟均值/mm	b	R^2	RMSE/mm	MAE/mm	r	d
USDA-SCS 法	292.22	0.827	0.950	75.477	66.712	0.971	0.840
USDA 法	190.53	0.459	0.789	227.596	213.091	0.888	−1.553
比值法	322.86	0.769	0.522	113.949	90.228	0.722	0.465
改进法与 USDA-SCS 修正法结合	330.25	1.045	0.958	35.791	31.668	0.978	0.970

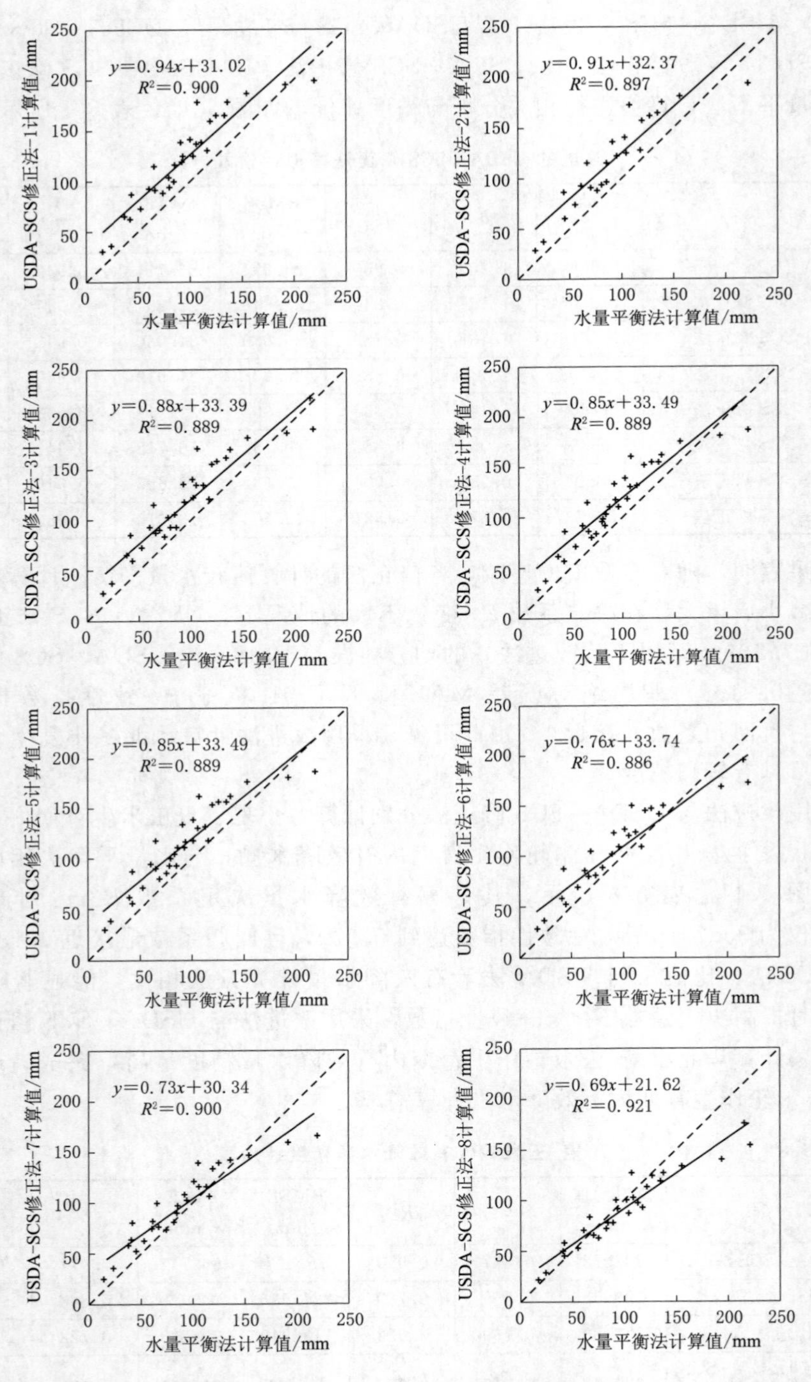

图 5.10 冬小麦生育期内改进修正法与水量平衡法计算有效降水量比较

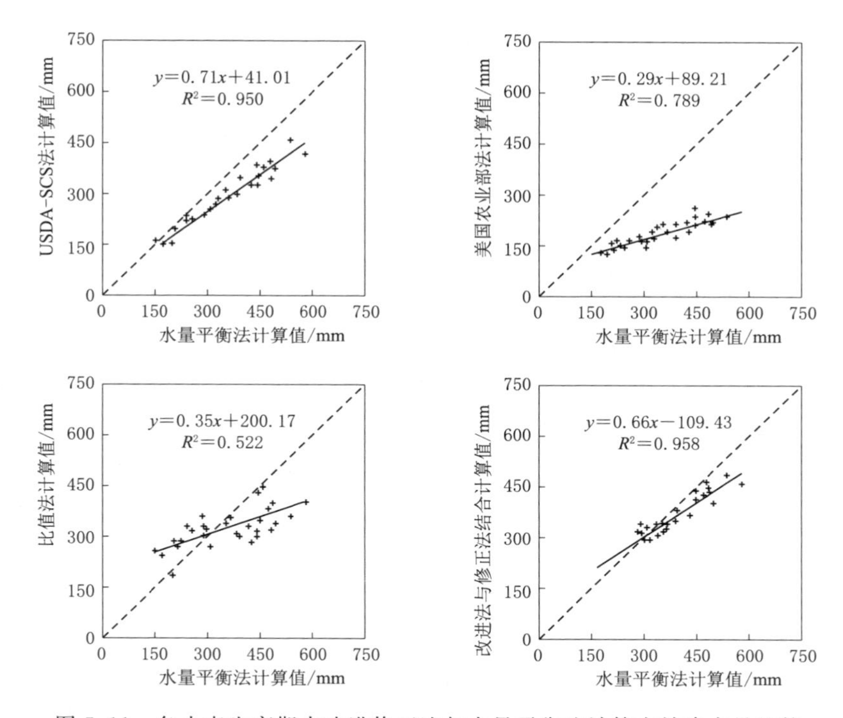

图 5.11 冬小麦生育期内改进修正法与水量平衡法计算有效降水量比较

5.3 主要农作物需水量变化与主控因子

5.3.1 主要农作物需水量的变化趋势

5.3.1.1 水田作物

1. 水稻灌溉需水量变化趋势

1989—2018 年水稻作物需水量平均值为 546.06mm，整体呈不显著增加趋势，变化倾向率为 17.90mm/10a；在 1989—1991 年呈不显著增加趋势，1991—1994 年呈不显著减少趋势，在 1994 年首次发生突变，随后呈不显著增加趋势（图 5.12）。

6 月时，水稻作物需水量平均值为 40.13mm，整体呈不显著增加趋势，变化倾向率为 0.50mm/10a，在 1995 年首次发生突变；7 月时，水稻作物需水量平均值为 166.05mm，整体呈不显著增加趋势，变化倾向率为 6.42mm/10a，在 1990 年首次发生突变；8 月时，水稻作物需水量平均值为 187.14mm，整体呈不显著增加趋势，变化倾向率为 8.88mm/10a，在 1994 年首次发生突变，其中 1992—1994 年呈不显著减少趋势；9 月时，水稻作物需水量平均值为 127.94mm，

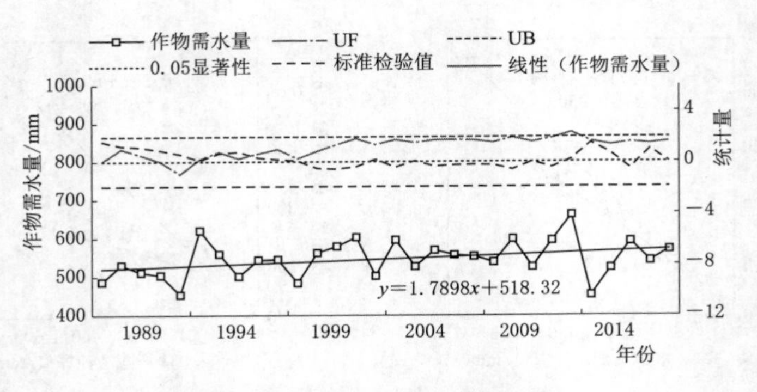

图 5.12 水稻需水量变化趋势

整体呈增加趋势，变化倾向率为 2.08mm/10a，在 1991 年首次发生突变，其中 1999—2005 年呈显著增加趋势；10 月时，水稻作物需水量平均值为 24.79mm，整体呈不显著增加趋势，变化倾向率为 0.017mm/10a，在 1994 年首次发生突变（图 5.13）。

2. 水稻灌溉需水量变化趋势

1989—2018 年水稻作物需水量平均值为 546.06mm，整体呈不显著增加趋势，变化倾向率为 17.90mm/10a；在 1989—1991 年呈不显著增加趋势，1991—1994 年呈不显著减少趋势，在 1994 年首次发生突变，随后呈不显著增加趋势（图 5.14）。

6 月时，水稻作物需水量平均值为 40.13mm，整体呈不显著增加趋势，变化倾向率为 0.50mm/10a，在 1995 年首次发生突变；7 月时，水稻作物需水量平均值为 166.05mm，整体呈不显著增加趋势，变化倾向率为 6.42mm/10a，在 1990 年首次发生突变。8 月时，水稻作物需水量平均值为 187.14mm，整体呈不显著增加趋势，变化倾向率为 8.88mm/10a，在 1994 年首次发生突变，其中 1992—1994 年呈不显著减少趋势。9 月时，水稻作物需水量平均值为 127.94mm，整体呈增加趋势，变化倾向率为 2.08mm/10a，在 1991 年首次发生突变，其中 1999—2005 年呈显著增加趋势（图 5.15）。

5.3.1.2 旱地作物

1. 小麦-玉米轮作需水量变化趋势

1989—2018 年小麦-玉米轮作需水量变化趋势如图 5.16 所示，冬小麦需水量多年平均值为 435.41mm，整体呈显著增加趋势，变化倾向率为 4.59mm/10a；1989—1991 年呈不显著减少趋势，1991 年首次突变，1992—1994 年呈不显著增加趋势，1994—1997 年呈显著性增加趋势，随后呈不显著增加趋势。夏玉米需水量多年平均值为 363.13mm，整体呈不显著增加趋势，变化倾向率为 5.92mm/10a。小麦-玉米轮作需水量多年平均值为 798.54mm，整体呈显著增加

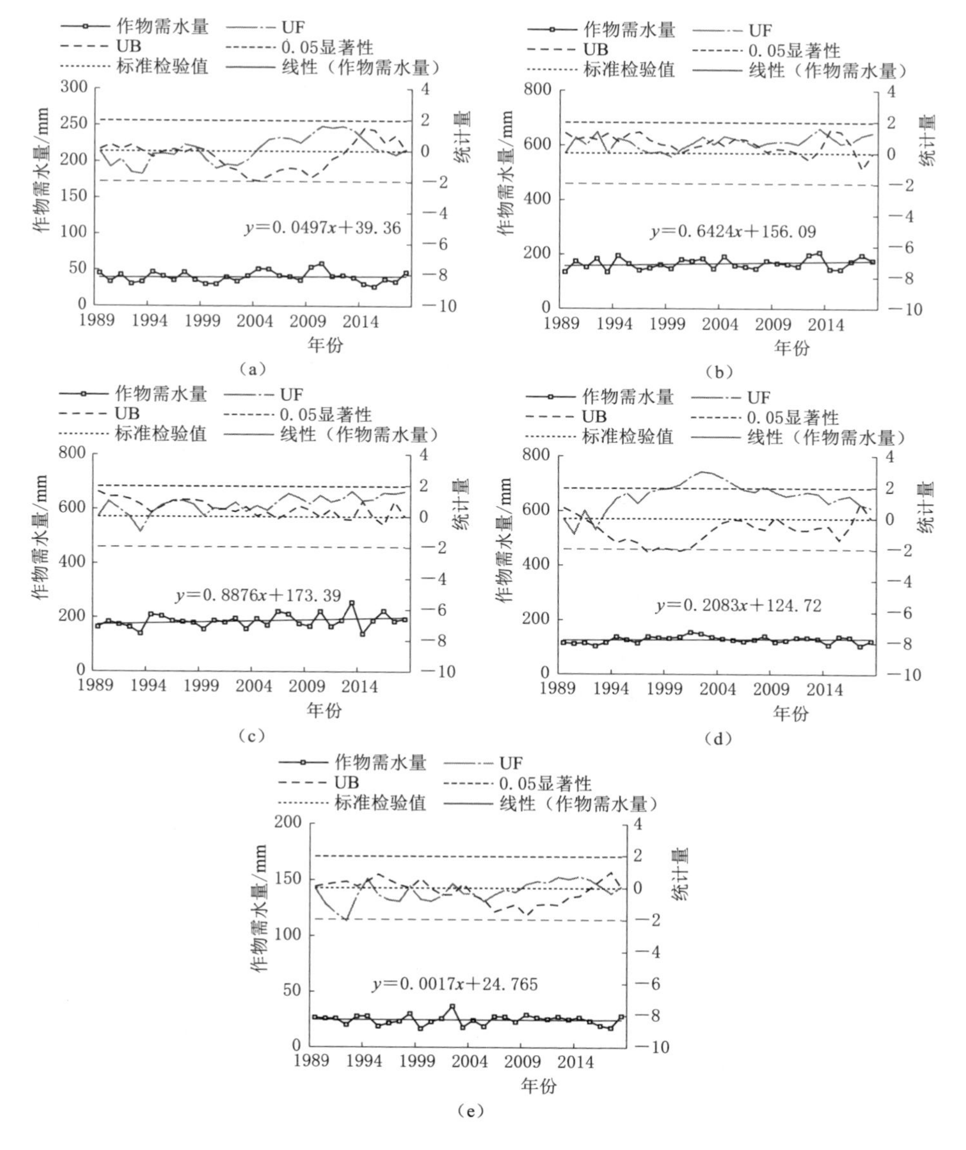

图 5.13　水稻月尺度需水量变化趋势

(a) 6 月；(b) 7 月；(c) 8 月；(d) 9 月；(e) 10 月

趋势，变化倾向率为 10.51mm/10a，首次突变年份为 1992 年，之后呈增加趋势变化。

2. 小麦-玉米轮作灌溉需水量变化趋势

1989—2018 年小麦-玉米轮作灌溉需水量变化趋势如图 5.17 所示，冬小麦

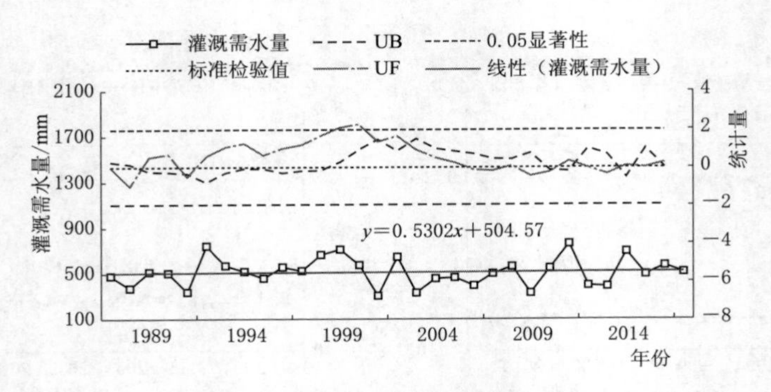

图5.14 水稻灌溉需水量变化趋势

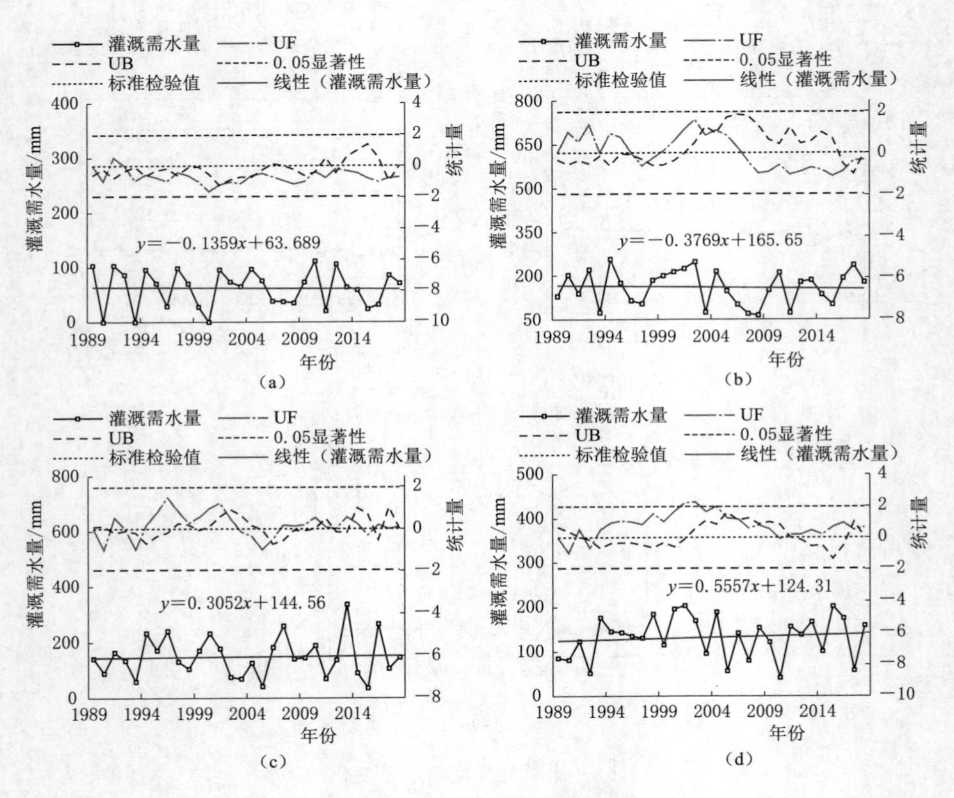

图5.15 水稻月尺度灌溉需水量变化趋势

(a) 6月；(b) 7月；(c) 8月；(d) 9月

呈不显著增加趋势，多年平均值为326.80mm，变化倾向率为7.31mm/10a，首次突变年份为1992年；夏玉米灌溉需水量整体呈显著增加趋势，多年平均值为136.49mm，变化倾向率为13.71mm/10a，突变年份为1997年，之后呈显著性

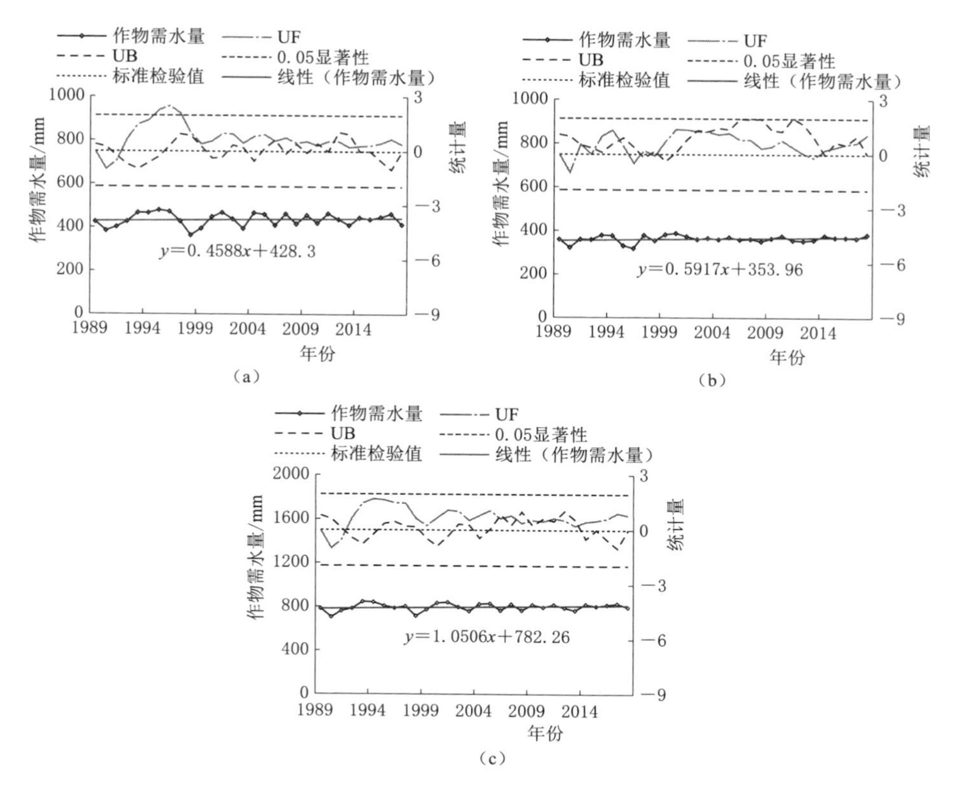

图 5.16　1989—2018 年小麦-玉米轮作需水量变化趋势

（a）冬小麦；（b）夏玉米；（c）小麦-玉米轮作

增加趋势变化；小麦-玉米轮作灌溉需水量整体呈显著增加趋势，多年平均值为 463.29mm，变化倾向率为 21.02mm/10a，突变年份主要集中在 20 世纪末、1992 年。

小麦-玉米轮作月尺度灌溉需水量变化趋势如图 5.18 所示，10 月灌溉需水量多年平均值为 16.48mm，呈减少趋势，变化倾向率为－2.05mm/10a，出现多次突变，1989—1998 年呈不显著增减交替趋势，1998—2018 年呈不显著减少趋势。11 月灌溉需水量多年平均值为 17.61mm，呈减少趋势，变化倾向率为－0.34mm/10a，1989—2018 年出现多次突变。12 月灌溉需水量多年平均值为 5.15mm，呈显著增加趋势，变化倾向率为 0.47mm/10a，突变年份为 2005 年。1 月灌溉需水量多年平均值为 5.46mm，呈增加趋势，变化倾向率为 0.19mm/10a，1989—1991 年呈不显著减少趋势，出现多次突变，1991 年之后呈增加趋势，其中 1994—1997 年呈显著性增加，1999 年后变化趋势逐渐趋于平缓。2 月灌溉需水量多年平均值为 6.53mm，呈显著性减少趋势，且通过了 90％的显著

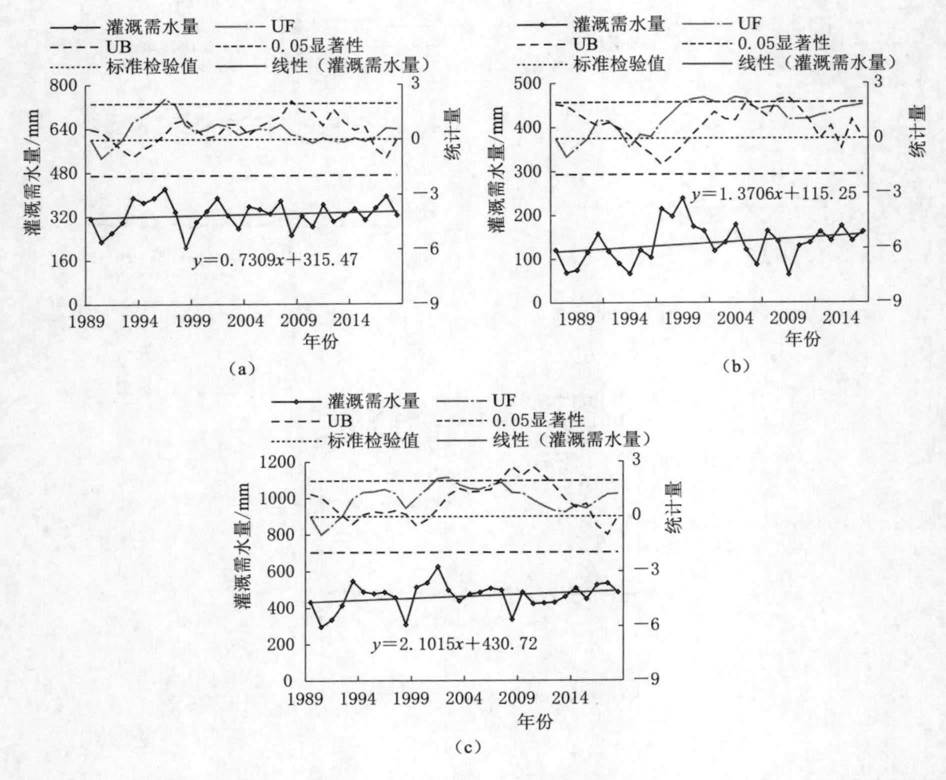

图 5.17　1989—2018 年小麦-玉米轮作灌溉需水量变化趋势

(a) 冬小麦；(b) 夏玉米；(c) 小麦-玉米轮作

性检验，变化倾向率为－0.85mm/10a，突变年份出现在 2004 年，1989—2004 年呈不显著增加趋势变化，2004—2018 年呈减少趋势，其中 2015—2018 年显著减少。3 月灌溉需水量多年平均值为 21.56mm，呈增加趋势，变化倾向率为 0.54mm/10a，出现多次突变。4 月灌溉需水量多年平均值为 84.49mm，呈增加趋势，变化倾向率为 0.72mm/10a，出现多次突变。5 月灌溉需水量多年平均值为 140.78mm，呈显著增加趋势且通过了 95% 显著性检验，变化倾向率为 10.37mm/10a，序列内首次突变为 1993 年，之后呈显著性增加趋势变化。6 月灌溉需水量多年平均值为 28.74mm，呈减少趋势，变化倾向率为－1.75mm/10a，突变年份为 2008 年，之后呈不显著减少趋势变化。

图 5.18 (j)～(m) 为近 30a 夏玉米灌溉需水量变化趋势，6 月灌溉需水量多年平均值为 10.66mm，呈减少趋势，变化倾向率为－0.89mm/10a，2004 之后呈显著减少趋势。7 月灌溉需水量多年平均值为 24.87mm，呈增加趋势，变化倾向率为 4.90mm/10a，2004—2014 年间出现多次突变。8 月灌溉需水量多年平

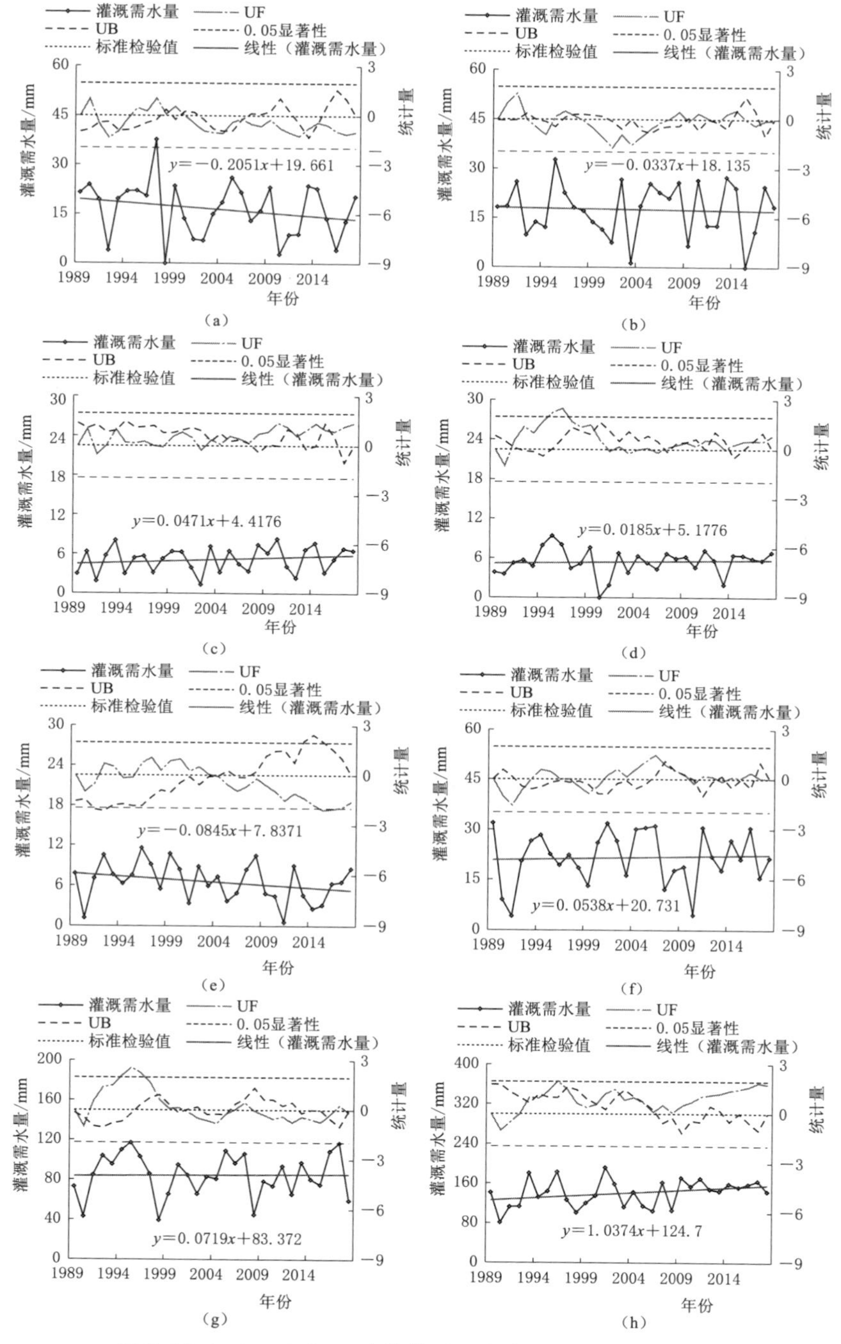

图 5.18（一） 小麦-玉米轮作月尺度灌溉需水量变化趋势

(a) 10月；(b) 11月；(c) 12月；(d) 1月；(e) 2月；(f) 3月；(g) 4月；(h) 5月

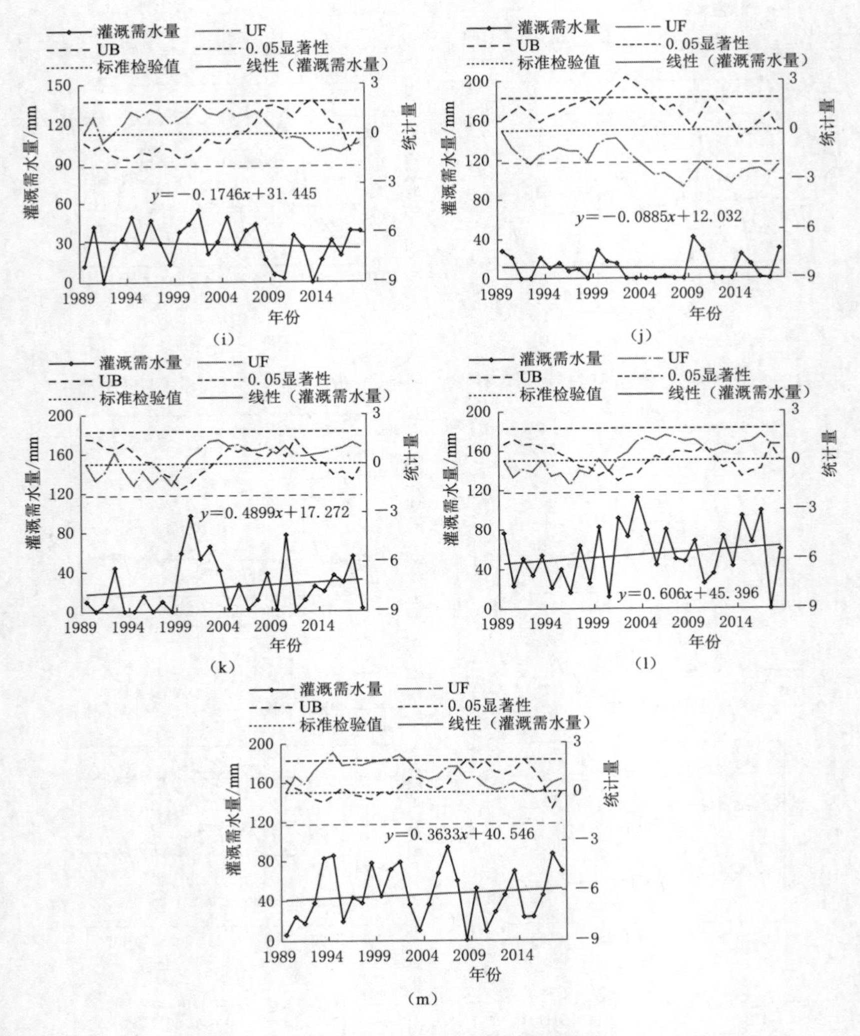

图5.18（二）　小麦-玉米轮作月尺度灌溉需水量变化趋势

(i) 6月（小麦）；(j) 6月（玉米）；(k) 7月；(l) 8月；(m) 9月

均值为54.79mm，呈增加趋势，变化倾向率为6.06mm/10a，突变点在1998年、2011年，其中1989—1998呈不显著减少趋势，2001年后呈不显著增加趋势。9月灌溉需水量多年平均值为46.18mm，呈增加趋势，变化倾向率为3.63mm/10a，分别在1190年与2016年出现2次突变。

5.3.2　参照作物需水量主控因子

5.3.2.1　敏感系数计算

采用敏感系数描述各气象要素对 ET_0 的影响大小，定义为参照作物需水量

变化与气象要素变化率之比，即

$$S_x = \lim_{\Delta x \to 0}\left(\frac{\Delta ET_0/ET_0}{\Delta x/x}\right) = \frac{\partial ET_0}{\partial x} \times \frac{|x|}{ET_0} \tag{5.23}$$

式中：S_x 为气象要素 x 的敏感系数；ΔET_0 和 Δx 分别为 ET_0 和气象要素 x 的变化量；S_x 的正或负分别表示 ET_0 随着气象因子的增加而增加或减少，其绝对值的大小反映敏感程度的大小。

5.3.2.2 主控因子分析

利用反距离权重法得出参照作物需水量对各气象要素敏感系数的空间分布。图 5.19 为参照作物需水量对于气温的敏感系数空间分布图，从图中可以看出，参照作物需水量对于温度的敏感系数在空间上呈由东南自西北递减的变化规律，其值分布在 0.02～0.63 之间，全部地区的年平均温度均值为 13.12℃，年平均温度的中位数为 14.28℃，我国的过湿润区、湿润区、潮湿区对温度的敏感系数较高，过湿润区的年平均气温均值为 15.87℃，湿润区的年平均气温均值为 14.67℃，潮湿区的年平均气温均值为 16.06℃，上述地区的年平均气温均值均高于我国全部地区的年平均温度均值，气温对于参照作物需水量的影响为主要因素之一，敏感系数最大值是 0.63，站点是海南省西沙站，属于我国湿润区，地处热带中部，属热带季风气候，炎热湿润，年平均气温均值可以达 26.95℃，所以其对温度的敏感系数高于其他站点。我国干旱区、半干旱区、极端干旱区以及半湿润区对温度的敏感性较低，干旱区年平均气温均值为 8.07℃，半干旱区的年平均气温均值为 9.39℃，极端干旱区的年平均温度均值为 9.44℃，半湿润区的年平均气温均值为 11.80℃，上述地区的年平均气温均值均低于我国全部地区的年平均温度均值，温度变化对于参照作物需水量影响较小。敏感系数最小值是 0.02，站点是黑龙江省漠河，属于我国半湿润区，温度的敏感系数最低，原因是其位于我国的最北部，纬度较高，常年寒冷如冬，夏季只有半个月左右，年平均气温均值仅为－3.94℃。

图 5.20 为参照作物需水量对于太阳辐射敏感系数空间分布图，参照作物需水量对于太阳辐射的敏感系数在空间上分布较为分散，呈由南向北递减的变化规律，其值分布在 0.26～0.92 之间，我国全部地区的太阳辐射年均值为 7.48，太阳辐射的中位数为 7.35，我国过湿润区的太阳辐射年均值为 7.57，湿润区的太阳辐射年均值为 7.31，半湿润区的太阳辐射年均值为 7.45，潮湿区的太阳辐射年均值为 7.31，半干旱区的太阳辐射年均值为 7.49，干旱区的太阳辐射年均值为 7.76，极端干旱区的太阳辐射年均值为 7.79。我国过湿润区、湿润区、潮湿区以及半湿润区南部对太阳辐射较为敏感，其中敏感系数最大值是 0.92，站点是云南省景洪，其太阳辐射的年均值为 22.56，太阳辐射的强度较高；我国极端干旱区东部、干旱区北部、半干旱区东北部、半湿润区东北部对太阳辐射的敏感

系数较低。其中敏感系数最小值是0.23，站点是渤海A平台，渤海A平台海拔较低，高程为30.30m，太阳辐射少，且位于渤海上，水面蒸发大，水汽大，对太阳辐射有一定的削弱作用，所以其对太阳辐射的敏感系数较低。

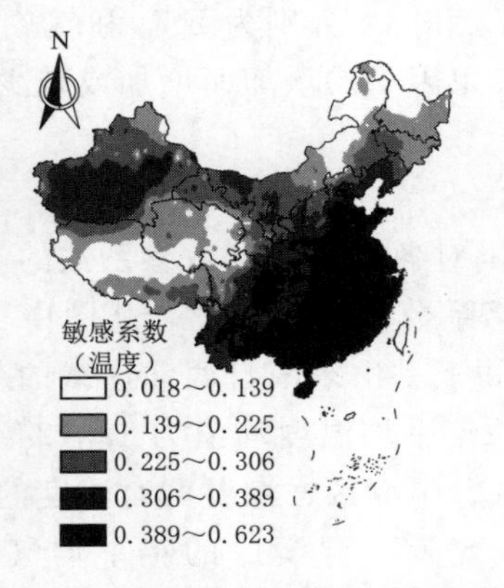

图5.19 参照作物需水量对气温的敏感系数空间分布

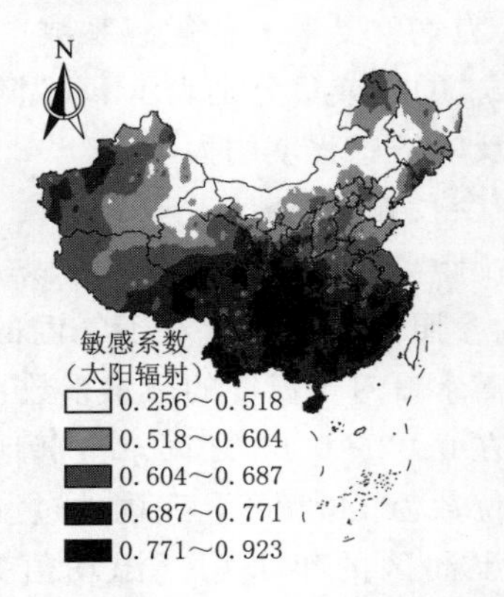

图5.20 参照作物需水量对太阳辐射的敏感系数空间分布

图5.21为参照作物需水量对风速敏感系数的空间分布图，敏感系数大致由南向北递增，敏感系数在－0.09～0.38之间。极端干旱区风速均值为1.36，干旱区为1.81，半干旱区1.81，半湿润区1.65，湿润区1.46，潮湿区为1.54，过湿润区为1.68，整体均值为1.61，中位数为1.56。极端干旱区、干旱区东北部、半干旱区东北部（集中在辽河流域）为高值区，上述地区属于我国内陆地区，植被相对较少，气压梯度大，摩擦力小，导致该地区风力大、整体风速偏大，风速大，加之受西伯利亚干冷风的影响，从而导致潜在蒸散发对风速较敏感。干旱区西部、半干旱区大部、半湿润区、湿润区、潮湿区、过湿润区敏感性较小，该地区整体属于我国南方地区，充足的降雨使得植被相对丰富，气压梯度小，摩擦力大，导致该地区风力小、风速偏小，加之受太平洋偏暖湿气流的影响，导致该地区敏感性小。敏感系数的最大值0.38位于我国新疆哈密淖毛湖站点，年均值为1.23，虽然年风速均值偏小，但是该地区处于我国极端干旱区，海拔高，气压梯度大，摩擦力小，导致该地区风力大；最小值－0.09位于我国重庆市金佛山站点，该地位于湿润地区，最小值为负数，说明为负相关，年均值越大，对风速越不敏感，年均值为3.57，对风速不敏感。

图5.22为参照作物需水量对相对湿度敏感系数的空间分布图，敏感系数均为负值，呈现负相关，其绝对值大小大致从东南沿海向西北内陆地区递减，敏感系数在－2.62～－0.16之间。极端干旱区相对湿度均值为0.52，干旱区为0.52，半干旱区0.61，半湿润区0.68，湿润区0.72，潮湿区0.77，过湿润区0.76，整体均值为0.65，中位数为0.70。极端干旱区、干旱区西部、半干旱区

西部、半湿润区西部敏感性较小，上述地区属于我国西部、西北地区，降雨偏少，气候偏干燥，海拔较高，空气偏稀薄，太阳辐射为潜在蒸散发的主导因素；该地区相对湿度的均值均较小，低于平均水平，在中位数以下。湿润区东北部、半湿润区东北部、湿润区东部、潮湿区、过湿润区敏感性较大。该地区大部处于我国东部和沿海地区，降雨偏多，空气湿度较大，海拔较低，云层较厚，太阳辐射较小，相对湿度成为影响潜在蒸散发的主要因素；该地区相对湿度较大，高于平均水平，大部位于中位数以上，因此其敏感性较大。敏感系数的最大值−0.16位于我国西藏自治区尼木站，该地区处于半湿润，湿度较低，年均值为0.40，低于平均水平且比极度干旱地区的相对湿度还要小，说明相对湿度小，其对湿度的敏感性较小；最小值−2.62位于我国安徽省怀远站，地处我国半湿润区，降雨较多，湿度较高，年均值为0.78，高于总的均值和中位数，且高于湿润区和过湿润区的均值，说明该站点相对湿度较大，对相对湿度的敏感性较大。

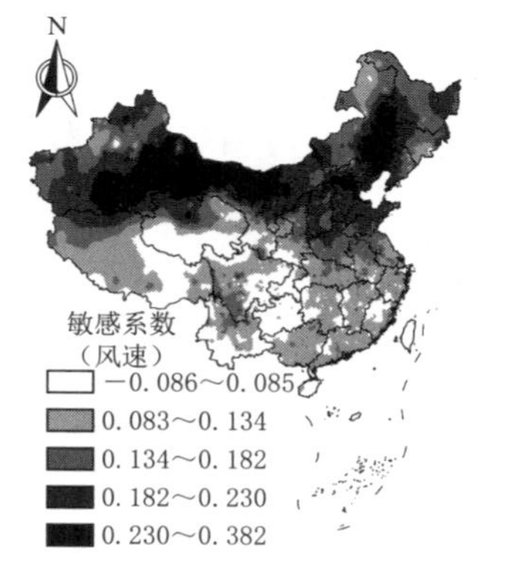

图5.21 参照作物需水量对风速的敏感系数空间分布

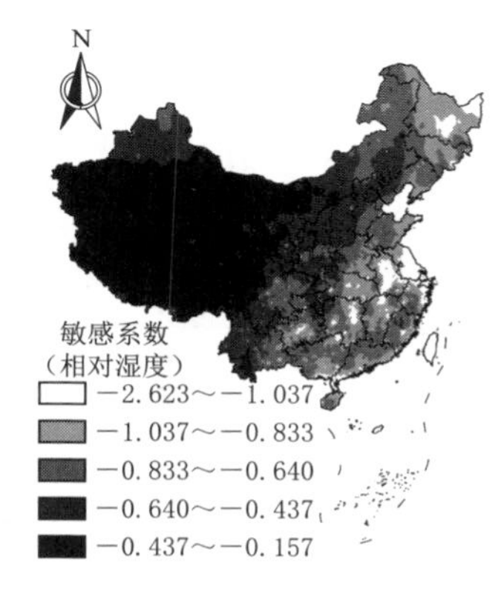

图5.22 参照作物需水量对相对湿度的敏感系数空间分布

5.4 基于中长期天气预报的参照作物需水量预报方法

以各个气象站点1980—2019年逐日实测气象资料代入FAO-56 Penman-Monteith法算得的ET_0作为基准值，对HG、PT、MK、MC模型进行参数修正，将全国站点2018—2019年预见期为1～30d的天气预报数据代入修正后的模型进行ET_0 1～30d的月尺度预报，对天气预报的精度及ET_0的预报精度进行评价。本书以北京大兴进行预报过程说明，其他站点预报计算过程类似。

5.4.1 月尺度天气预报精度评价

不同预报周期最高气温、最低气温、平均风速及日照时数等气象预报内容预报精度见表5.9，除平均风速外，随着预见期由1d延长到30d，最高气温、最低

气温与日照时数的预报准确率呈下降趋势，而均方根误差与平均绝对误差呈增加趋势，其中最高气温预报准确率由84.24%减少到34.92%，平均绝对误差（MAE）由1.24℃增加到3.91℃，均方根误差（RMSE）由1.75℃增加到4.95℃，相关系数由0.99降低到0.91；最低气温预报准确率由66.15%减少到44.13%，平均绝对误差由1.82℃增加到3.06℃，均方根误差由2.35℃增加到3.88℃，相关系数由0.98降低到0.95；日照时数预报准确率由57.62%减少到38.83%，平均绝对误差由2.14h增加到4.09h，均方根误差由2.88h增加到5.29h，相关系数由0.70降低到0.01；平均风速在1～10d预见期内随着预见期延长预报精度降低，在10～15d预见期内预报精度变化不显著，而在15～30d预见期随着预见期延长预报精度呈增加趋势，可能原因在于风速预报难度大且在解析过程中引入误差，同时中长期预报数据时段不够长，还不足以厘清其内在变化规律。通过分析各个气象要素预报值与同期实测值之间相关系数表明，在1～30d预见期内气温预报较平均风速与日照时数高，其中日照时数随着预报周期延长预报精度迅速降低。最高气温、最低气温、平均风速预报的准确率、平均绝对误差与均方根误差均达到了一定精度，可用于当地参照作物需水量ET_0预报。

表5.9　天气预报精度评价指标

项目	指标	预见期					平均
		1d	7d	10d	15d	30d	
最高气温	准确率/%	84.24	83.99	51.32	51.21	34.92	61.14
	MAE/℃	1.24	1.25	2.62	2.63	3.91	2.33
	RMSE/℃	1.75	2.76	3.46	3.47	4.95	3.28
	r	0.99	0.99	0.96	0.96	0.91	0.96
最低气温	准确率/%	66.15	65.88	43.65	43.16	44.13	52.59
	MAE/℃	1.82	1.83	2.74	2.76	3.06	2.44
	RMSE/℃	2.35	2.36	3.45	3.46	3.88	3.10
	r	0.98	0.98	0.97	0.97	0.95	0.97
平均风速	准确率/%	77.78	77.43	61.64	61.39	81.84	72.02
	MAE/(m/s)	1.40	1.45	2.21	2.22	1.30	1.71
	RMSE/(m/s)	1.79	1.83	2.95	2.96	1.70	2.24
	r	0.49	0.49	0.34	0.34	0.04	0.34
日照时数	准确率/%	57.62	57.74	39.68	39.68	38.83	46.71
	MAE/h	2.14	2.13	3.55	3.55	4.09	3.09
	RMSE/h	2.88	2.88	4.59	4.57	5.29	4.04
	r	0.70	0.70	0.25	0.24	0.01	0.38

最高气温、最低气温预报的绝对误差（AE）的比例（P）分别见图5.23、图5.24。从图5.23中可以看出，最高气温预报误差越小，所占比例越高，总体上预见期为1～7d的预报误差最小，其绝对误差在－1～0℃时比例最高（17.1%）。预见期为10d时，误差在－2～－1℃的比例最高（14.3%），误差分布比较集中，比预见期为7d的最小误差比例低16%；预见期为15d时，误差在

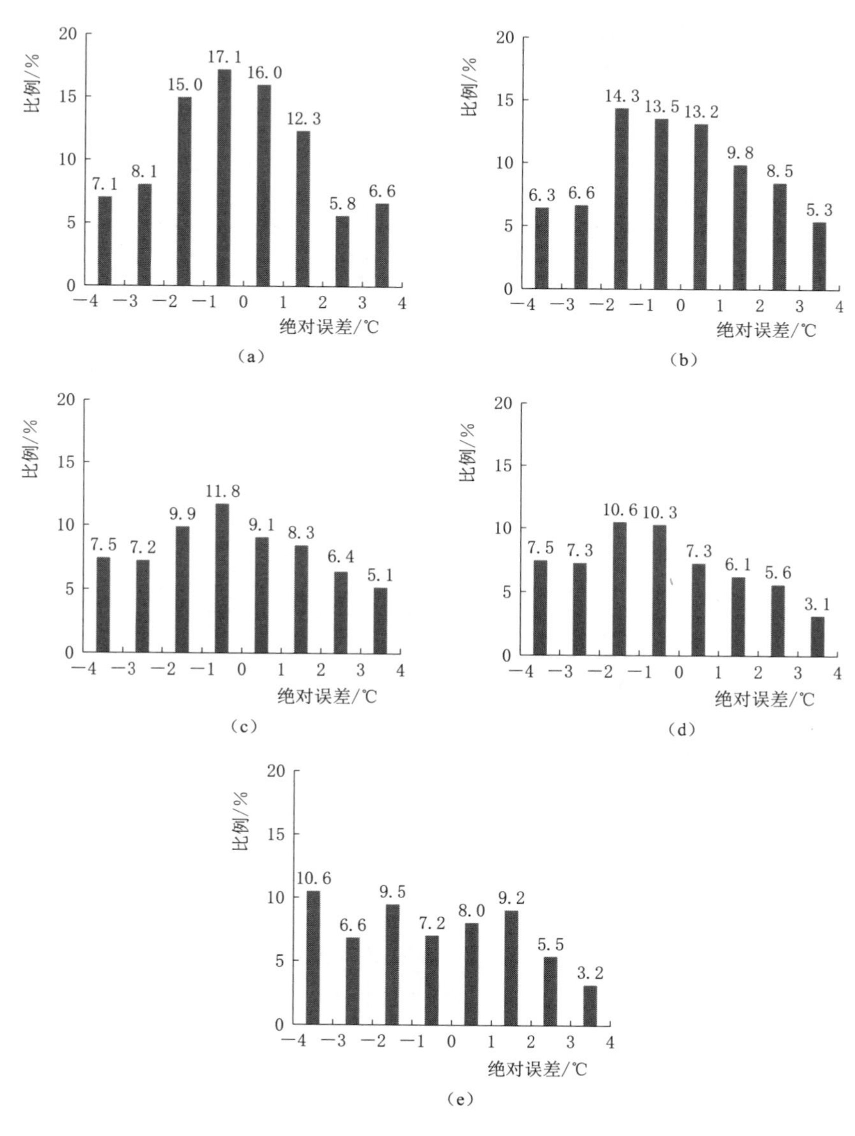

图5.23 不同预见期最高温度预报误差比例图

(a) 预见期7d；(b) 预见期10d；(c) 预见期15d；(d) 预见期30d；(e) 预见期40d

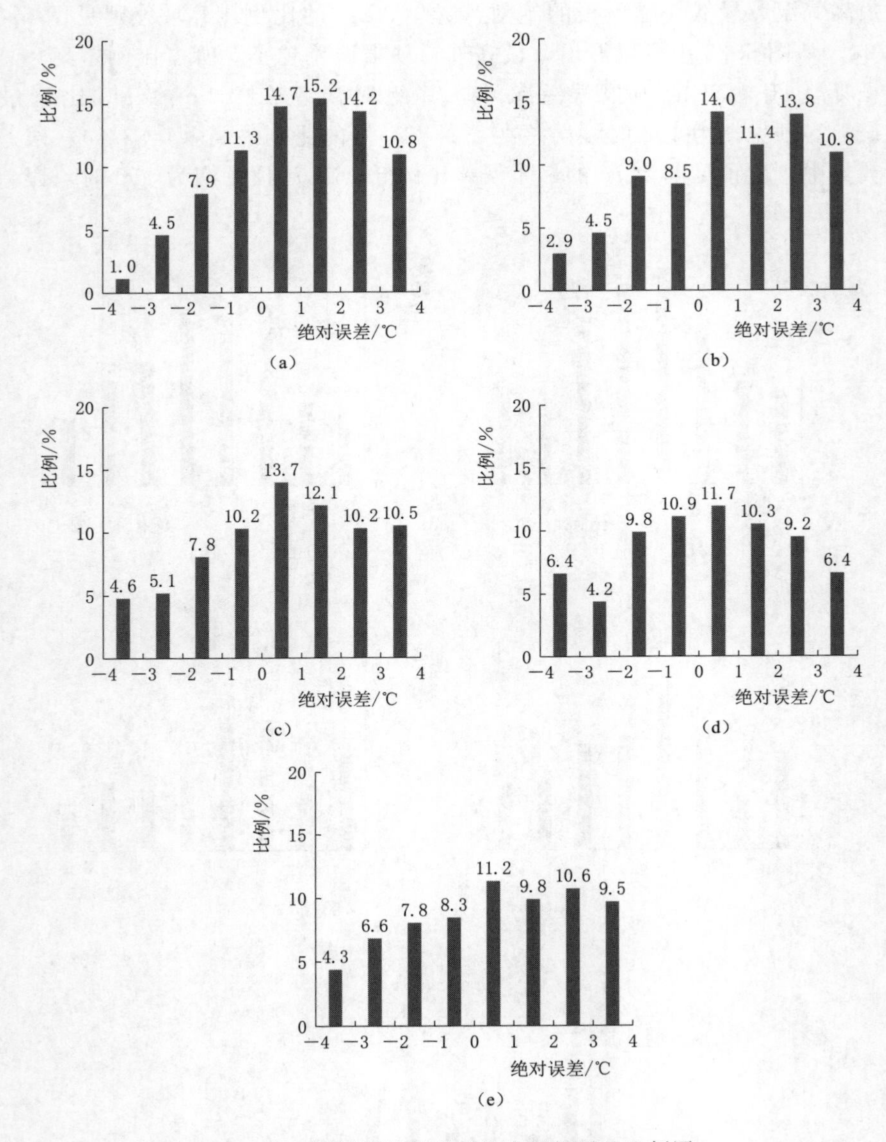

图 5.24　不同预见期最低温度预报误差比例图

(a) 预见期 7d；(b) 预见期 10d；(c) 预见期 15d；(d) 预见期 30d；(e) 预见期 40d

−1～0℃的比例最高（11.8%），比预见期为 7d 的最小误差比例低了 31%，但误差分布与 7d 的相比稍微分散些；预见期为 30d 时，误差在−2～−1℃的比例最高（10.6%），相比预见期 7d 的最小误差比例少了 38%，且误差分布更加分散；预见期为 40d 时，误差在−4～−3℃的比例最高（10.6%），误差分布比较分散，比预见期为7d的最小误差比例低38%。由此可见，最高气温预报误差随预见期的增加，误差分布在-1~1℃之间的比例越来越少，误差集中的范围越来越大且误差分布越来越分散。图5.24是最低气温预报误差比例分布图，从图5.2中可以看出，最低气温预报误差也有同最高气温预报误差相似的规律，同最高气温相比，最低气温预报误差相对集中在误差较小的范围内。总体上，最高气温和最低气温的预报精度都随预见期的增加而降低。在所有预见期中，预见期为1~7d的最小预报误差的比例最高，在误差为1~2℃时比例为15.2%。预见期为10d时，误差在0~1℃的比例最高（14.0%），误差分布较为集中，比预见期为7d的最小误差比例低（8%）；预见期为15d时，误差在0~1℃的比例最高（13.7%），误差分布与预见期为7d的分布相似，最小误差比例低（10%）；预见期为30d时，误差在0~1℃的比例最高（11.7%），相比预见期7d的最小误差比例少了23%，且误差分布略为分散；预见期为40d时，误差在0~1℃的比例最高（11.2%），误差分布更加分散，比预见期为7d的最小误差比例低26%。

5.4.2 月尺度参照作物需水量模型筛选

以北京大兴站为例，以2018—2019年逐日实测气象资料代入FAO-56 P-M公式算得的ET_0作为基准值，得出不同预见期参照需水量预报精度，如图5.25所示。结果表明，除MC模型外，其他模型均随着预见期延长决定系数与一致性指数呈减少趋势。在1~15d预见期，所有模型回归系数小于1，表明在该预见期范围内总体上预测参照作物需水量偏小，但与其他方法相比PT法回归系数与1最接近，所以在1~15d预见期范围内PT法模拟结果最能反映参照作物需水量真实值；而在16~30d预见期，MC法回归系数在0.74~0.77范围内，可见采用该法在16~30d预见期具有较高模拟精度。除MC法外，其他方法都是随着预见期延长，均方根误差呈增加趋势。

在1~15d预见期，不同模型间的决定系数都大于0.48，且一致性指数大于0.72，模型模拟值与实测值之间相关性都在可接受范围内，以模拟值与实测值接近程度考虑，推荐采用PT法；而在16~30d预见期，MC法模拟决定系数与一致性指数都较大，且模拟值与真实值最接近，推荐采用MC法。为此，华北地区月尺度参照需水量采用PT-MC组合方式进行预报。

基于1~30d天气预报不同模型参照作物需水量月尺度预报结果与利用同期实测气象数据所得真实值对比，由表5.10可得，采用PT-MC组合模型进行月尺度参照作物需水量预报回归系数为0.994，决定系数为0.923，一致性指数为0.978，平均绝对误差与均方根误差较其他模型有所降低，表明PT-MC组合模型预报效果较其他模型明显提升，可实现月尺度参照作物需水量的精准预报。

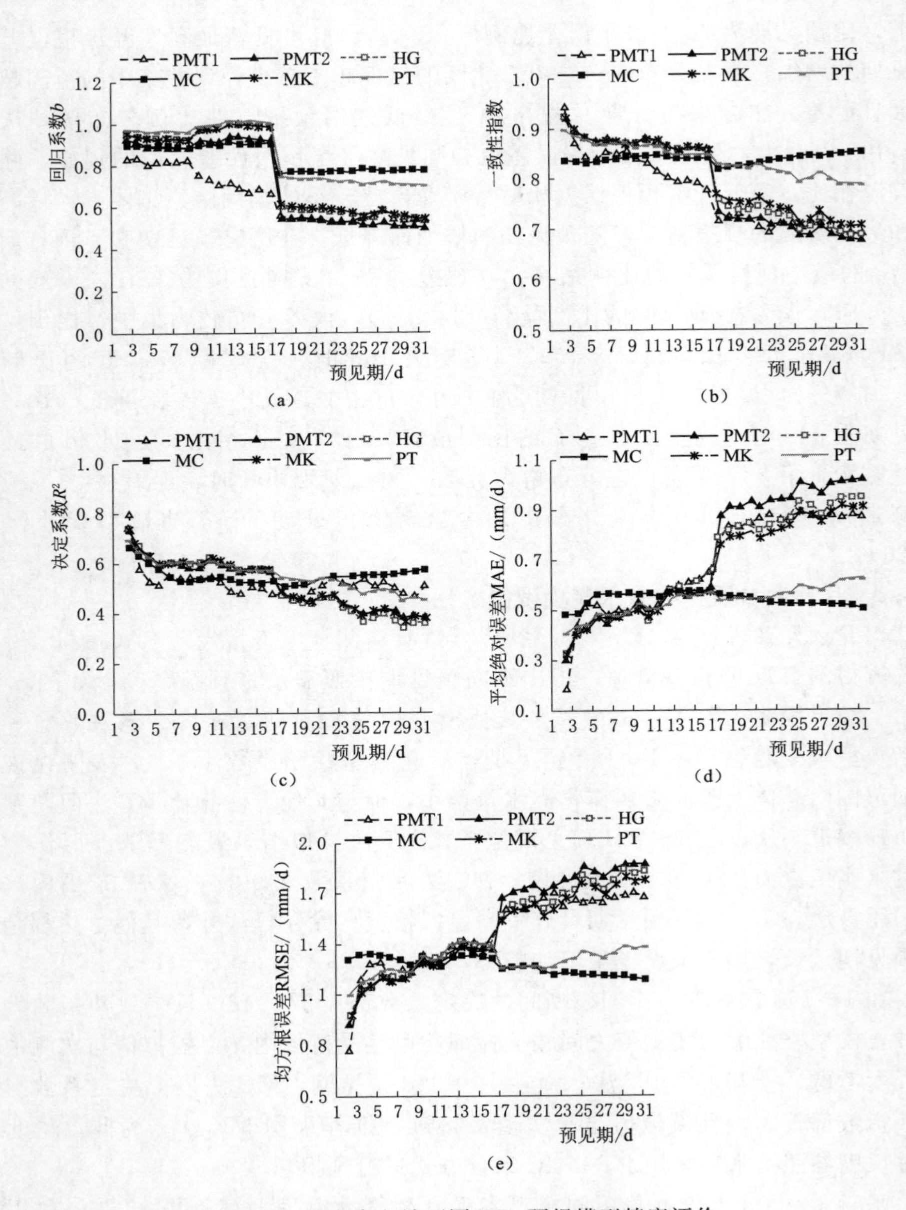

图 5.25　北京大兴站不同 ET_0 预报模型精度评价

（a）回归系数；（b）一致性指数；（c）决定系数；（d）平均绝对误差；（e）均方根误差

另外，全国站点分气候区的月尺度参照作物需水量模型优选如表 5.11 所示，在极端干旱区，共有 20 个站点，其中有 40％的站点优选 HG 模型，55％的站点优选 PMT1 模型；在干旱区，共有 62 个站点，其中有 83.87％的站点优选 PMT1

表 5.10 参照作物需水量月尺度预报

模型	回归系数 (b)	决定系数 (R^2)	一致性指数 (d)	平均绝对误差 /mm	均方根误差 /mm
PMT1	0.831	0.902	0.917	11.335	14.326
PMT2	0.870	0.878	0.931	12.215	14.951
HG	0.868	0.887	0.954	11.852	15.129
MC	0.904	0.810	0.898	13.187	17.990
MK	0.857	0.895	0.897	11.913	15.476
PT	0.848	0.893	0.914	11.735	15.007
PT-MC 组合	0.994	0.923	0.978	9.193	11.190

模型；半干旱区有 440 个站点，67.5%的站点优选 PMT1 模型，30%的站点优选 PT 模型；半湿润区有 737 个站点，54.27%的站点优选 PMT1 模型，31.21%的站点优选 PT 模型，14.52%的站点优选 MC 模型；湿润区有 464 个站点，67.67%的站点优选 MC 模型，17.67%的站点优选 PMT1 模型，14.66%的站点优选 PT 模型；过湿润区有 70 个站点，90%的站点优选 MC 模型；潮湿区有 341 个站点，94.13%的站点优选 MC 模型。从全国气候分区站点统计的优选模型中可以看出，温度模型在参照腾发预报中具有明显的优势，天气预报月尺度预报数据，温度预报相对于其他预报参数具有较高的准确率，由于 MC 模型中的变量参数是温度，因此该模型在月尺度预报中较其他模型表现较好，其次是 PMT1 模型，该模型是基于气象预报参数的解析转化值作为输入项，需要的气象参数较多，各个气象参数相互影响可能会抵消部分误差。

表 5.11 全国站点分气候区的月尺度参照作物需水量模型优选

区域	站点数	预见期/d	HG/%	MC/%	MK/%	PMT1/%	PMT2/%	PT/%
极端干旱	20	1	55.00	0.00	20.00	10.00	0.00	15.00
	20	7	70.00	0.00	15.00	0.00	0.00	15.00
	20	15	30.00	0.00	35.00	5.00	0.00	30.00
	20	30	40.00	0.00	0.00	55.00	0.00	5.00
干旱	62	1	37.10	0.00	24.19	25.81	11.29	1.61
	62	7	43.55	0.00	24.19	1.61	0.00	30.65
	62	15	22.58	0.00	30.65	0.00	0.00	46.77
	62	30	9.68	1.61	0.00	83.87	0.00	4.84
半干旱	440	1	36.59	0.00	7.50	24.09	30.68	1.14
	440	7	5.91	0.23	33.18	4.32	1.59	54.77
	440	15	1.59	0.23	37.73	2.95	0.23	57.27
	440	30	0.23	2.27	0.00	67.50	0.00	30.00

续表

区域	站点数	预见期/d	HG/%	MC/%	MK/%	PMT1/%	PMT2/%	PT/%
半湿润	737	1	47.35	0.14	4.88	23.20	21.03	3.39
	737	7	8.41	0.68	28.09	5.29	5.02	52.51
	737	15	1.09	3.66	25.24	1.22	0.54	68.25
	737	30	0.00	14.52	0.00	54.27	0.00	31.21
湿润	464	1	50.65	0.22	1.94	17.67	23.71	5.82
	464	7	5.60	22.84	8.62	5.39	4.53	53.02
	464	15	0.00	28.23	7.54	0.22	0.00	64.01
	464	30	0.00	67.67	0.00	17.67	0.00	14.66
过湿润	70	1	45.71	0.00	35.71	14.29	0.00	4.29
	70	7	1.43	50.00	2.86	10.00	2.86	32.86
	70	15	0.00	61.43	2.86	0.00	0.00	35.71
	70	30	0.00	90.00	0.00	5.71	0.00	4.29
潮湿	341	1	49.85	1.17	0.59	25.22	17.89	5.28
	341	7	2.93	46.04	0.59	5.87	1.76	42.82
	341	15	0.29	63.05	0.29	0.00	0.00	36.36
	341	30	0.00	94.13	0.00	1.47	0.00	4.40

5.5 基于自反馈技术的参照作物需水量预测实时动态修正方法

PM模型是联合国粮农组织推荐的估算ET_0最可靠的方法，但因需要较为完整的气象资料，其实际适用性在很多地方受限；温度法具有数据易获取且精度相对较高的优点，其中PMT模型及Hargreaves-Samani（HS）模型是目前研究较为广泛的温度法模型。Paredes等在不同气候区对PMT法与HS法进行对比后发现PMT法具有明显的优势；Almorox等在世界范围内对应用PMT法估算每月ET_0进行了评价，也发现PMT法优于HS法。目前运用PMT预报模型进行ET_0预报的研究多集中于中短期预报（预报周期短于15d），暂未涉及基于天气预报数据修正下的ET_0预报研究。目前，对预报气象因子进行修正的方法多为在卡尔曼滤波思想上提出的偏差修正法及其改进应用，张旭、张玉涛等利用偏差修正法对预报温度数据进行处理后发现精度有了明显提高。

本书选择北京大兴气象站1970—2019年实测气象数据，采用相关系数、敏感系数及贡献率法研究确定了PMT模型主控因子；结合公共天气预报中长期气象预报数据（预报周期1～30d）及其风速数值解析数据，并以敏感因子对ET_0

的贡献量大小为评价标准，提出了基于主控因子自反馈实时动态修正的参考需水量中长期预报方法，本书对中长期作物需水量预报、作物水分高效利用与农业灌溉配水管理等具有重要理论与实际应用价值。

5.5.1 研究方法

5.5.1.1 敏感性分析及贡献率

采用敏感系数描述各气象要素对 ET_0 的影响大小，分析 PMT 模型中 ET_0 的主控因子。

某气象因素对 ET_0 变化的贡献率为该要素的敏感系数与其多年相对变化率的乘积，某气象因素对 ET_0 变化的贡献量为该要素对 ET_0 的贡献率与 ET_0 多年均值的乘积，计算公式如下：

$$RC_x(\%)=\frac{n\times \mathrm{Trend}_x}{|\mathrm{av}_x|}\times 100 \tag{5.24}$$

$$\mathrm{Con}_x=S_x\times RC_x \tag{5.25}$$

$$G(x)=\mathrm{Con}_x\times \mathrm{E\overline{T}}_0 \tag{5.26}$$

式中：Trend_x 为某气象因素 x 的气候倾向率；RC_x 为 x 的多年相对变化率，%；n 为研究年限；av_x 为 x 的多年均值；Con_x 为气象因素 x 对 ET_0 变化的贡献率；G_x 为气象因素对 ET_0 的贡献量；$\mathrm{E\overline{T}}_0$ 为 ET_0 的多年日均值。

5.5.1.2 二阶偏差修正法

基于卡尔曼滤波思想的自适应卡尔曼滤波方法是通过不断对误差进行更新，获得当前时刻的误差估计值，降低偏差尺度的方法。其计算公式如下：

$$P_{(t)}=(1-\omega)P_{(t-1)}+\omega p_{(t-1)} \tag{5.27}$$

$$p_{(t-1)}=f_{(t-1)}-a_{(t-1)} \tag{5.28}$$

$$F_{P(t)}=f(t)-P(t) \tag{5.29}$$

式中：$P_{(t)}$ 为第 t 天修正误差；$P_{(t-1)}$ 为第 $t-1$ 天修正误差；$p_{(t-1)}$ 为第 $t-1$ 天预报误差；$f_{(t-1)}$ 为第 $t-1$ 天预报值；$a_{(t-1)}$ 为第 $t-1$ 天实测值；$F_{P(t)}$ 为第 t 天修正预报值；ω 为权重系数。

在上述方法中权重系数 ω 的取值直接影响修正预报数据的结果。本书以 0.1 作为权重系数步长，采用逐步递增方法，以修正预报值预报精度最大为评价标准选取最适宜的权重系数。

5.5.1.3 基于贡献量的卡尔曼滤波法

根据主控因子对各月 ET_0 的贡献量差异，对需进行误差修正的月份分组。贡献量为零或趋于零不予修正，而在贡献量大于零的情况下，根据各月贡献量实际值进一步优化分组。各月数据修正方法中权重系数选取与二阶偏差修正方法中权重系数选取相同。与二阶偏差修正法相比，基于贡献量的卡尔曼滤波法主要差异在于考虑了主控因子对 ET_0 贡献量的月际变化差异。

5.5.2　PMT 模型的主控因子

5.5.2.1　气象数据及 ET_0 年内变化规律

天气预报数据的精确程度直接影响模型的预报精度，在明确模型主控因子的基础上对其进行修正可提高模型的预报精度。北京气象站 1970—2019 年的最高温度、最低温度、风速及 ET_0 年内变化情况如图 5.26 所示。结果表明：在春季和冬季风速值均值可达 2.03m/s，夏季和秋季风速值明显偏小，仅为 1.56m/s。最高温度及最低温度均在夏季达到峰值，均值分别为 30.62℃、21.02℃。ET_0 与温度的年内变化规律相似，在春末夏初，ET_0 的数值较大，最大值出现在 6 月，为 5.14mm/d，此时的风速及温度值都较高；冬季其数值最小，均值仅为 0.82mm/d。

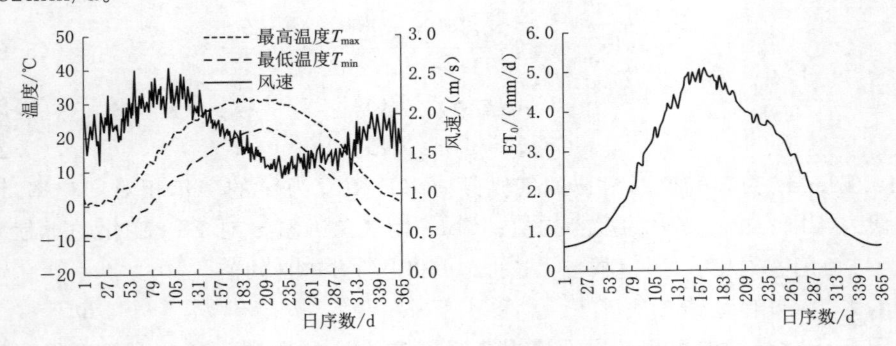

图 5.26　气象数据及 ET_0 年内变化规律

5.5.2.2　敏感因子分析

PMT 预报模型的输入参量包括最高、最低温度以及风速。将 1970—2019 年的实测气象数据代入 PMT 模型所得的 ET_0 与各气象因素进行相关性分析及敏感性分析，确定模型的敏感因子。日尺度下 PMT 模型各气象因素与 ET_0 的相关系数及敏感系数情况分别如图 5.27、图 5.28 所示。

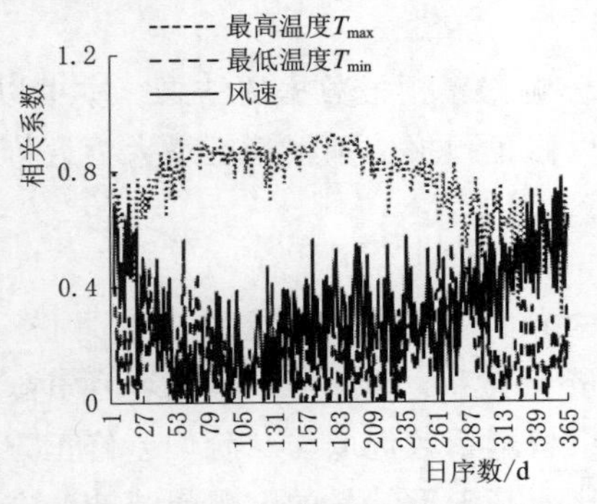

图 5.27　日尺度下 PMT 模型各气象因素与 ET_0 的相关系数

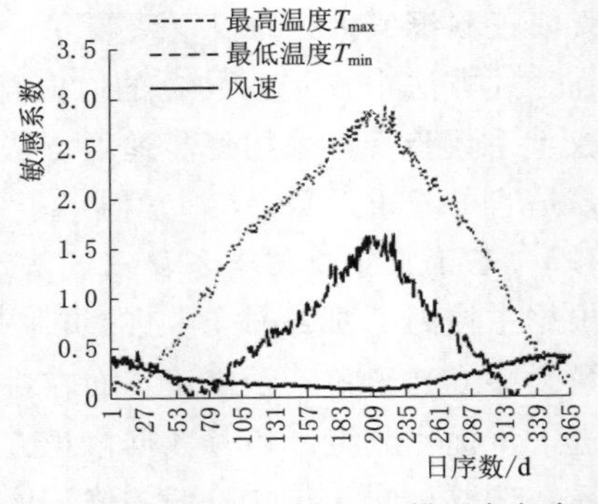

图 5.28　日尺度下 PMT 模型各气象因素与 ET_0 的敏感系数

相关性分析结果表明，一年中最高温度与 ET_0 的相关系数变化范围为 0.31～0.94，均值为 0.77，全部呈显著相关；最低温度与 ET_0 的相关系数变化范围为 0～0.58，均值为 0.18，呈不显著相关占比高达 77%。一年中风速与 ET_0 的相关系数变化范围为 0～0.78，均值为 0.31，呈显著相关占比为 54%，呈不显著相关占比达 46%。总体而言，对 ET_0 的相关性由高到低排序为最高温度、风速、最低温度，但在冬季最高温度与风速对 ET_0 的相关性较最低温度高。

敏感性分析结果表明，第 37～341d，最高温度与 ET_0 敏感系数的绝对值均大于最低温度和风速，表明在此期间最高温度对 ET_0 的影响最大，其余时间段最高温度、最低温度以及风速的敏感系数相差不大，敏感系数变化范围分别为 0.04～2.93，0～1.68，0.07～0.42，均值分别为 1.49，0.60，0.21。全年时段内气象因素对 ET_0 的影响由高到低依次为最高温度、最低温度、风速，且最高温度、最低温度与 ET_0 的敏感系数值均与 ET_0 的年内变化规律相似，并在夏季达到峰值。

以各气象因素对 ET_0 的敏感系数为基础，计算各气象因素对 ET_0 的贡献量及贡献率，量化了各气象因素对 ET_0 的影响。PMT 模型中的三个气象要素对 ET_0 的多年日均贡献量及贡献率如图 5.29 所示。结果表明，各气象因素的贡献量主要集中在 0～1.0mm 之间变化，贡献率主要集中在 0～30%之间变化，最高温度在年内变幅比最低温度和风速大。最高温度贡献率变化范围在 0～52.5%之间，日均贡献率为 17.9%；最低温度贡献率变化范围在 0～60.9%之间，日均贡献率为 16.6%；风速贡献率变化范围在 0～48.4%之间，日均贡献率为 7.8%。最高温度的贡献量变化范围为 0～2.47mm，日均贡献量为 0.50mm；最低温度的贡献量变化范围为 0～1.51mm，日均贡献量为 0.45mm；风速贡献量变化范围为 0～0.50mm，日均贡献量为 0.12mm。综上可知，最高温度对 ET_0 的贡献最大，其次为最低温度、风速，需要指出的是各气象因素的贡献在夏季较冬季

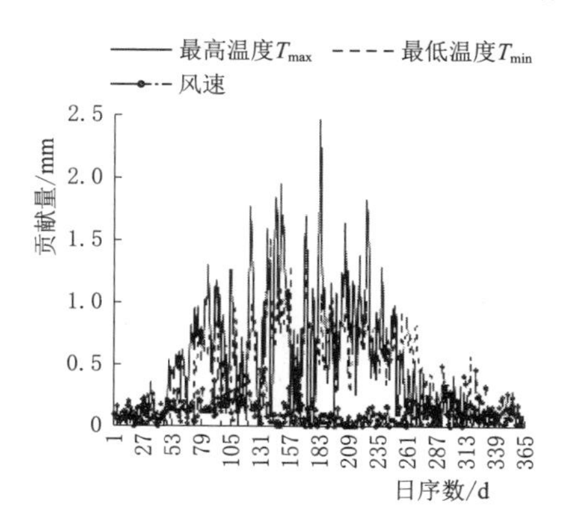

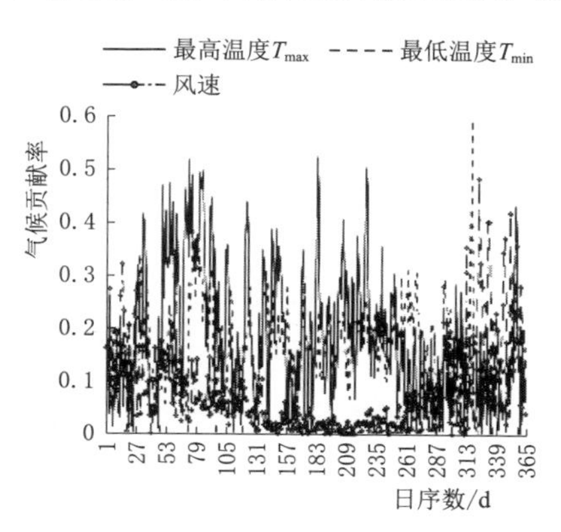

图 5.29 PMT 模型中的三个气象要素对 ET_0 的多年日均贡献量及贡献率

大，且冬季各因素贡献相近。

由相关系数、敏感系数、贡献率及贡献量的分析结果可知，冬季各气象因素对 ET_0 的影响较小，夏季对 ET_0 影响最大，最高温度是PMT模型的主控因子。

5.5.3 气象预报与修正前PMT预报精度分析

利用上述精度评价指标对1～30d不同预报周期的天气预报（图5.30）及PMT预报模型（图5.31）进行精度分析。天气预报结果表明，1～30d最高温度预报的 d 值和 R^2 值呈缓慢下降趋势但日变化幅度均不足0.1，b 值在16d预报时下降0.24，RMSE、RE、MAE分别增加2.3℃、0.1、2.2℃，预报精度下降

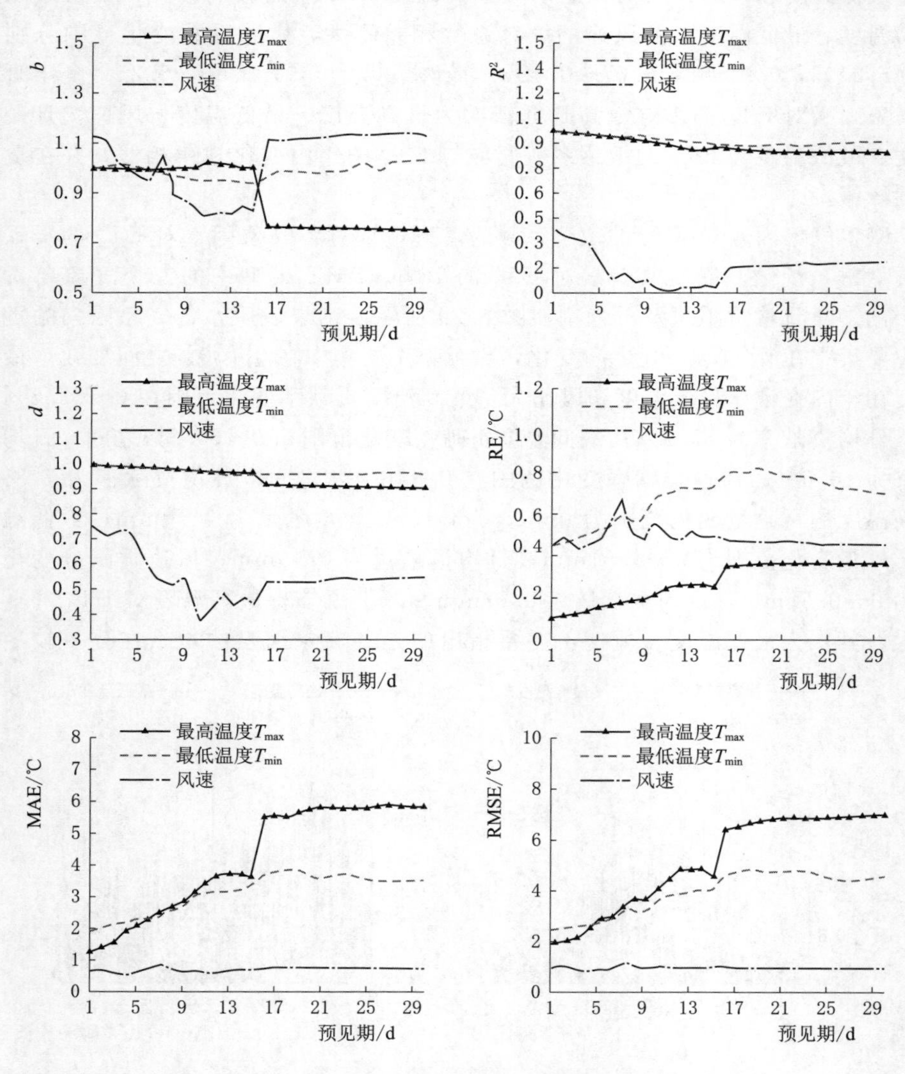

图5.30 中长期气象预报因子精度评价

较大，说明最高温度预报精度自 16d 后显著降低；1～30d 最低温度预报的 b 值、d 值和 R^2 值变化幅度不大且其值在 1.0 附近浮动变化，RMSE、RE、MAE 的值随预报周期延长而增大，说明最低温度预报准确性随预报周期延长而降低，但总体来说预报效果较好；1～15d 风速预报起伏较大，随预报周期延长 b、d 值与 R^2 下降，预报精度稍有下降，16～30d 预报较为平稳，预报精度较高，主要受制于风速预报方法与数值解析方法等因素制约。

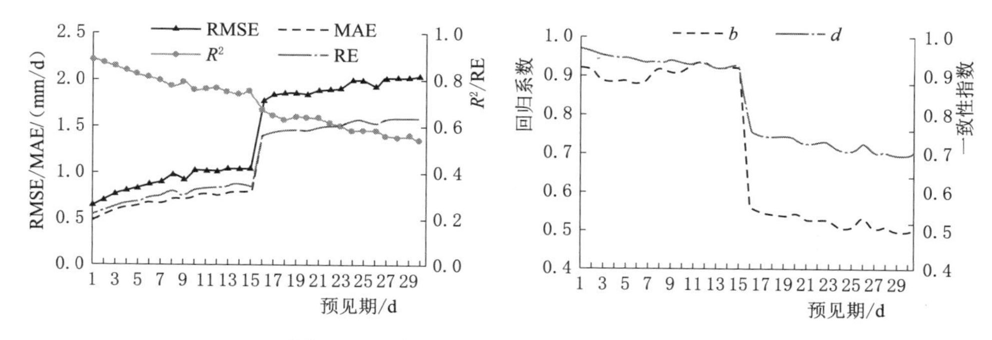

图 5.31 中长期 ET_0 预报精度评价指标

PMT 预报模型精度评价结果表明，随预报周期延长模型的 R^2 整体呈下降趋势；回归系数 b 和一致性指数 d 分别由 15d 预报的 0.92、0.93 下降到 16d 预报的 0.56、0.76；与此同时模型的各类误差指标出现明显增大，模型的 RE、RMSE、MAE 值分别由 15d 预报的 0.35、1.06mm/d、0.80mm/d 增大到 16d 预报的 0.57、1.79mm/d、1.40mm/d。

目前，天气网提供的天气预报产品是根据当今世界上技术领先的欧洲、北美洲以及亚洲的数值天气预报模式的输出结果，结合自己研制的预报模式，并经资深气象预报专家的数据优化、调控处理自动生成的，预报时效大约为 15d，16～30d 预报的困难在于其预报时效超越了确定性预报的理论上限（2 周左右），当下 16～30d 预报还未建立起真正的业务，采用集合预报的模式，从而造成其预报存在误差，进而导致模型中长期 ET_0 预报精度不高，尤其在 16d 以后预报精度更低，难以满足农业用水、配水管理精度要求，需要对模型的主控因子中长期预报值进行修正，提高 16～30d 预报精度。

5.5.4 PMT 模型实时动态修正

5.5.4.1 偏差修正法修正结果

为提高 16～30d 预报精度，即中长期 ET_0 预报精度，采用偏差修正法及基于贡献量的卡尔曼滤波法分别对 PMT 模型的主控因子最高温度预报值进行修正。偏差修正法的权重系数 ω 在 0～1 范围内以步长 0.1 进行试算，选出的最佳权重系数为0.6。

将权重系数选择结果代入偏差修正法修正公式得到修正后的预报最高温度，将其代入PMT模型重新计算ET_0的数值，并与实测ET_0进行精度评价，计算结果如表5.12所示，基于主控因子修正后PMT模型中长期预报的决定系数R^2上升范围在0.1～0.2，达到了0.70以上；回归系数b均增加了0.3～0.4，达到了0.85～0.88，均方根误差RMSE下降范围在0.7～0.9℃、平均绝对误差MAE下降范围在0.5～0.7℃，相对误差RE下降了0.25左右，一致性指数d均增加到了0.90以上。可见，利用偏差修正法修正最高温度后再估算ET_0的精度明显提高。

表5.12　偏差修正法修正前后PMT模型精度评价指标值变化

预见期/d	R^2		b		RMSE/℃		MAE/℃		RE		d	
	前	后	前	后	前	后	前	后	前	后	前	后
16	0.67	0.76	0.56	0.88	1.79	1.07	1.40	0.85	0.57	0.34	0.76	0.92
17	0.65	0.74	0.54	0.86	1.84	1.13	1.47	0.88	0.59	0.36	0.74	0.91
18	0.63	0.74	0.54	0.87	1.86	1.13	1.47	0.87	0.59	0.36	0.74	0.92
19	0.65	0.74	0.54	0.87	1.87	1.14	1.50	0.88	0.60	0.36	0.74	0.91
20	0.64	0.74	0.54	0.87	1.85	1.12	1.47	0.88	0.59	0.36	0.74	0.92
21	0.64	0.74	0.53	0.86	1.90	1.13	1.51	0.89	0.60	0.36	0.72	0.91
22	0.61	0.74	0.53	0.86	1.92	1.13	1.52	0.88	0.61	0.36	0.73	0.91
23	0.60	0.74	0.53	0.87	1.93	1.12	1.53	0.88	0.61	0.35	0.72	0.92
24	0.58	0.75	0.50	0.85	2.00	1.11	1.59	0.88	0.64	0.35	0.70	0.91
25	0.59	0.74	0.51	0.85	1.99	1.12	1.59	0.87	0.63	0.35	0.70	0.91
26	0.59	0.75	0.53	0.87	1.94	1.11	1.54	0.86	0.61	0.35	0.72	0.92
27	0.56	0.73	0.50	0.85	2.02	1.15	1.61	0.90	0.64	0.36	0.70	0.91
28	0.56	0.74	0.51	0.86	2.02	1.12	1.61	0.88	0.64	0.35	0.70	0.91
29	0.57	0.74	0.50	0.85	2.03	1.13	1.62	0.89	0.64	0.36	0.69	0.91
30	0.55	0.73	0.50	0.85	2.05	1.15	1.62	0.90	0.64	0.36	0.69	0.91

5.5.4.2 基于贡献量的卡尔曼滤波法修正结果

与偏差修正法不同，基于贡献量的卡尔曼滤波法的权重系数ω_G是以各月最高温度对ET_0的贡献量不同进行分类，并根据精度评价结果，各分类设置不同权重系数ω_G。由图5.32可知，1月、10月、11月以及12月最高温度对

ET_0 贡献量的上下四分位变化范围在－0.03～0.27mm，10月中位数为0.1mm，1月、11月以及12月的中位数趋近于0mm，说明该4个月的最高温度对 ET_0 的贡献量很小，因此1月、10月、11月以及12月的预报最高温度数值不予以修正，继续沿用未经修正的预报数据；3月、7月和8月最高温度对 ET_0 的贡献量的上下四分位变化范围相近，在0.54～1.15mm范围变化，说明在此期间最高温度对 ET_0 的贡献量较大，以3月、7月、8月为一组进行权重系数的试算；4月和6月最高温度对 ET_0 的贡献量的上下四分位变化范围相近，在0.03～1.08mm范围变化，说明最高温度对 ET_0 的贡献量较大，以4月、6月为一组进行权重系数的试算；2月和9月最高温度对 ET_0 的贡献量的上下四分位变化范围相近，在0.05～0.58mm范围变化，与其他月相比，该阶段最高温度对 ET_0 的贡献量虽较小但是仍然发挥了一定作用，以2月、9月为一组进行权重系数的试算；5月最高温度对 ET_0 的贡献量达到了一个峰值，上下四分位在0.67～1.48mm变化，把5月单独拿出进行最优权重系数的试算。

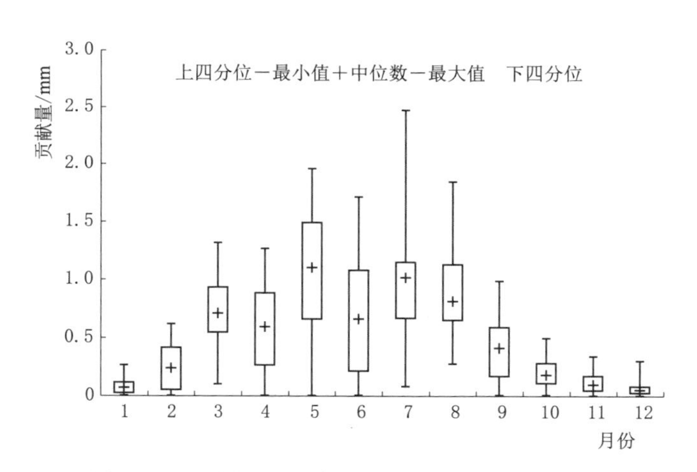

图5.32　不同月份最高温度对 ET_0 贡献量箱线图

按月份进行分组后各预报周期权重系数选择结果如表5.13所示。将修正后的预报最高温度代入PMT模型得到修正后的 ET_0 数值，重新对模型进行精度评价，考虑未修正（OR）、采用偏差修正法（CD）及采用基于贡献量的卡尔曼滤波法（RCD）修正后最高温度预报的精度情况如图5.33所示。利用上述两种修正方法对16～30d预报周期的最高温度进行修正后，预报最高温度及预报 ET_0 的精度均有了很大提高。16～30d预报周期的最高温度及 ET_0 的均方根误差RMSE、相对误差RE、平均绝对误差MAE在修正后均出现了明显下降。

表 5.13　　基于贡献量的卡尔曼滤波法权重系数选择结果

月　份	权重系数	RMSE/℃	RE	MAE/℃
2	0.4	12.17	0.67	3.16
3	0.2	15.41	0.57	3.06
4	0.3	12.98	0.45	3.10
5	0.2	8.50	0.28	2.85
6	0.3	12.98	0.45	3.10
7	0.2	15.41	0.57	3.06
8	0.2	15.41	0.57	3.06
9	0.4	12.17	0.67	3.16

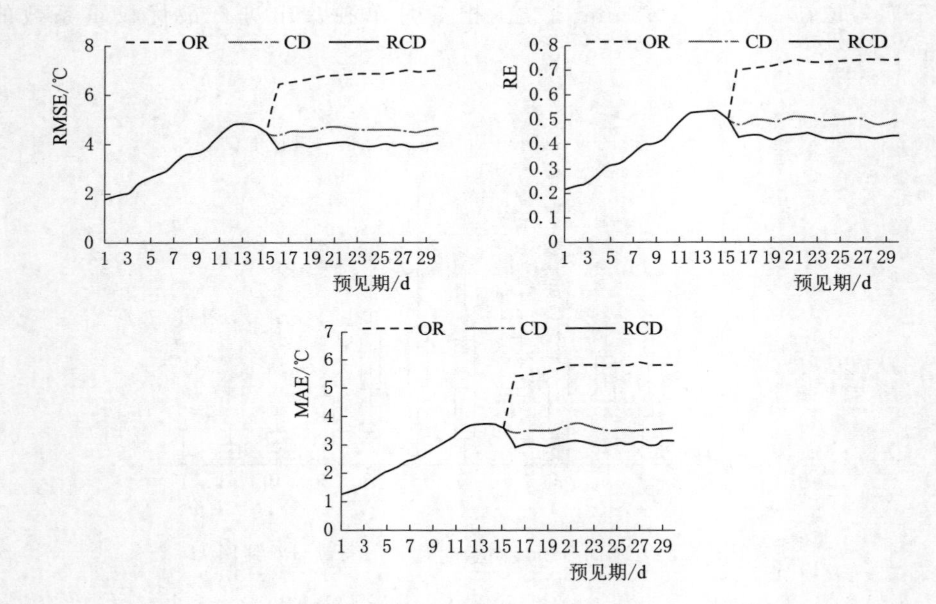

图 5.33　预报最高温度修正前后精度评价对比结果

利用 CD 和 RCD 修正预报最高温度值后的 RMSE 下降分别为 2.20℃、2.80℃，RE 分别下降 0.12、0.15，MAE 分别下降 2.18℃、2.68℃，两种修正方法修正结果表现均良好且修正效果相近，但 RCD 应考虑未修正、采用偏差修正法及采用基于贡献量的卡尔曼滤波法修正后最高温度分别代入 PMT 模型，修正前后预报 ET_0 的精度情况如图 5.34 所示。修正后 ET_0 的 RMSE、RE、MAE 降低范围分别为 0.71～0.91mm/d、0.23～0.29、0.55～0.74mm/d；随预报周

期延长，ET_0 预报误差总体呈上升趋势。与偏差修正法相比，基于贡献量的卡尔曼滤波法对应的预报 ET_0 的 RMSE、RE、MAE 降低了 0.017mm/d、0.006、0.013mm/d，但两种方法修正后预报 ET_0 精度相差不大，均可用于 ET_0 中长期预报的修正。

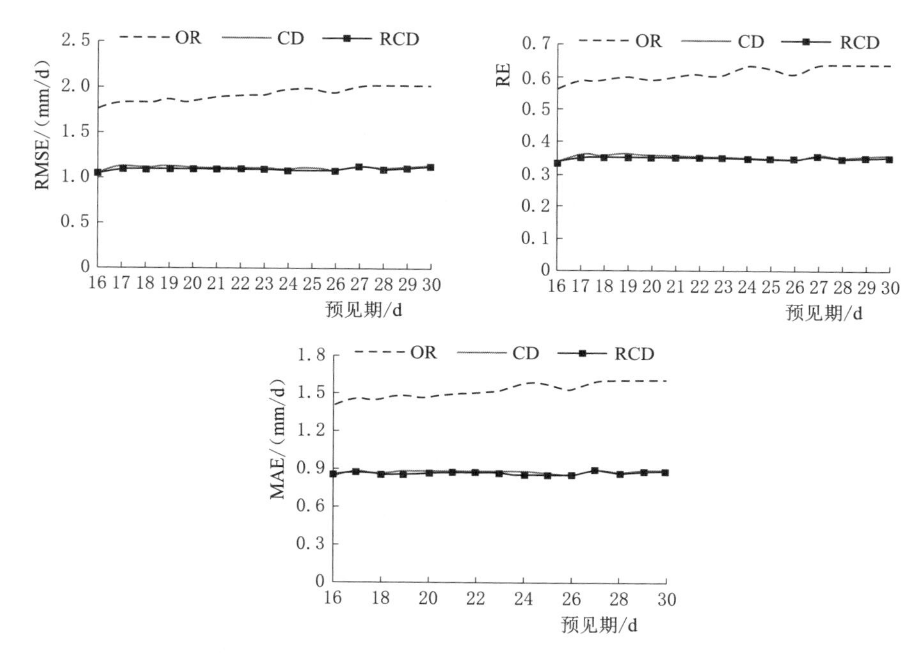

图 5.34　预报最高温度修正前后预报 ET_0 精度评价对比结果

5.6　主要农作物月尺度灌溉需水动态预测模型

5.6.1　水田作物

5.6.1.1　水稻月尺度需水量预报

为了更好地分析每月的预报情况，以本月最后一天为当前统计日期，如本月最后一天为 1 月 31 日，分别统计预报周期为 2d（次月 1 日）……以此类推至次月月末（次月 28 日、29 日、30 日、31 日）的天气预报数据。采用基于主控因子修正的 PMT 模型，对水稻月尺度参照作物需水量进行预报，并结合高邮灌区灌溉试验获得水稻作物系数，后采用作物系数法估算得到月尺度水稻作物需水量预报结果，见图 5.28。水稻作物需水量预报值为 577.89mm，其中 6—10 月分别为 50.73mm、175.03mm、199.47mm、129.63mm、23.03mm；水稻作物需水量实际计算值为 534.45mm，其中 6—10 月分别为 38.42mm、161.04mm、

185.41mm、125.48mm、24.10mm；与实际计算值相比，除了10月以外预报值都偏大；与实际计算值一样，水稻生育期内月尺度作物需水量预报值先增加再减小，7月和8月水稻需水量较多，乳熟期以后作物需水量下降，比较符合作物需水规律；需水量预报整体平均绝对误差MAE为9.12mm，均方根误差RMSE为10.61mm，决定系数R^2为0.99，一致性指数d为0.99。

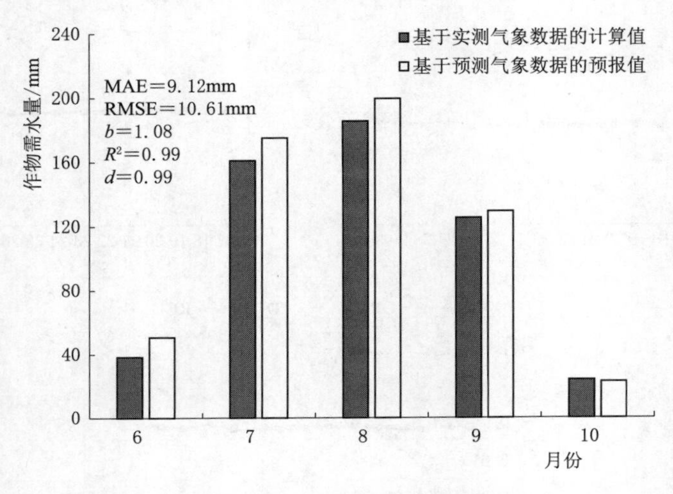

图5.35　水稻月尺度需水量预报

5.6.1.2　水稻月尺度灌溉需水量预报

水稻生育期内有效降水量预报结果如图5.36所示，6月水稻有效降水量实际计算值为31.80mm，预报值为41.44mm，预报值偏高，比实测高了9.64mm；

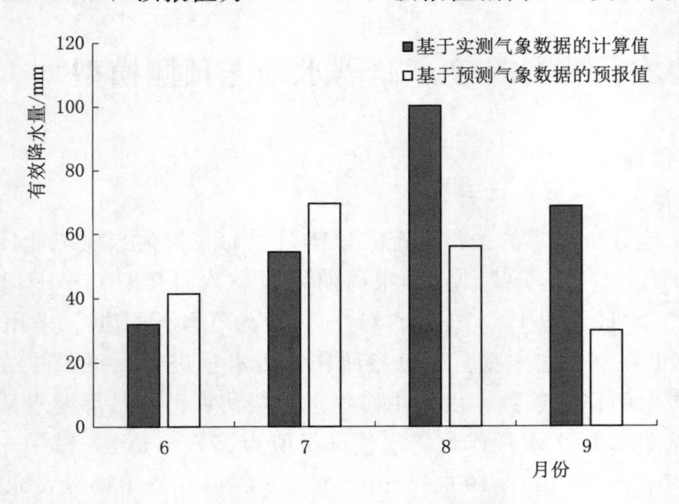

图5.36　水稻生育期内有效降水量预报结果

7 月有效降水量实际计算值为 54.30mm，预报值为 69.50mm，预报值同样高于实测值；8 月实测值与预报值相差较大，实际计算值为 100.13mm，预报值为 56.02mm，预报值低于实测值；9 月水稻有效降水量实际计算值为 68.52mm，预报值为 29.78mm，预报值同样低于实际计算值。从图 5.36 可以看出不管是预报值还是实际计算值有效降水量都是先增大，在 8 月达到峰值，之后又逐渐下降。有效降水量的均方根误差 RMSE 为 30.95mm，平均绝对误差 MAE 为 27.12mm，相对误差 RE 为 0.43，一致性指数 d 仅为 0.43。造成这一现象的原因在于天气预报中降水量的预报存在较大的误差，由此导致有效降水预报精度不高。

根据月尺度天气预报降水量数值解析数据，采用 USDA－SCS 修正法对水稻月尺度有效降水量进行估算，并结合水稻月尺度需水量估算结果，推求了水稻月尺度灌溉需水量，见图 5.37，月尺度灌溉需水预报值先增大再降低，在 7 月和 8 月达到最大值；6 月水稻灌溉需水量实际计算值为 63.62mm，预报值为 78.50mm，预报值与实际计算值相比偏高；7 月灌溉需水量计算值为 247.23mm，预报值为 227.98mm，预报值低于实测值；8 月水稻灌溉需水量实际计算值为 171.94mm，预报值为 233.85mm，预报值高于实测值；9 月水稻灌溉需水量预报值与实测值相差较大，实际计算值为 101.62mm，预报值为 176.09mm，预报值同样高于实际计算值；灌溉需水量预报整体平均绝对误差 MAE 为 42.62mm，均方根误差 RMSE 为 49.93mm，决定系数 R^2 为 0.72，一致性指数 d 为 0.87。

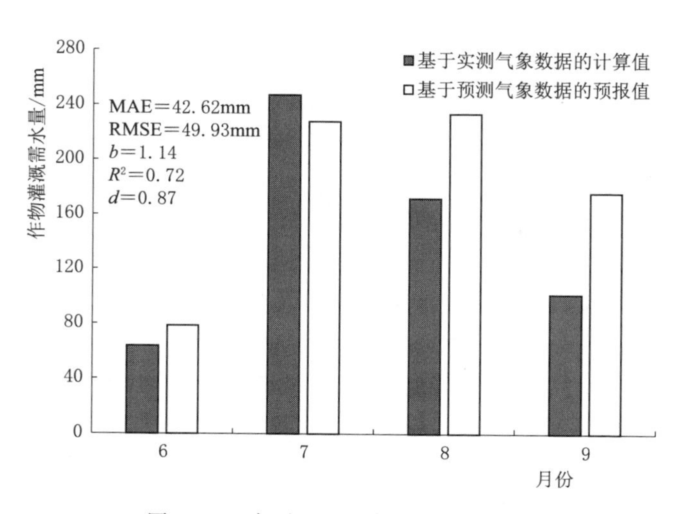

图 5.37　水稻月尺度灌溉需水量预报

5.6.2　旱地作物

5.6.2.1　小麦-玉米轮作月尺度需水量预报

利用经主控因子修正的参照作物需水量模型，估算月尺度 ET_0，并根据收集整理获得该分区小麦-玉米轮作的作物系数，估算获得月尺度作物需水量见图 5.38，小麦-玉米轮作作物需水量计算值为 782.26mm，其中 10 月至翌年 9 月作物需水量计算值分别为 22.81mm、23.91mm、6.16mm、7.04mm、8.34mm、29.07mm、94.01mm、170.24mm、79.69mm、107.16mm、140.07mm、93.76mm；作物需水量预报值为 761.38mm，其中 10 月至翌年 9 月作物需水量预报值分别为 25.71mm、26.47mm、6.70mm、6.09mm、6.99mm、25.87mm、89.62mm、157.56mm、70.99mm、116.54mm、135.22mm、93.62mm，作物需水量预报平均绝对误差 MAE 为 4.30mm，均方根误差为 5.74mm，决定系数 R^2 为 0.98，预报效果较好。从月尺度作物需水量预报结果看，小麦-玉米轮作各月作物需水量先减小后增加，至 5 月达到峰值，之后 7 月、8 月逐渐升高，9 月玉米成熟期作物需水量下降，符合作物的需水规律。

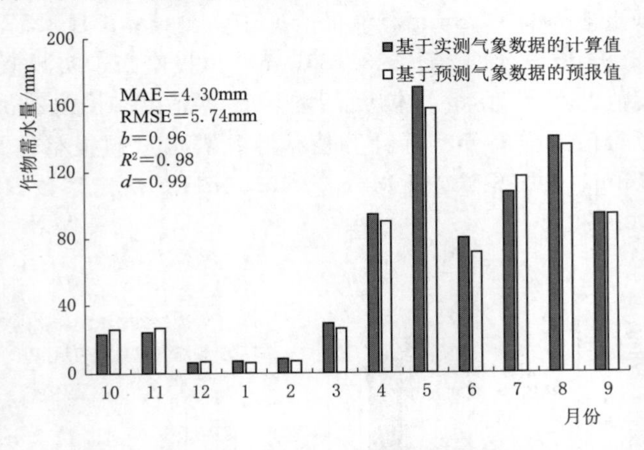

图 5.38　小麦-玉米轮作作物需水量月尺度预报

5.6.2.2　不同预见期降水量预报精度分析

不同预见期降水预报检验评价结果如图 5.39 所示，1～30d 预见期降水预报正确率约在［69.04%，89.21%］之间，随预见期的延长，降水预报正确率总体呈下降趋势；命中率随预见期的延长而下降，预见期为 1～10d 时显著减少，15d 之后降至稳定值，说明实际发生降水时，预报有雨的概率较小；空报率总体呈增加趋势且在预见期 7～10d 时出现明显攀升，说明预见期 10d 之后，当天气预报为有雨时，实际发生降水的可能性较小，因而出现空报概率的增大。漏报率和虚警率总体随预见期的延长而增大，说明当天气预报为无雨时，实际发生降水的可能性较大。当预见期延长至 10d 时，虚警率大于命中率，当命中率大于虚警率时

有正的预报价值，说明预见期为 10d 时降水预报已呈现较大的随机性，预报价值随之降低。

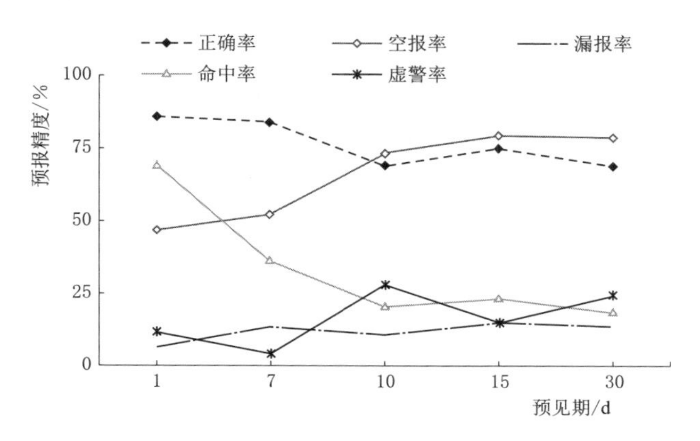

图 5.39 不同预见期降水预报检验评价结果

5.6.2.3 小麦-玉米轮作月尺度灌溉需水量预报

利用小麦-玉米轮作生育期内月尺度需水量预报值与月尺度降水量解析数据，并利用改进法与 USDA - SCS 修正法估算了冬小麦、夏玉米生育期内月尺度有效降水量，尔后估算获得小麦-玉米轮作月尺度灌溉需水量如图 5.40 所示，小麦-玉米轮作生育期内灌溉需水量计算值为 477.15mm，其中 10 月至次年 9 月分别为 14.48mm、13.18mm、3.90mm、7.04mm、6.34mm、26.57mm、61.45mm、124.51mm、70.97mm、36.30mm、89.58mm、22.86mm；生育期内灌溉需水量预报值为 483.50mm，其中 10 月至次年 9 月分别为 23.91mm、25.47mm、4.46mm、3.79mm、6.99mm、22.87mm、80.62mm、137.36mm、38.98mm、33.95mm、29.47mm、75.62mm，灌溉需水量预报整体平均绝对误差 MAE 为 17.42mm，均方根误差 RMSE 为 26.18mm，决定系数 R^2 为 0.57，一致性指数 d 为 0.87。

小麦-玉米轮作生育期灌溉需水量预报值为 483.50mm，计算值为 477.15mm，多年平均值为 462.31mm。其中 10 月、11 月、4 月、5 月、9 月灌溉需水量预报值较计算值偏高，而 1 月、3 月、6 月、8 月较计算值偏小，12 月、2 月、7 月基本与计算值持平。总体而言，预报值较计算值、多年平均灌溉需水量偏高。受降水预报准确率的影响，有效降水量预报结果存在偏差，尤其是较为重要的生育期关键月份 4—9 月，进而导致了灌溉需水量预报偏差。

从灌溉用水规划角度考虑，对月尺度降水量及有效降水量预报结果可参照多年均值进行对比修正，确定合理波动区间。当未来较长时间内为连续无雨预报

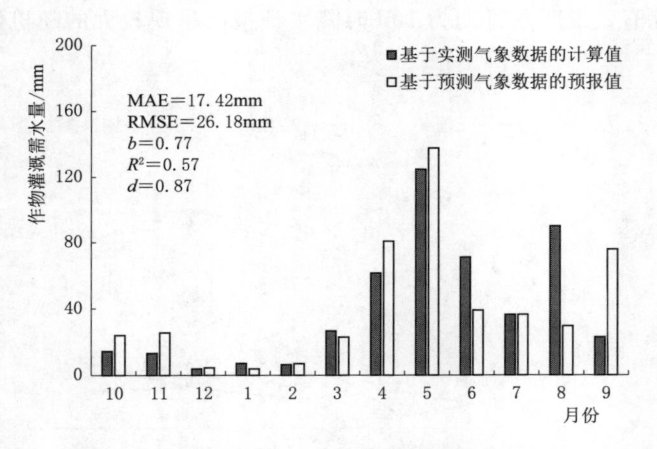

图 5.40　小麦-玉米轮作灌溉需水量月尺度预报

时，可进行适量灌溉，当近期预报有雨时，降水发生的可能性较高，在此基础上可以适当减少或推迟灌溉，进行月尺度灌溉用水规划时还应根据该月灌溉用水量的多年平均值和变化倾向率综合考量拟定月尺度灌溉需水量。

5.7　区域月尺度农业灌溉需水预测

5.7.1　区域农业灌溉需水量月尺度预报参数化解决方案

（1）采用反距离加权法获得 2859 个区县 A－P 公式系数，各区县以研究确定县 A－P 公式系数计算参照作物需水量作为基准值，利用该基准值，采用敏感系数与贡献量等确定 PMT 模型的主控因子。

（2）采用基于主控因子修正的 PMT 模型对月尺度参照腾法量进行预报，水田作物与旱地作物均采用偏差修正法，其中水田作物权重选择为 0.8，而旱地作物权重选择 0.6。

（3）采用 USDA－SCS 修正法估算水田作物及除越冬期旱地作物的生育期内月尺度有效降水量，而越冬期旱地作物采用改进的 USDA－SCS 修正法估算其生育期内月尺度有效降水量。

（4）通过收集整理获得各分区主要作物单作物系数。

（5）作物灌溉面积与各分区灌溉水有效利用系数均来自第 4 章。

5.7.2　区域月尺度农业灌溉需水量预测

根据构建区域月尺度农业灌溉需水量预测技术及其配套的预报参数化解决方案，预测获得 2020 年 2—12 月及 2021 年 1 月各省级行政区套水资源二级区逐月农田灌溉用水量，如表 5.14 所示。

表 5.14　各省套水资源二级区逐月预报农业灌溉用水量　单位：亿 m^3

省级行政区	水资源二级区	编号	合计	2020年											2021年
				2月	3月	4月	5月	6月	7月	8月	9月	10月	11月	12月	1月
			3085.83	42.99	94.28	189.89	370.71	575.56	601.43	582.83	348.62	130.23	63.24	52.06	33.99
北京	海河北系	C02	2.50	0.00	0.00	0.32	0.80	0.59	0.34	0.00	0.38	0.00	0.00	0.07	0.00
北京	海河南系	C03	0.26	0.00	0.00	0.05	0.09	0.05	0.00	0.00	0.06	0.00	0.00	0.01	0.00
天津	海河北系	C02	5.93	0.00	0.02	0.83	0.00	2.17	0.88	0.00	1.87	0.00	0.00	0.11	0.04
天津	海河南系	C03	1.65	0.00	0.01	0.29	0.00	0.82	0.44	0.00	0.01	0.00	0.00	0.06	0.02
河北	滦河及冀东沿海	C01	11.40	0.00	0.02	1.34	0.00	3.33	3.91	1.13	1.49	0.00	0.00	0.15	0.03
河北	海河北系	C02	6.35	0.00	0.02	1.03	0.00	2.67	0.93	0.12	1.43	0.00	0.00	0.11	0.04
河北	海河南系	C03	83.44	0.05	0.18	13.16	0.00	29.26	27.42	0.61	10.68	0.00	0.00	1.38	0.69
河北	内蒙古内陆河	K01	0.78	0.00	0.00	0.06	0.00	0.45	0.03	0.11	0.12	0.00	0.00	0.00	0.00
山西	海河北系	C02	6.03	0.00	0.00	0.33	0.00	2.94	0.63	0.85	1.25	0.00	0.00	0.03	0.00
山西	海河南系	C03	4.79	0.00	0.00	0.69	0.00	2.30	0.57	0.03	1.13	0.00	0.00	0.07	0.00
山西	河口镇至龙门	D04	4.79	0.00	0.00	0.45	0.00	2.28	1.10	0.17	0.74	0.00	0.00	0.03	0.00
山西	龙门至三门峡	D05	19.05	0.01	0.00	2.46	0.00	6.76	5.10	0.94	3.46	0.00	0.00	0.32	0.00
山西	三门峡至花园口	D06	2.65	0.00	0.00	0.33	0.00	0.95	0.72	0.00	0.57	0.00	0.00	0.08	0.00
内蒙古	额尔古纳河	A01	0.75	0.00	0.00	0.05	0.07	0.33	0.29	0.00	0.01	0.00	0.00	0.00	0.00
内蒙古	嫩江	A02	8.96	0.00	0.00	0.72	1.54	1.23	3.99	0.58	0.00	0.42	0.45	0.03	0.00

续表

省级行政区	水资源二级区	编号	合计	2020年											2021年
				2月	3月	4月	5月	6月	7月	8月	9月	10月	11月	12月	1月
			3085.83	42.99	94.28	189.89	370.71	575.56	601.43	582.83	348.62	130.23	63.24	52.06	33.99
内蒙古	西辽河	B01	43.76	0.00	0.01	2.52	7.05	7.89	16.71	6.10	0.84	1.84	0.68	0.12	0.00
内蒙古	辽河干流	B03	0.58	0.00	0.00	0.04	0.13	0.12	0.16	0.07	0.00	0.02	0.03	0.00	0.00
内蒙古	滦河及冀东沿海	C01	0.65	0.00	0.00	0.05	0.08	0.19	0.05	0.15	0.08	0.05	0.01	0.00	0.00
内蒙古	海河北系	C02	1.04	0.00	0.00	0.12	0.21	0.42	0.00	0.00	0.18	0.08	0.02	0.00	0.00
内蒙古	兰州至河口镇	D03	50.46	0.00	0.88	2.90	4.54	10.04	11.35	6.49	6.18	6.11	1.91	0.07	0.00
内蒙古	河口镇至龙门	D04	5.34	0.00	0.10	0.39	0.60	1.50	1.23	0.48	0.45	0.24	0.35	0.01	0.00
内蒙古	内流区	D08	0.94	0.00	0.00	0.01	0.07	0.19	0.41	0.07	0.16	0.00	0.03	0.00	0.00
内蒙古	内蒙古内陆河	K01	12.47	0.00	0.01	0.89	1.49	4.70	1.34	1.77	1.45	0.56	0.25	0.02	0.00
内蒙古	河西走廊内陆河	K02	0.00	0.00	0.00	0.00	0.00	0.00	0.00	0.00	0.00	0.00	0.00	0.00	0.00
辽宁	西辽河	B01	1.73	0.00	0.00	0.13	0.58	0.32	0.34	0.32	0.00	0.02	0.03	0.00	0.00
辽宁	辽河干流	B03	28.14	0.00	0.00	1.64	9.36	7.35	7.96	0.00	1.02	0.79	0.00	0.02	0.00
辽宁	浑太河	B04	13.38	0.00	0.00	0.64	4.63	3.55	3.49	0.00	0.62	0.32	0.12	0.01	0.00
辽宁	鸭绿江	B05	0.52	0.00	0.00	0.03	0.13	0.16	0.17	0.00	0.02	0.01	0.00	0.00	0.00
辽宁	东北沿黄渤海诸河	B06	23.05	0.00	0.00	1.32	8.19	5.46	4.39	1.14	1.36	0.54	0.54	0.11	0.00

续表

省级行政区	水资源二级区	编号	合计	2020年											2021年
				2月	3月	4月	5月	6月	7月	8月	9月	10月	11月	12月	1月
			3085.83	42.99	94.28	189.89	370.71	575.56	601.43	582.83	348.62	130.23	63.24	52.06	33.99
辽宁	滦河及冀东沿海	C01	0.76	0.00	0.00	0.04	0.21	0.09	0.07	0.21	0.07	0.02	0.04	0.00	0.00
吉林	嫩江	A02	30.39	0.02	0.20	2.88	6.95	5.22	11.77	0.47	0.00	1.34	1.53	0.00	0.01
吉林	第二松花江	A03	19.34	0.14	0.15	1.77	4.56	2.89	5.91	1.84	1.58	0.43	0.05	0.02	0.00
吉林	松花江（三岔口以下）	A04	9.24	0.01	0.04	0.92	2.65	0.00	4.50	0.58	0.34	0.15	0.05	0.00	0.00
吉林	图们江	A08	3.34	0.04	0.03	0.25	0.53	0.56	1.31	0.51	0.00	0.10	0.00	0.01	0.00
吉林	西辽河	B01	3.63	0.00	0.02	0.26	0.87	0.94	1.15	0.23	0.00	0.13	0.02	0.00	0.00
吉林	东辽河	B02	0.32	0.00	0.00	0.02	0.06	0.08	0.09	0.05	0.00	0.01	0.00	0.00	0.00
吉林	辽河干流	B03	2.82	0.02	0.05	0.22	0.66	0.72	0.96	0.00	0.00	0.19	0.00	0.00	0.00
吉林	鸭绿江	B05	0.53	0.00	0.01	0.06	0.04	0.28	0.04	0.00	0.09	0.01	0.00	0.00	0.00
黑龙江	嫩江	A02	88.68	0.01	0.00	3.30	10.68	21.62	24.64	12.83	11.89	2.00	1.59	0.11	0.01
黑龙江	松花江（三岔口以下）	A04	102.31	0.00	0.00	6.21	10.80	26.74	23.22	19.46	13.33	1.86	0.55	0.14	0.01
黑龙江	黑龙江干流	A05	8.15	0.00	0.00	0.45	0.64	1.48	1.41	2.69	1.26	0.09	0.11	0.01	0.00
黑龙江	乌苏里江	A06	39.25	0.00	0.00	2.50	3.02	6.58	5.73	13.80	6.57	0.46	0.50	0.09	0.00
黑龙江	绥芬河	A07	0.37	0.00	0.00	0.03	0.07	0.12	0.10	0.00	0.04	0.02	0.00	0.00	0.00

续表

省级行政区	水资源二级区	编号	合计	2020年											2021年
				2月	3月	4月	5月	6月	7月	8月	9月	10月	11月	12月	1月
			3085.83	42.99	94.28	189.89	370.71	575.56	601.43	582.83	348.62	130.23	63.24	52.06	33.99
上海	太湖水系	F12	12.21	0.21	0.19	0.41	0.43	6.58	2.39	0.53	0.02	0.59	0.15	0.31	0.39
江苏	淮河中游（王家坝至洪泽湖出口）	E02	17.87	0.15	0.26	1.23	4.40	0.01	2.89	6.94	0.05	1.08	0.20	0.37	0.30
江苏	淮河下游（洪泽湖出口以下）	E03	84.03	0.60	1.47	5.87	14.42	18.58	10.32	15.42	8.50	5.19	0.51	2.23	0.91
江苏	沂沭泗河	E04	71.01	0.64	1.51	5.90	15.88	5.36	5.95	21.72	3.26	5.63	1.69	2.06	1.40
江苏	湖口以下干流	F11	42.15	0.26	0.46	4.03	3.53	4.87	13.36	7.88	3.58	2.42	0.25	1.04	0.47
江苏	太湖水系	F12	23.51	0.08	0.15	1.48	0.97	4.75	6.88	5.78	1.62	0.88	0.03	0.56	0.34
浙江	太湖水系	F12	10.12	0.04	0.04	0.90	0.00	0.53	0.00	3.81	1.65	1.02	0.66	0.50	0.95
浙江	钱塘江	G01	30.65	0.03	0.00	1.53	0.00	2.69	0.01	19.33	1.73	2.04	1.17	0.67	1.43
浙江	浙东诸河	G02	10.16	0.05	0.00	0.58	0.10	1.97	1.87	3.26	0.14	0.80	0.50	0.37	0.52
浙江	浙南诸河	G03	9.47	0.04	0.24	0.22	0.00	0.00	1.16	3.84	1.15	0.89	0.83	0.68	0.43
浙江	闽东诸河	G04	0.00	0.00	0.00	0.00	0.00	0.00	0.00	0.00	0.00	0.00	0.00	0.00	0.00
安徽	淮河中游（王家坝至洪泽湖出口）	E02	72.88	2.83	6.56	3.65	10.63	16.32	15.90	9.55	0.00	4.51	0.22	2.71	0.00

续表

省级行政区	水资源二级区	编号	合计	2020年											2021年
				2月	3月	4月	5月	6月	7月	8月	9月	10月	11月	12月	1月
			3085.83	42.99	94.28	189.89	370.71	575.56	601.43	582.83	348.62	130.23	63.24	52.06	33.99
安徽	淮河下游（洪泽湖出口以下）	E03	1.58	0.11	0.00	0.07	0.09	0.36	0.69	0.00	0.00	0.21	0.00	0.06	0.00
安徽	鄱阳湖水系	F09	0.44	0.00	0.00	0.00	0.05	0.09	0.18	0.08	0.00	0.02	0.01	0.01	0.00
安徽	湖口以下干流	F11	56.90	0.66	0.65	2.09	3.16	9.91	20.43	12.80	2.84	2.51	0.36	1.49	0.00
安徽	钱塘江	G01	2.07	0.00	0.00	0.03	0.25	0.47	0.92	0.12	0.00	0.14	0.08	0.07	0.00
福建	闽东诸河	G04	4.88	0.01	0.06	0.31	0.28	0.44	0.58	0.98	0.64	0.82	0.53	0.23	0.00
福建	闽江	G05	19.68	0.10	0.53	0.57	1.91	1.23	6.38	2.46	3.66	1.38	1.01	0.43	0.00
福建	闽南诸河	G06	37.32	2.23	6.49	2.59	0.50	3.29	6.22	7.51	1.78	2.80	1.96	1.95	0.00
福建	韩江及粤东诸河	H08	11.57	0.46	2.38	0.29	0.45	1.14	3.01	2.18	0.80	0.30	0.25	0.33	0.00
江西	洞庭湖水系	F07	1.37	0.00	0.27	0.00	0.12	0.43	0.00	0.32	0.17	0.06	0.00	0.00	0.00
江西	鄱阳湖水系	F09	139.07	1.45	3.99	3.37	7.61	15.62	35.63	35.09	20.36	9.73	3.25	2.96	0.00
江西	宜昌至湖口	F10	0.62	0.00	0.00	0.06	0.00	0.06	0.00	0.38	0.12	0.00	0.01	0.00	0.00
江西	湖口以下干流	F11	1.90	0.00	0.00	0.07	0.00	0.25	0.83	0.49	0.18	0.03	0.00	0.04	0.00
江西	东江	H06	2.15	0.07	0.67	0.02	0.00	0.15	0.65	0.20	0.24	0.10	0.01	0.05	0.00
山东	徒骇马颊河	C04	40.20	0.00	0.00	4.79	11.86	10.55	8.62	0.00	3.09	0.62	0.24	0.44	0.00
山东	花园口以下	D07	5.84	0.00	0.00	0.76	2.98	1.20	0.26	0.00	0.15	0.26	0.01	0.23	0.00

续表

省级行政区	水资源二级区	编号	合计	2020年											2021年
				2月	3月	4月	5月	6月	7月	8月	9月	10月	11月	12月	1月
			3085.83	42.99	94.28	189.89	370.71	575.56	601.43	582.83	348.62	130.23	63.24	52.06	33.99
山东	沂沭泗河	E04	39.16	0.00	0.00	5.74	14.62	10.74	2.57	1.49	1.43	1.60	0.02	0.94	0.00
山东	山东半岛沿海诸河	E05	37.65	0.00	0.00	2.64	15.30	10.35	5.65	0.19	1.34	1.08	0.21	0.92	0.00
河南	海河南系	C03	21.16	0.00	0.00	1.67	2.25	2.62	3.21	8.39	1.88	0.57	0.29	0.27	0.00
河南	徒骇马颊河	C04	5.76	0.00	0.00	0.34	0.37	0.71	0.86	3.15	0.15	0.11	0.00	0.06	0.00
河南	龙门至三门峡	D05	1.00	0.00	0.00	0.04	0.19	0.04	0.30	0.09	0.25	0.00	0.05	0.04	0.00
河南	三门峡至花园口	D06	12.17	0.00	0.00	0.94	1.52	0.41	2.38	4.23	1.54	0.36	0.44	0.35	0.00
河南	花园口以下	D07	16.32	0.00	0.00	1.63	1.68	1.91	2.08	7.51	0.70	0.39	0.05	0.36	0.00
河南	淮河上游（王家坝以上）	E01	10.43	0.00	0.00	1.56	0.87	0.06	0.02	4.52	2.43	0.58	0.01	0.39	0.00
河南	淮河中游（王家坝至洪泽湖出口）	E02	36.51	0.00	0.00	5.09	4.38	2.34	2.90	8.63	8.92	2.63	0.35	1.27	0.00
河南	沂沭泗河	E04	2.78	0.00	0.00	0.35	0.34	0.49	0.31	0.58	0.43	0.21	0.00	0.07	0.00
河南	汉江	F08	3.56	0.00	0.00	0.47	0.62	0.36	0.03	1.05	0.42	0.22	0.01	0.38	0.00
湖北	乌江	F05	0.02	0.00	0.00	0.00	0.00	0.00	0.00	0.00	0.00	0.00	0.01	0.00	0.00
湖北	宜宾至宜昌	F06	1.54	0.06	0.01	0.08	0.02	0.59	0.33	0.15	0.11	0.01	0.07	0.08	0.04
湖北	洞庭湖水系	F07	6.64	0.06	0.00	0.00	0.00	2.74	0.00	1.24	2.14	0.00	0.00	0.26	0.19

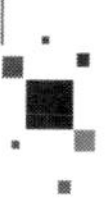

续表

省级行政区	水资源二级区	编号	合计	2020年											2021年
				2月	3月	4月	5月	6月	7月	8月	9月	10月	11月	12月	1月
			3085.83	42.99	94.28	189.89	370.71	575.56	601.43	582.83	348.62	130.23	63.24	52.06	33.99
湖北	汉江	F08	40.44	1.34	0.52	0.19	2.30	13.47	0.06	9.10	11.28	0.00	0.05	1.03	1.10
湖北	宜昌至湖口	F10	69.63	2.62	0.00	0.77	0.05	26.02	0.00	14.56	21.65	0.00	0.22	1.85	1.88
湖北	湖口以下干流	F11	4.05	0.02	0.00	0.00	0.00	1.75	0.00	0.00	1.10	0.74	0.10	0.20	0.15
湖南	洞庭湖水系	F07	160.35	0.78	1.33	2.04	3.48	28.11	58.46	33.67	10.63	6.12	4.53	2.56	8.65
湖南	宜昌至湖口	F10	0.44	0.00	0.00	0.00	0.00	0.00	0.00	0.40	0.00	0.00	0.00	0.00	0.03
湖南	北江	H05	1.73	0.00	0.00	0.00	0.00	0.60	0.36	0.43	0.00	0.10	0.05	0.02	0.17
广东	西江	H04	15.18	0.24	2.02	2.32	2.31	2.50	2.15	1.25	1.12	0.77	0.08	0.27	0.16
广东	北江	H05	13.55	0.59	2.81	0.06	0.00	2.47	2.34	1.01	1.76	1.70	0.07	0.43	0.31
广东	东江	H06	29.61	2.02	2.71	3.50	3.63	5.97	2.73	1.05	2.61	2.25	1.28	1.36	0.50
广东	珠江三角洲	H07	34.21	1.72	2.32	2.79	5.34	6.99	3.10	1.69	4.58	3.37	1.02	0.95	0.35
广东	韩江及粤东诸河	H08	31.50	2.32	2.72	3.85	5.38	2.56	3.38	3.31	3.70	2.16	0.71	0.81	0.59
广东	粤西桂南沿海诸河	H09	42.62	0.71	3.42	2.15	5.77	8.77	5.34	3.54	8.09	1.58	1.49	1.22	0.56
广西	洞庭湖水系	F07	4.49	0.00	0.00	0.00	1.22	1.11	0.68	0.88	0.00	0.21	0.09	0.06	0.26
广西	南北盘江	H01	0.39	0.00	0.18	0.05	0.00	0.05	0.02	0.00	0.00	0.00	0.04	0.02	0.03
广西	红柳江	H02	36.31	1.12	2.12	0.12	6.05	2.65	3.48	6.60	8.15	2.16	1.01	0.95	1.89
广西	郁江	H03	60.78	1.99	7.49	1.82	6.19	9.69	7.74	9.42	8.87	3.07	1.12	1.28	2.11

续表

省级行政区	水资源二级区	编号	合计	2020年											2021年
				2月	3月	4月	5月	6月	7月	8月	9月	10月	11月	12月	1月
			3085.83	42.99	94.28	189.89	370.71	575.56	601.43	582.83	348.62	130.23	63.24	52.06	33.99
广西	西江	H04	32.29	0.50	2.86	0.78	3.73	4.42	6.67	4.89	1.65	4.09	0.66	0.54	1.50
广西	粤西桂南沿海诸河	H09	26.13	0.14	3.48	0.40	2.49	6.47	2.81	4.59	2.75	1.25	0.35	0.38	1.02
广西	红河	J01	0.34	0.01	0.07	0.01	0.10	0.00	0.06	0.00	0.09	0.00	0.00	0.00	0.01
海南	海南岛及南海各岛诸河	H10	31.15	1.00	3.17	0.62	4.34	1.56	3.56	13.70	0.12	0.15	0.43	1.71	0.80
重庆	岷沱江	F03	0.60	0.04	0.11	0.05	0.05	0.05	0.07	0.14	0.02	0.02	0.04	0.01	0.00
重庆	嘉陵江	F04	2.78	0.10	0.31	0.05	0.09	0.56	0.73	0.63	0.05	0.06	0.11	0.08	0.02
重庆	乌江	F05	2.61	0.09	0.05	0.07	0.00	0.69	0.70	0.58	0.12	0.09	0.11	0.05	0.06
重庆	宜宾至宜昌	F06	12.82	0.74	0.58	0.60	0.48	2.60	3.13	3.17	0.30	0.38	0.48	0.21	0.15
重庆	洞庭湖水系	F07	0.06	0.00	0.00	0.00	0.00	0.00	0.00	0.00	0.02	0.02	0.01	0.00	0.01
四川	龙羊峡以上	D01	0.01	0.00	0.00	0.00	0.00	0.00	0.00	0.01	0.00	0.00	0.00	0.00	0.00
四川	金沙江石鼓以上	F01	0.99	0.01	0.03	0.10	0.16	0.29	0.03	0.22	0.03	0.08	0.02	0.01	0.00
四川	金沙江石鼓以下	F02	18.08	0.48	0.45	1.51	3.19	1.36	0.38	9.58	0.00	0.55	0.34	0.16	0.08
四川	岷沱江	F03	65.37	1.69	5.08	3.92	6.70	12.92	6.94	19.94	2.99	1.70	2.11	1.05	0.32
四川	嘉陵江	F04	44.67	1.08	3.62	2.15	6.25	5.12	5.58	13.66	3.07	1.23	1.64	1.07	0.20
四川	宜宾至宜昌	F06	9.71	0.50	0.92	0.66	1.10	1.34	1.72	1.19	1.28	0.51	0.25	0.21	0.03
贵州	金沙江石鼓以下	F02	0.63	0.03	0.06	0.01	0.00	0.00	0.08	0.18	0.25	0.00	0.02	0.00	0.00

续表

省级行政区	水资源二级区	编号	合计	2020年											2021年
				2月	3月	4月	5月	6月	7月	8月	9月	10月	11月	12月	1月
			3085.83	42.99	94.28	189.89	370.71	575.56	601.43	582.83	348.62	130.23	63.24	52.06	33.99
贵州	乌江	F05	31.65	0.73	1.21	0.28	0.11	5.44	2.52	6.40	13.42	0.22	0.75	0.39	0.19
贵州	宜宾至宜昌	F06	7.40	0.38	0.47	0.10	0.00	0.45	1.14	1.47	3.12	0.00	0.18	0.08	0.02
贵州	洞庭湖水系	F07	8.53	0.03	0.26	0.03	0.07	1.81	0.05	2.31	3.39	0.10	0.20	0.13	0.16
贵州	南北盘江	H01	4.96	0.14	0.47	0.19	0.21	1.82	0.76	0.43	0.63	0.07	0.17	0.03	0.02
贵州	红柳江	H02	3.11	0.01	0.26	0.05	0.00	1.03	0.02	0.58	0.79	0.06	0.12	0.11	0.09
云南	金沙江石鼓以上	F01	2.33	0.18	0.16	0.34	0.35	0.12	0.26	0.54	0.23	0.04	0.07	0.01	0.04
云南	金沙江石鼓以下	F02	20.56	1.60	1.53	2.47	2.39	1.79	0.62	6.99	0.32	1.08	0.82	0.55	0.39
云南	宜宾至宜昌	F06	0.24	0.02	0.01	0.00	0.08	0.00	0.00	0.13	0.00	0.00	0.01	0.00	0.00
云南	南北盘江	H01	14.71	0.85	2.29	1.41	1.46	1.01	1.17	3.96	0.20	0.71	0.86	0.48	0.31
云南	郁江	H03	1.70	0.02	0.41	0.25	0.22	0.04	0.21	0.34	0.00	0.00	0.11	0.08	0.03
云南	红河	J01	20.89	0.66	1.10	1.53	1.48	1.83	3.84	6.19	1.33	1.42	0.74	0.43	0.34
云南	澜沧江	J02	13.43	0.72	0.60	2.16	1.09	1.05	0.65	4.66	0.84	0.67	0.53	0.17	0.28
云南	怒江及伊洛瓦底江	J03	9.55	0.82	0.48	2.57	0.61	0.19	0.03	3.23	0.27	0.34	0.60	0.19	0.22
西藏	金沙江石鼓以上	F01	1.05	0.01	0.03	0.12	0.13	0.25	0.04	0.45	0.01	0.01	0.01	0.00	0.00
西藏	澜沧江	J02	0.86	0.00	0.01	0.06	0.07	0.20	0.09	0.38	0.03	0.01	0.00	0.00	0.00

续表

省级行政区	水资源二级区	编号	合计	2020年											2021年
				2月	3月	4月	5月	6月	7月	8月	9月	10月	11月	12月	1月
			3085.83	42.99	94.28	189.89	370.71	575.56	601.43	582.83	348.62	130.23	63.24	52.06	33.99
西藏	怒江及伊洛瓦底江	J03	3.16	0.01	0.04	0.15	0.24	0.51	0.50	1.57	0.10	0.02	0.01	0.00	0.01
西藏	雅鲁藏布江	J04	10.94	0.05	0.21	0.81	1.25	2.66	2.80	2.02	0.93	0.11	0.05	0.01	0.03
西藏	藏南诸河	J05	2.75	0.01	0.04	0.15	0.27	0.66	0.45	0.90	0.23	0.02	0.01	0.00	0.01
西藏	藏西诸河	J06	0.38	0.00	0.00	0.01	0.03	0.05	0.11	0.15	0.02	0.00	0.00	0.00	0.00
西藏	羌塘高原内陆区	K14	0.94	0.00	0.01	0.05	0.08	0.19	0.27	0.24	0.08	0.01	0.00	0.00	0.00
陕西	河口镇至龙门	D04	6.72	0.12	0.05	0.31	0.89	1.70	1.55	1.09	0.43	0.33	0.18	0.02	0.05
陕西	龙门至三门峡	D05	29.98	0.50	1.60	0.69	6.35	3.27	2.25	8.43	4.09	1.30	0.64	0.66	0.19
陕西	三门峡至花园口	D06	0.14	0.00	0.02	0.00	0.05	0.00	0.02	0.03	0.02	0.00	0.00	0.00	0.00
陕西	内流区	D08	3.82	0.03	0.02	0.13	0.52	1.26	1.04	0.49	0.15	0.09	0.06	0.00	0.01
陕西	嘉陵江	F04	0.28	0.02	0.04	0.03	0.08	0.02	0.02	0.02	0.01	0.00	0.03	0.01	0.00
陕西	汉江	F08	4.45	0.13	0.52	0.12	1.55	0.19	0.44	0.58	0.42	0.05	0.26	0.13	0.07
甘肃	龙羊峡以上	D01	0.00	0.00	0.00	0.00	0.00	0.00	0.00	0.00	0.00	0.00	0.00	0.00	0.00
甘肃	龙羊峡至兰州	D02	9.52	0.08	0.39	0.31	2.09	2.57	1.88	0.95	0.41	0.58	0.17	0.07	0.01

续表

省级行政区	水资源二级区	编号	合计	2020年											2021年
				2月	3月	4月	5月	6月	7月	8月	9月	10月	11月	12月	1月
			3085.83	42.99	94.28	189.89	370.71	575.56	601.43	582.83	348.62	130.23	63.24	52.06	33.99
甘肃	兰州至河口镇	D03	19.29	0.08	0.54	1.35	4.81	4.92	4.91	0.30	1.11	0.91	0.21	0.14	0.02
甘肃	龙门至三门峡	D05	10.46	0.20	0.82	0.54	3.34	2.05	1.23	0.22	0.77	0.54	0.39	0.34	0.02
甘肃	嘉陵江	F04	2.72	0.06	0.31	0.24	0.70	0.52	0.14	0.26	0.12	0.12	0.16	0.10	0.00
甘肃	河西走廊内陆河	K02	27.14	0.24	0.45	0.62	5.05	6.38	5.67	4.51	3.06	0.50	0.37	0.26	0.03
甘肃	柴达木盆地	K04	0.02	0.00	0.00	0.00	0.00	0.00	0.00	0.00	0.00	0.00	0.00	0.00	0.00
青海	龙羊峡以上	D01	0.29	0.00	0.00	0.03	0.07	0.05	0.01	0.06	0.04	0.02	0.00	0.00	0.00
青海	龙羊峡至兰州	D02	7.59	0.00	0.00	0.30	1.72	2.41	1.73	0.65	0.40	0.30	0.05	0.03	0.00
青海	金沙江石鼓以上	F01	0.00	0.00	0.00	0.00	0.00	0.00	0.00	0.00	0.00	0.00	0.00	0.00	0.00
青海	金沙江石鼓以下	F02	0.00	0.00	0.00	0.00	0.00	0.00	0.00	0.00	0.00	0.00	0.00	0.00	0.00
青海	岷沱江	F03	0.00	0.00	0.00	0.00	0.00	0.00	0.00	0.00	0.00	0.00	0.00	0.00	0.00
青海	澜沧江	J02	0.01	0.00	0.00	0.00	0.00	0.00	0.00	0.00	0.00	0.00	0.00	0.00	0.00
青海	河西走廊内陆河	K02	0.06	0.00	0.00	0.00	0.01	0.02	0.02	0.01	0.00	0.00	0.00	0.00	0.00
青海	青海湖水系	K03	2.14	0.00	0.00	0.09	0.27	0.66	0.70	0.18	0.17	0.06	0.01	0.00	0.00
青海	柴达木盆地	K04	1.17	0.00	0.00	0.05	0.15	0.32	0.31	0.23	0.10	0.00	0.01	0.01	0.00

续表

省级行政区	水资源二级区	编号	合计	2020年											2021年
				2月	3月	4月	5月	6月	7月	8月	9月	10月	11月	12月	1月
			3085.83	42.99	94.28	189.89	370.71	575.56	601.43	582.83	348.62	130.23	63.24	52.06	33.99
宁夏	兰州至河口镇	D03	53.35	0.19	0.46	0.98	5.76	11.48	10.71	9.03	2.59	1.62	10.30	0.15	0.07
宁夏	龙门至三门峡	D05	4.02	0.09	0.12	0.18	1.21	1.07	1.06	0.00	0.05	0.12	0.05	0.04	0.02
新疆	吐哈盆地小河	K05	4.00	0.08	0.12	0.18	0.63	0.58	0.87	0.85	0.30	0.32	0.04	0.01	0.00
新疆	阿尔泰山南麓诸河	K06	11.27	0.01	0.05	0.62	1.68	2.47	3.63	1.99	0.65	0.08	0.08	0.00	0.00
新疆	中亚西亚内陆河区	K07	49.47	0.05	0.12	3.61	7.72	11.97	13.81	8.80	2.61	0.51	0.26	0.00	0.00
新疆	古尔班通古特荒漠区	K08	18.75	0.01	0.13	0.77	2.32	4.84	5.90	3.65	0.73	0.22	0.15	0.02	0.00
新疆	天山北麓诸河	K09	77.66	0.07	0.60	5.33	8.67	10.10	16.27	17.87	17.28	0.87	0.56	0.03	0.02
新疆	塔里木河源流	K10	172.04	2.05	1.72	11.85	23.61	22.71	35.68	32.84	29.07	11.07	0.97	0.38	0.08
新疆	昆仑山北麓小河	K11	8.49	0.09	0.10	0.56	0.98	1.36	2.14	1.65	1.09	0.41	0.06	0.03	0.01
新疆	塔里木河干流	K12	6.96	0.01	0.01	0.67	0.87	0.62	1.28	1.36	2.05	0.05	0.03	0.01	0.00
新疆	塔里木盆地荒漠区	K13	46.48	0.28	0.36	4.00	5.96	5.26	9.73	8.78	10.44	1.34	0.22	0.10	0.02

5.7.3 全国农田灌溉需水量月尺度变化特征分析

全国农田灌溉需水量月尺度变化特征如图 5.41 所示，年农田灌溉需水总量为 3085.83 亿 m^3，其中 1—12 月分别为 33.99 亿 m^3、42.99 亿 m^3、94.28 亿 m^3、189.89 亿 m^3、370.71 亿 m^3、575.56 亿 m^3、601.43 亿 m^3、582.83 亿 m^3、348.62 亿 m^3、130.23 亿 m^3、63.24 亿 m^3、52.06 亿 m^3。可见，6—8 月为年内农田灌溉需水高峰，该 3 个月 1759.81 亿 m^3 占全国农田灌溉需水总量的 57%。1—2 月，北方灌溉需水量较少，需水量主要来自南方灌溉蔬菜等需水；3—4 月灌溉需水量显著增加，北方地区主要来自冬小麦灌返青-拔节水；5—6 月需水量继续增加，北方地区主要为一年一熟制，主要是春玉米拔节水、水稻泡田、播前洗盐等需水量增加；7—8 月主要是秋熟作物灌关键水等，如北方新疆棉花坐果期、南方水稻灌浆期、一年两熟制夏玉米开花-灌浆期等关键生育期需要浇灌浆水以促丰产，导致该时段全国农业灌溉需水量达到年内峰值；而 9—11 月，随着主要作物成熟及收获等，农田灌溉需水量减少，部分省（自治区、直辖市）由于秋浇等因素如宁夏农田灌溉需水量呈现不降反增现象；直至 12 月，随着温度降低，全国农田灌溉需水量大幅减少。

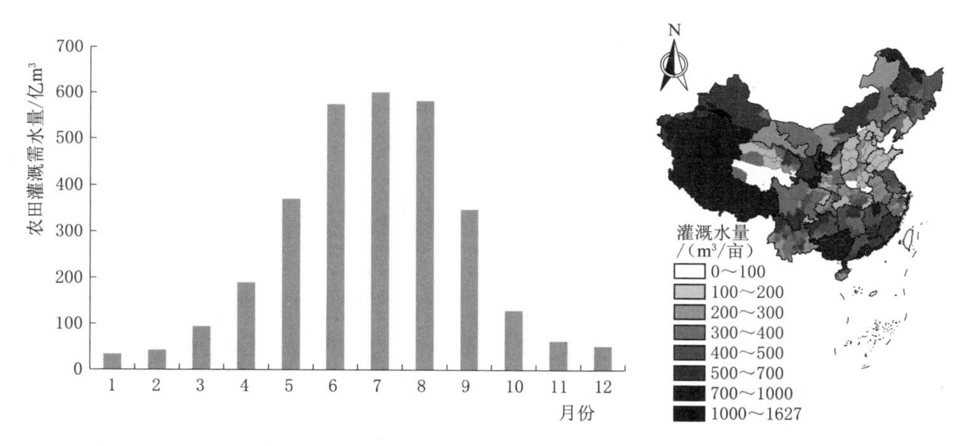

图 5.41 全国农田灌溉需水量月尺度变化特征

图 5.42 各农业灌溉分区亩均灌溉需水量的空间分布图

各农业灌区灌溉亩均需水量如图 5.42 所示，全国亩均灌需水量为 366m^3，各农业灌区灌溉亩均需水量在 60～1569m^3 范围之间；单位面积灌溉需水量最高地方发生在新疆、宁夏、海南等地，灌溉亩均需水量超过 1000m^3，甚至高达 1500m^3；南方水稻种植区亩均灌溉需水量较高，在 400～600m^3 范围内，而北方旱作物种植区亩均灌溉需水量较低，在 200～300m^3 范围内；全国灌溉亩均需水量分布与全国灌溉亩均用水量分布的总体变化趋势基本一致，由于灌溉制度优化及配水管理等因素影响，部分农业灌区灌溉需水量与用水量存在一定的差异。成都市亩均需水量在 252～489m^3 范围内；黑龙江省亩均需水量在 252～550m^3 范围内；黄河流域亩均需水量在 60～1219m^3 范围内。与成都市、黑龙江省相比，黄河流域水稻种植亩均需水量较大，特别是考虑秋浇或春汇，黄河流域水稻种植亩均需水量甚至超过 1000m^3。

各灌溉分区逐月亩均灌溉需水量的空间分布如图 5.43 所示，华北地区以玉米-小麦轮作为主栽类型，小麦灌溉需水在 3—5 月；而夏玉米主要有播前灌以保证出苗，另外在夏季降水不足需要保证拔节水与灌浆水，所以华北地区作物需水集中在 4 月、6 月、7 月。华中地区的主要作物为水稻、小麦和蔬菜，与华北相比华东降水较为丰沛，小麦生育期内降水基本满足需水要求，所以华东地区灌溉需水量以水稻和蔬菜为主，主要灌溉集中在 6—10 月。华南以水稻与蔬菜种植为主，特别是南方气温较高，蔬菜周年都可以种植，各月总体上较其他地区灌溉需

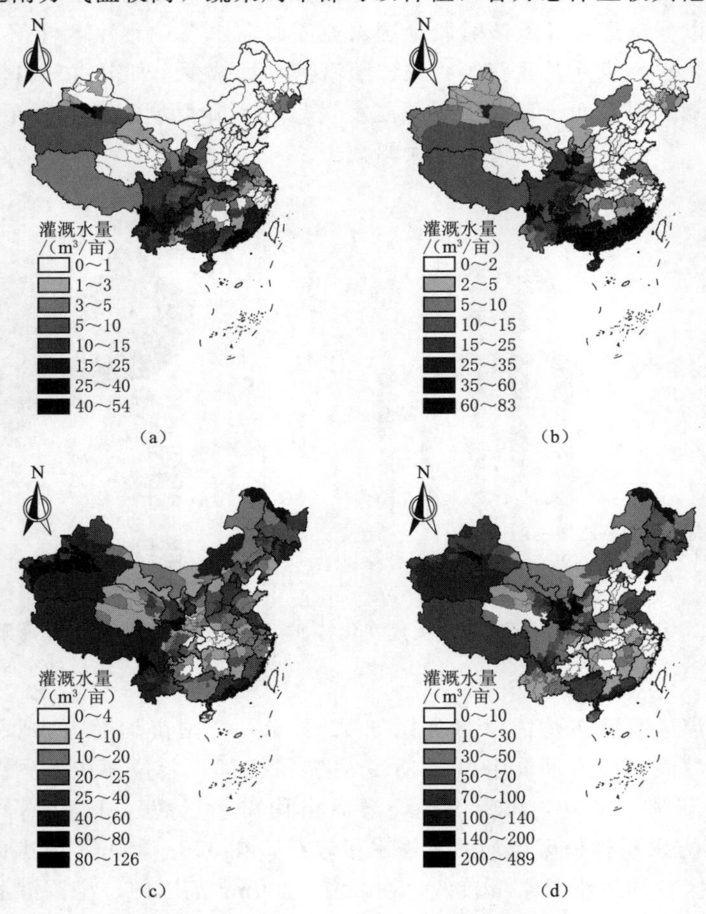

图 5.43（一） 各灌溉分区逐月亩均灌溉需水量的空间分布

(a) 2月；(b) 3月；(c) 4月；(d) 5月

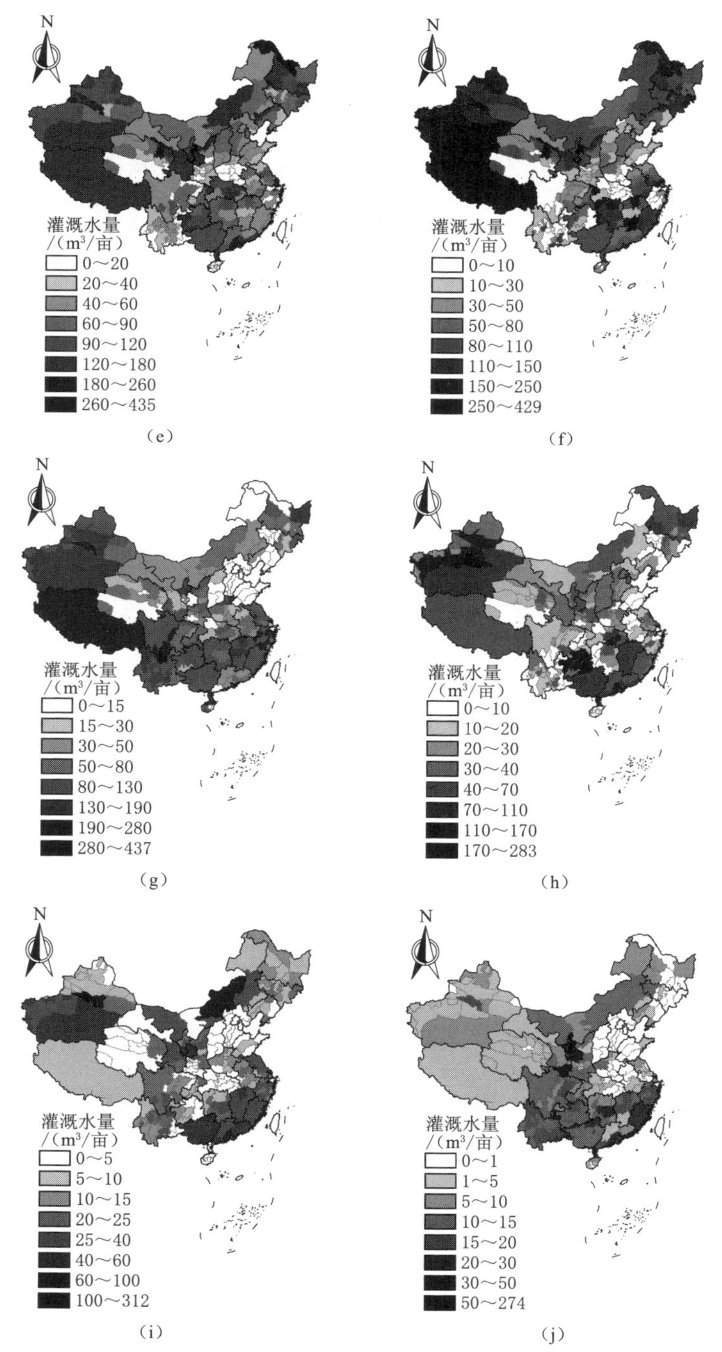

图 5.43（二） 各灌溉分区逐月亩均灌溉需水量的空间分布

(e) 6月；(f) 7月；(g) 8月；(h) 9月；(i) 10月；(j) 11月

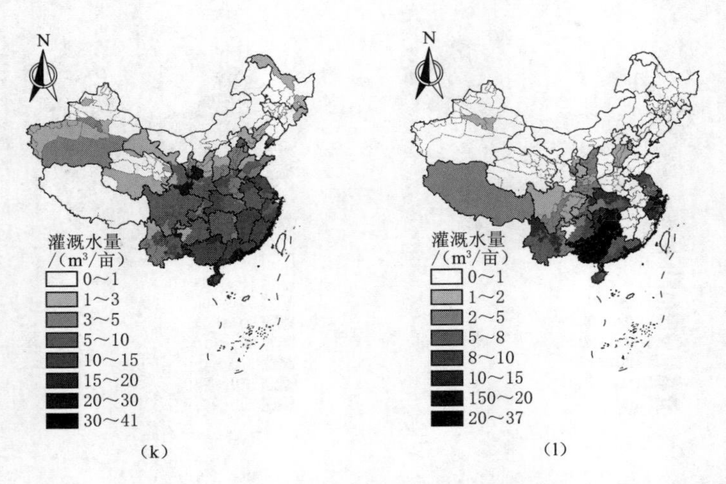

图 5.43（三）　各灌溉分区逐月亩均灌溉需水量的空间分布

(k) 12月；(l) 次年1月

水量稍大，该区域灌溉需水量集中在4—9月。西南地区种植的作物以玉米、蔬菜与水稻为主，玉米灌溉需水主要在5—6月，而水稻需水主要集中在8—9月，各个灌溉分区月尺度变化规律主要受种植结构差异影响。东北地区以玉米与水稻为主要种植作物，灌溉需水量集中在6—7月。青藏区作物灌溉需水量集中在6—8月，以油菜、青稞等作物为主；西北绿洲灌溉农业区，灌溉需水量集中在5—7月，以葡萄、棉花等作物为主。

5.7.4　区域月尺度农业灌溉需水量预测效果评价

全国月尺度灌溉需水量与灌溉用水量如图5.44所示，全国预报灌溉需水总量为3085.83亿 m^3，而实际灌溉用水量为3245.42亿 m^3，预测需水量稍低；预报灌溉需水量年内月际变化趋势与灌溉用水量变化趋势基本一致，年内呈单峰曲

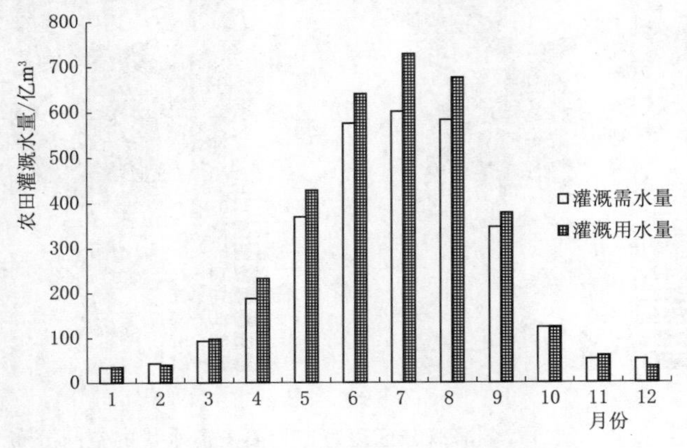

图 5.44　全国月尺度灌溉需水量与灌溉用水量

线，在 7 月达到年内峰值；与灌溉用水量相比，6—8 月预测灌溉需水量差异不明显，导致预测峰值趋于平缓。

各省级行政分区灌溉需水量与灌溉用水量之间的关系如图 5.45 所示，2—12 月各省级行政分区灌溉需水量与灌溉用水量之间的修正系数在 0.5990～0.9897 的范围内表明，与灌溉需水量相比，灌溉用水量总体偏小。2—3 月省级行政区

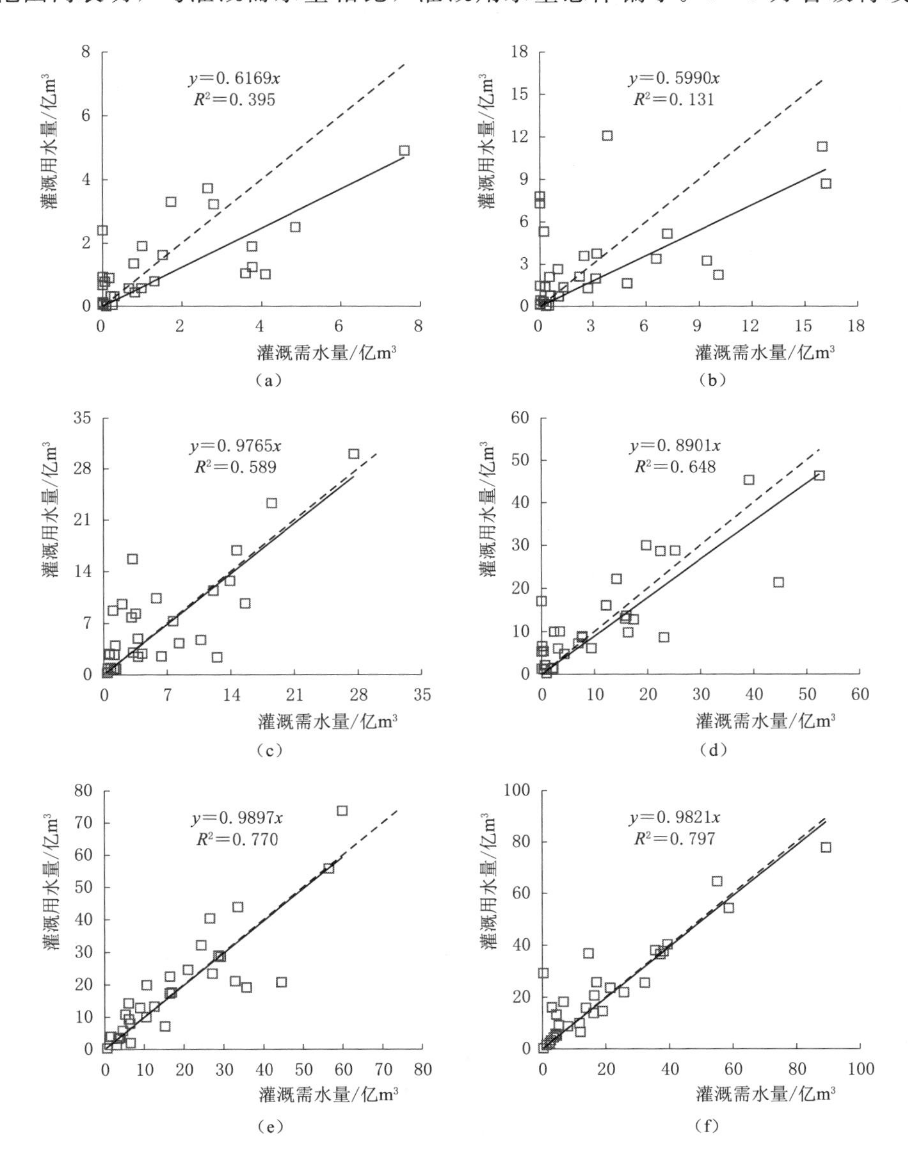

图 5.45（一） 各省级行政区灌溉需水量与灌溉用水量之间的关系

(a) 2 月；(b) 3 月；(c) 4 月；(d) 5 月；(e) 6 月；(f) 7 月

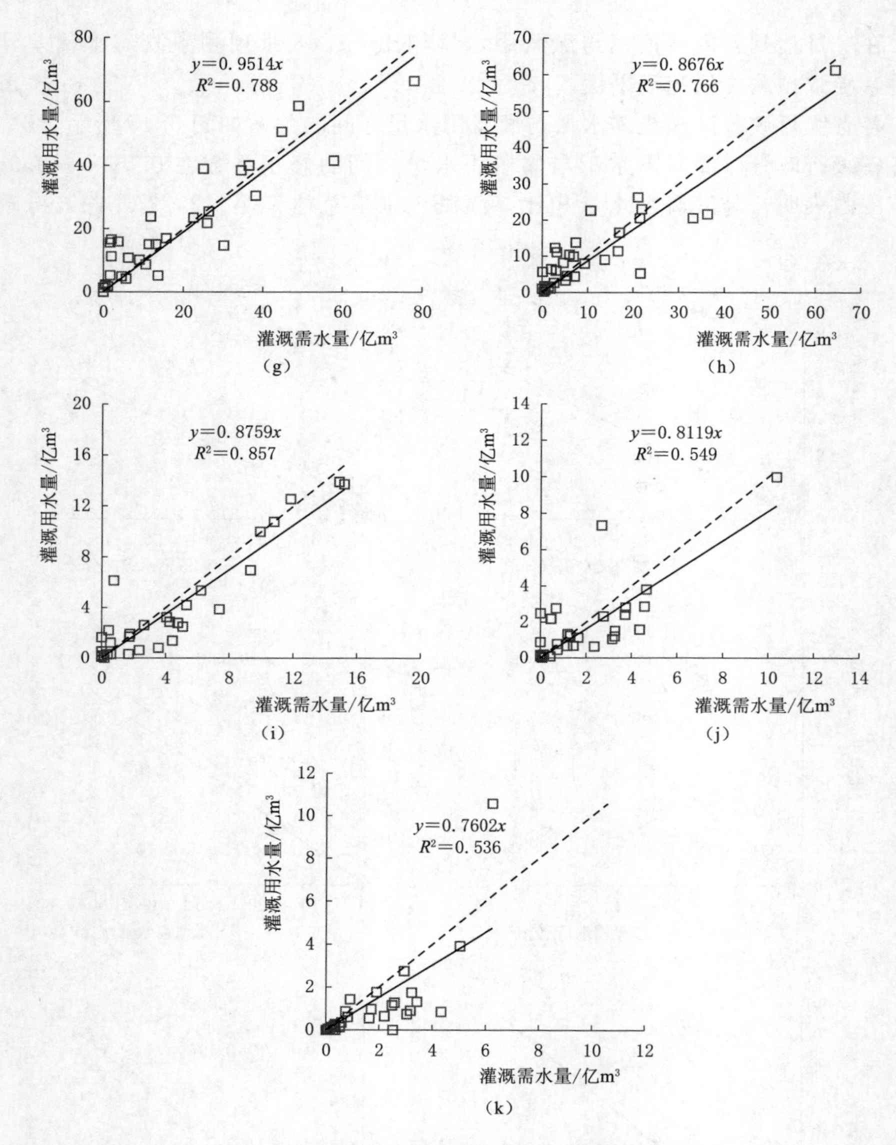

图 5.45（二）　各省级行政区灌溉需水量与灌溉用水量之间的关系

(g) 8 月；(h) 9 月；(i) 10 月；(j) 11 月；(k) 12 月

灌溉需水量与灌溉用水量之间的修正系数在 0.5990～0.6169，而决定系数在 0.131～0.395，与 1 月相比，二者之间关系获得明显改善，但是直接利用灌溉需水量进行灌溉用水量预报精度有待提高。4 月省级行政区灌溉需水量与灌溉用水量之间的修正系数、决定系数分别为 0.9765、0.589，二者之间决定系数大于 0.49，表明二者之间相关关系在可接受范围内，所以利用 4 月灌溉需水量进行灌

溉用水量预报具有统计学意义。5—10 月省级行政区灌溉需水量与灌溉用水量之间的修正系数为 0.8676～0.9897，且决定系数在 0.648～0.857 的范围内；灌溉用水量与灌溉需水量比较接近，同时模拟决定系数大于 0.64，表明二者之间相关关系较好，利用 5—10 月的灌溉需水量进行灌溉用水量预测精度较高。11—12 月，省级行政分区灌溉需水量与灌溉用水量之间的修正系数在 0.7602～0.8119 的范围内，二者间决定系数在 0.536～0.549 范围内，决定系数大于 0.49，表明二者之间相关关系是在可接受范围内，利用该 2 个月灌溉需水量进行灌溉用水量估算具有统计学意义。

5.8　小结

（1）利用 114 个气象站的太阳辐射和日照时间数据计算了 A－P 公式的系数 a、b，采用反距离加权法插值获得全国 2859 个区县 A－P 公式的系数 a、b；以水量平衡法计算获得有效降水量作为评价标准，筛选出了分别适用于旱地作物与水田作物的有效降水量计算公式。

（2）提出了基于主控因子实时动态修正的参照作物需水量中长期预报方法，旨在利用公共天气预报信息进行参照作物需水量中长期预报。利用偏差修正法和基于贡献量的卡尔曼滤波法两种修正方法对 16～30d 预报周期的预报最高温度进行修正后，最高温度及 ET_0 的预报精度均有了较大提高。

（3）利用选择确定的有效降水量计算模型、修正后参照作物需水量计算模型与中长期降水预报解析数据，对华北小麦-玉米轮作及南方水稻的灌溉需水量进行月尺度预报，月尺度预报精度能够满足水资源精细化管理以及灌区配水管理动态化与精细化管理需求。

（4）提出了 A－P 公式系数、作物有效降水量计算公式、气象数据偏差修正权重及作物系数等月尺度预报关键参数的标准化解决方案，结合作物系数、灌溉面积及灌溉水有效利用系数等成果，提出考虑多因子时空变异性与基于自反馈动态修正技术的月尺度灌溉需水量预报技术，实现全国月尺度农业灌溉需水量动态预测，完成 12 期农田灌溉需水量数据生产工作。

第6章 结论与建议

6.1 主要结论

（1）提出了月尺度农业灌溉用水监测的多源数据筛选优化方法，基于多源信息的种植结构提取、月尺度耗水反演和实际灌溉范围提取等灌溉用水监测方法，联合构建了基于多源融合信息的典型区农业灌溉用水量分析技术，在山东位山灌区、四川青衣江灌区、黑龙江省五常市等典型区，针对小麦、玉米、水稻等代表性作物开展了应用。在山东位山灌区开展了连续3年的月尺度耗水和用水的全面验证，对水量和变化趋势进行分析，月耗水监测结果接近田间试验观测数据，逐月数据精度优于MODIS耗水产品，空间尺度精度更高，灌溉用水量监测结果符合实际用水量监测数据变化规律，满足农业灌溉用水量月尺度监测分析要求，为灌区用水量月尺度监测分析提供了技术支撑。

（2）构建了基于地面观测统计与光学、雷达多源遥感信息融合的农业灌溉用水量分析技术。基于多源遥感和地面观测数据提出了月尺度耗水反演方法，提出了基于工程控制灌面与遥感反演多指标动态变化的月尺度的实际灌溉范围分析方法，首次构建了基于地面观测统计与光学、雷达多源遥感信息融合的农业灌溉用水量分析技术，空间精度和监测效率得到有效提升。

（3）提出了基于调查统计的农业用水量月尺度动态评价方法。在对不同规模类型灌区分布情况进行充分整理的基础上，对典型灌区选取与布局方法进行了研究，将调查频次由季度、年度细化到月度，进一步完善了以灌区为统计基本单元的农业用水量统计与核算方法，该方法被水利部《用水统计调查制度》采纳，该制度在国家统计局完成了备案并由水利部正式印发实施，在此基础上完成了团体标准《农业用水量监测评价导则》。

（4）提出了以典型田块逐次灌水信息、区域调查统计数据和气象资料为基础，基于模型计算的农业用水量月尺度动态评价方法。结合现实可获取的基础数据，构建了包含地面监测统计、区域统计调查、遥感监测以及气象资料在内的立体监测网络与数据体系，提出了综合利用历年典型田块数据、当年用水统计直报数据和气象数据，结合遥感等多源技术手段的农业用水量月尺度综合评价方法。该研究在对现行农业用水量统计核算方法改进的基础上，考虑现有工作基础和条件制约，首次提出了具有科学性和可操作性的农业用水量月尺度综合评价理论方法。

（5）根据农业用水动态综合评价方法，构建了农业用水月度监测统计网络与数据体系，建立了区域农业用水月尺度分析计算模型，计算得到全国各县级行政区逐月农业用水量，进而汇总得到不同行政分区、水资源分区和农业灌溉分区农业用水量，并以用水统计直报的大中型灌区季度用水量信息、典型大型灌区月度用水量信息对数据成果进行了校核，综合分析得到2020年度省套二级区和示范区的农业用水量月度数据成果。

（6）将各省级行政区农业用水量评价结果与《中国水资源公报》中2020年度农业用水量进行对比，通过农业用水动态评价方法得到的2020年度全国农业用水量为3699.7亿m^3，与《中国水资源公报》发布的3612.4m^3差距不大，经过原因分析，综合分析认为评价结果符合实际用水情况。在评价结果基础上，按照行政分区、农业灌溉分区、水资源分区分别对农业灌溉用水量、灌溉亩均用水量等时空变化规律进行了分析。从全国来看，各月的灌溉用水量在年内呈现先增加后减少的趋势，受作物需水和灌溉频次影响，冬季的灌溉用水量最低，夏秋季的灌溉用水量较高，且不同月份的灌溉用水量空间差异较大。

（7）利用114个气象站的太阳辐射和日照时间数据计算了A-P公式的系数a、b，通过插值获得全国高空间分辨率的A-P公式系数产品；以水量平衡法计算获得有效降水量作为评价标准，筛选出了适用于旱地作物与水田作物的有效降水量计算公式。突破了利用公共天气预报信息计算月尺度参照作物需水量的技术瓶颈，提出了基于主控因子修正的参照作物需水量中长期预报方法，旨在利用公共天气预报信息进行参照作物需水量中长期精准预报。利用偏差修正法和基于贡献量的卡尔曼滤波法两种修正方法对16～30d预报周期的预报最高温度进行修正后，最高温度及ET_0的预报精度均有了较大提高。

（8）利用选择确定的有效降水量计算模型、修正后参照作物需水量计算模型与中长期降水预报解析数据，对华北小麦-玉米轮作及南方水稻的灌溉需水量进行月尺度预报，月尺度预报精度基本满足灌区配水管理动态化与精细化管理需求。提出了A-P公式系数、作物有效降水量计算公式、气象数据偏差修正权重及作物系数等月尺度预报关键参数的标准化解决方案，结合作物系数、灌溉面积及灌溉水有效利用系数等成果，提出考虑多因子时空变异性与基于自反馈动态修正技术的月尺度灌溉需水量预报技术，破解了站点土壤墒情预报涉及参数繁杂难以大规模推广且精度不高难题，首次实现全国月尺度农业灌溉需水量动态预测，完成12期农田灌溉需水量数据生产工作。

6.2 主要建议

（1）目前用水总量统计、国家水资源监控能力建设、水资源费改税、取水许

可管理等各项工作中都涉及用水量监测、统计或分析工作，但缺乏对用水量监测和统计数据的系统整理与分析，且各部门间数据的共享机制尚未建立，导致不同来源的用水量数据差异较大，数据资源利用程度不高。今后应加强不同部门间的数据共享，对监测和统计数据进行充分的挖掘和利用，最大程度发挥数据的使用价值。

（2）随着用水统计调查制度的实施和农田灌溉水有效利用系数测算的工作逐步深入，我国已经初步建立了一套系统的农业用水量统计核算方法和灌溉水有效利用系数测算方法，并且积累了一定数量的典型灌区和典型田块用水量数据资料，为开展农业用水量月尺度动态评价提供了基础条件。但鉴于用水量相关数据的上报频次仍为季报或年报，距离月尺度动态评价工作仍有一定差距，难以支撑需求日益迫切的水资源精细化管理要求，应不断提高农业用水监测计量率，适度合理增加监测频次，为农业灌溉用水精细化管理提供基础数据支撑。

（3）实际灌溉面积是农业用水量核算的重要基础指标，目前，区域实际灌溉面积指标主要依赖于各级水行政主管部门逐级上报，各部门间统计数据差异较大，并且缺乏有效的数据校核手段。为获取准确可靠的实际灌溉面积数据，应进一步基于遥感等新技术的区域实际灌溉面积反演分析研究，提高实际灌溉面积获取的及时性和数据精度。

（4）本书构建了主要农作物月度灌溉需水量动态预测模型，实现了全国和区域月度农业灌溉需水量动态预测，但由于本书涉及植物学、土壤学、农田水利学等多学科交叉内容，在后续研究中应加强风速、降水量、作物系数等关键参数标准化研究工作，同时更注重多参数及多模型区域验证，以进一步提高作物灌溉需水量动态预测精度；同时深度融合作物需水量与灌溉制度优化、灌区优化配水管理、区域耗用水总量控制等研究内容，确保区域农业灌溉需水量预测与实际用水情况相符合。

（5）本书提出的基于多源融合信息的典型区农业灌溉用水量分析技术，部分方法和模型参数是针对具体卫星遥感影像和典型区特点提出的，在今后推广应用的过程中，针对不同地形、代表性作物、不同灌溉调度方式、用水习惯等，开展更多类型的典型区研究，全面验证主要技术方法以及多源数据（尤其是遥感数据）的适用性，加强地面验证数据的收集和监测网络的配合，开展更长系列的分析，积累应用经验，进一步完善灌溉用水量估测和分析模型。

参 考 文 献

[1] 白燕英，魏占民，刘全明，等. 基于ETM+遥感影像的农田土壤含水率反演研究 [J]. 灌溉排水学报，2013，32 (4)：76-78.

[2] 蔡甲冰，刘钰，雷廷武，等. 精量灌溉决策定量指标研究现状与进展 [J]. 水科学进展，2004，15 (4)：531-537.

[3] 蔡守华，张展羽，张德强. 修正灌溉水利用效率指标体系的研究 [J]. 水利学报，2004 (5)：111-115.

[4] 曹伟，魏光辉，邓丽娟. 基于主成分分析与BP神经网络的参考作物腾发量预测 [J]. 节水灌溉，2009，(9)：38-41，45.

[5] 查治荣，徐保超. 基于多源遥感数据的黄岛区农业用水量动态监测系统研究 [J]. 水资源开发与管理，2017 (2)：64-67.

[6] 陈鹤，蔡甲冰，张宝忠，等. 灌区尺度遥感蒸散发模型时间尺度提升方法研究 [J]. 中国农村水利水电，2016 (9)：149.

[7] 陈伟，郑连生，聂建中. 节水灌溉的水资源评价体系 [J]. 南水北调与水利科技，2005，3 (3)：32-34.

[8] 陈玉民，郭国双，王广兴，等. 中国主要作物需水量与灌溉 [M]. 北京：中国水利水电出版社，1995.

[9] 陈子丹，李纪人，夏夫川. 有效灌溉面积遥感调查方法研究与应用——以河南省试点工作为例 [J]. 遥感信息，1997，(2)：19-24.

[10] 迟道才，王海南，李雪，等. 灰色新陈代谢GM (1，1) 模型在参考作物腾发量预测中的应用研究 [J]. 节水灌溉，2011，(8)：32-35.

[11] 崔远来，董斌，李远华. 农业节水灌溉评价指标与尺度问题 [J]. 农业工程学报，2007，23 (7)：1-7.

[12] 代俊峰，崔远来. 灌溉水文学及其研究进展 [J]. 水科学进展，2008，19 (2)：294-300.

[13] 代俊峰. 基于分布式水文模型的灌区水管理研究 [D]. 武汉：武汉大学，2007.

[14] 翟家齐，付雯琪，赵勇，等. 京津冀区域农业用水竞争力演变特征分析 [C]//. 中国水利学会2020学术年会论文集第三分册，2020：135-142.

[15] 段爱旺，孙景生，刘钰，等. 北方地区主要农作物灌溉用水定额 [M]. 北京：中国农业科学技术出版社，2004.

[16] 樊翔. 基于地理信息系统的灌区作物耗水规律研究 [J]. 山西水利，2009，25 (5)：58-59.

[17] 樊引琴，蔡焕杰. 单作物系数法和双作物系数法计算作物需水量的比较研究 [J]. 水利学报，2002，3：50-54.

[18] 冯东溥. 灌区供需水量对变化环境的响应及农业用水安全评价 [D]. 咸阳：西北农林科技大学，2013.

[19] 盖秋敏. 城镇饮用水系统智能化平台的使用研究 [J]. 科学技术创新，2020 (22)：

10 - 11.

[20] 高菲，李世丹，白洁. 辽阳灌区水量平衡分析 [J]. 智能城市，2016，2 (8)：95.

[21] 高瑞睿. 基于遥感土壤含水量和蒸散发信息的灌溉面积识别技术研究与应用 [D]. 兰州：兰州交通大学，2018.

[22] 高彦春，龙笛. 遥感蒸散发模型研究进展 [J]. 遥感学报，2008，23 (3)：515 - 528.

[23] 郭元裕. 农田水利学 [M]. 北京：中国水利水电出版社，1997.

[24] 郭悦，张岚. 水利统计工作 70 年发展与成就 [J]. 水利发展研究，2020，20 (10)：90 - 97.

[25] 国家发展和改革委员会，水利部，住房和城乡建设部. 水利发展规划（2011—2015年）(发改农经 [2012] 1618 号) [R]，2012.

[26] 国务院. 关于实行最严格水资源管理制度的意见（国发 [2012] 第 3 号）[R]，2012.

[27] 国务院办公厅. 关于印发实行最严格水资源管理制度考核办法的通知（国办发 [2013] 2 号）[R]，2013.

[28] 何娇娇，刘海新，张安兵，等. 温度反演和植被供水指数的农田灌溉面积提取 [J]. 测绘科学，2017 (5)：50 - 55.

[29] 胡荣祥，贾宏伟. 浙江省灌溉用水统计名录样点灌区分析 [J]. 浙江水利科技，2015，(5)：6 - 8.

[30] 黄晶，宋振伟，陈阜，等. 北京市近 20 年农业用水变化趋势及其影响因素 [J]. 中国农业大学学报，2009，14 (5)：103 - 108.

[31] 焦旭. 石津灌区种植结构与灌溉面积信息提取 [D]. 邯郸：河北工程大学，2016.

[32] 李建伟，魏伟，陈沛然 ，等. 农田有效灌溉面积的预测方法及应用 [J]. 湖北农业科学，2013，52 (9)：2157 - 2160.

[33] 李腾，刘晴，隋鹏. 河北省水资源变化及可持续性评估 [J]. 中国农业大学学报，2021，26 (6)：11 - 20.

[34] 李艳，黄春林，卢玲，等. 蒸散发遥感估算方法的研究进展 [J]. 兰州大学学报：自然科学版，2014，50 (6)：765 - 772.

[35] 栗清亚，裴亮，孙莉英，等. 京津冀区域产业用水时空变化规律及影响因素研究 [J]. 生态经济，2020，36 (10)：141 - 145，159.

[36] 刘纲，刘芳. 水利普查与统计年报数据比较研究 [J]. 水利发展研究，2011，11 (2)：47 - 52.

[37] 刘佳，王利民，杨玲波，等. 基于 6S 模型的 GF - 1 卫星影像大气校正及效果 [J]. 农业工程学报，2015，31 (19)：159 - 168.

[38] 刘佳嘉. 变化环境下渭河流域水循环分布式模拟与演变规律研究 [D]. 北京：中国水利水电科学研究院，2013.

[39] 刘倩，张方敏，李威鹏，等. 基于温度的参考作物蒸散量计算方法的适用性评价 [J]. 气象与环境科学，2019，42 (2)：19 - 26.

[40] 刘钰，PEREIRA L S. 对 FAO 推荐的作物系数计算方法的验证 [J]. 农业工程学报，2000，16 (5)：26 - 30.

[41] 刘钰，PERIRE L S.，TEIXEIRA J L. 参照腾发量的新定义及计算方法对比 [J]. 水利学报，1997，6：27 - 33.

[42] 刘钰，汪林，倪广恒，等. 中国主要作物灌溉需水量空间分布特征 [J]. 农业工程学报，

2009，25（12）：6-12.

［43］ 刘战东，段爱旺，肖俊夫，等．旱作物生育期有效降水量计算模式研究进展［J］．灌溉排水学报，2007，26（3）：27-30，34.

［44］ 龙秋波，贾绍凤，汪党献．中国用水数据统计差异分析［J］．资源科学，2016，38（2）：248-254.

［45］ 陆红娜，康绍忠，杜太生，等．农业绿色高效节水研究现状与未来发展趋势［J］．农学学报，2018，8（1）：155-162.

［46］ 罗红英，崔远来．西藏主要农区青稞作物系数的计算分析［J］．灌溉排水学报，2014，33（1）：116-119.

［47］ 罗凯，唐德善，唐彦．基于熵权—正态云模型的农业用水效率评价［J］．中国农村水利水电，2020（10）：159-163.

［48］ 庞爱萍，易雨君，李春晖．基于生态需水保障的农业用水安全评价——以山东省引黄灌区为例［J］．生态学报，2021，41（5）：1907-1920.

［49］ 彭致功，刘钰，许迪，等．基于遥感ET数据的区域水资源状况及典型农作物耗水分析［J］．灌溉排水学报，2008，27（6）：6-9.

［50］ 任晓东．河北平原农业土地利用变化及其对农业用水的影响［D］．西宁：青海师范大学，2019.

［51］ 沈静．遥感技术在灌溉面积监测上的应用研究［D］．大连：大连理工大学，2012.

［52］ 沈莹莹，张绍强，吉晔．我国农业灌溉用水量统计方法的确定及工作开展情况［J］．中国农村水利水电，2016（11）：133-134，138.

［53］ 水利部．全国农田灌溉水有效利用系数测算分析技术指导细则［R］，2012.

［54］ 水利部国际合作司，等．美国国家灌溉工程手册［M］．北京：中国水利水电出版社，1998.

［55］ 宋璐璐，尹云鹤，吴绍洪．蒸散发测定方法研究进展［J］．地理科学进展，2012，31（9）：1186-1195.

［56］ 隋洪智，田国良，李付琴．农田蒸散双层模型及其在干旱遥感监测中的应用［J］．遥感学报，1997，12（3）：220-224.

［57］ 随香灵．经济社会用水调查与常规统计的简要对比分析［J］．治淮，2012（12）：72-73.

［58］ 孙占祥，郑家明，冯良山，等．辽西半干旱地区主要作物耗水规律及水分利用评价［C］//2009年中国作物学会学术年会论文摘要集，2009：45.

［59］ 万玉文，苏超，方崇．我国大中型灌区有效灌溉面积的灰色预测［J］．人民长江，2011，42（15）：96-98.

［60］ 汪富贵．大型灌区灌溉水利用系数的分析方法［J］．武汉水利电力大学学报，1999，32（6）：28-31.

［61］ 王刚．基于灌区设计中水量平衡分析［J］．黑龙江水利科技，2016，44（1）：20-22.

［62］ 王海波，马明国．基于遥感和Penman-Monteith模型的内陆河流域不同生态系统蒸散发估算［J］．生态学报，2014，4（19）：5617.

［63］ 王升，陈洪松，聂云鹏，等．基于基因表达式编程算法的参考作物腾发量模拟计算［J］．农业机械学报，2015，46（4）：106-112.

［64］ 王万同，王卷乐，杜佳．基于ETM+与MODIS数据融合的伊洛河流域地表蒸散估算

[J]. 地理研究，2013，32（5）：817－827.

[65] 王小军，张建云，王国庆，等. 气候变化与农业用水安全［J］. 中国农村水利水电，2012（2）：23－25，29.

[66] 魏童彤. 华北地区小麦－玉米轮作月尺度灌溉需水量研究［D］. 泰安：山东农业大学，2020.

[67] 吴炳方，熊隽，闫娜娜. ETWatch的模型与方法［J］. 遥感学报，2011，15（2）：224－239.

[68] 武夏宁，胡铁松，王修贵，等. 区域蒸散发估算测定方法综述［J］. 农业工程学报，2006，(10)：257－262.

[69] 徐俊增，刘文豪，刘博弈，等. 基于天气预报的参考作物腾发量预报方法比较［J］. 河海大学学报（自然科学版），2019，47（2）：156－162.

[70] 许迪. 灌溉水文学尺度转换问题研究综述［J］. 水利学报，2006（2）：141－149.

[71] 闫豫疆，陈冬花，范红霞. 干旱区作物需水与耗水特征研究［J］. 北方农业学报，2017，45（4）：85－89.

[72] 杨红娟，刘志武，雷志栋，等. 一种简易遥感腾发模型在干旱区平原绿洲的应用［J］. 水利学报，2008，38（4）：483－489.

[73] 杨洋. 基于公共天气预报的参考作物腾发量预报模型比较［D］. 武汉：武汉大学，2018.

[74] 杨永民，冯兆东，周剑. 基于SEBS模型的黑河流域蒸散发［J］. 兰州大学学报（自然科学版），2008，44（5）：1－6.

[75] 姚顺秋，闫晓惠. 基于MRI－CGCM3模式和遗传编程人工智能算法的逐日参考作物腾发量预报方法［J］. 水利规划与设计，2020，(9)：30－33.

[76] 易永红，杨大文，刘钰，等. 区域蒸散发遥感模型研究的进展［J］. 水利学报，2008，53（9）：1118－1124.

[77] 易珍言. 遥感技术在灌溉管理中的应用研究［D］. 兰州：兰州交通大学，2014.

[78] 尹洪波. 灌区水量平衡计算方法［J］. 黑龙江水利科技，2006（3）：98－100.

[79] 俞嘉庆，韩霄. 基于水量平衡法测算灌区单位面积灌溉净用水量［J］. 浙江农业科学，2020，61（6）：1044－1045，1053.

[80] 张宏琴. 浅谈全国用水统计调查直报管理系统在海原县用水总量调查统计中的应用［C］//《建筑科技与管理》组委会. 2021年3月建筑科技与管理学术交流会论文集. 2021：76－78.

[81] 张沛，龙爱华，海洋，等. 1988—2015年新疆农业用水时空变化与政策驱动研究——基于农作物水足迹的统计分析［J］. 冰川冻土，2021，43（1）：242－253.

[82] 张倩，段爱旺，王广帅，等. 基于天气预报的参照作物腾发量中短期预报模型研究［J］. 农业机械学报，2015，46（5）：107－114.

[83] 张淑玲. 基于精细化管理路径的水资源管理能力提升［J］. 中国水利，2019（17）：9－12，24.

[84] 赵春红，张程，张继群，等. 区域节水评价方法研究和实践［J］. 水利发展研究，2021，21（5）：66－70.

[85] 赵春江，杨贵军，薛绪掌，等. 基于互补相关模型和IKONOS数据的农田蒸散时空特征分析［J］. 农业工程学报，2013，29（8）：115.

[86] 中国灌溉排水发展中心. 全国现状灌溉水利用系数测算分析报告 [R], 2007.

[87] 中华人民共和国水利部. 中国水资源公报 2019 [M]. 北京: 中国水利水电出版社, 2020.

[88] 中华人民共和国水利部. 关于印发用水总量统计方案的通知 [Z], 2014.

[89] 周鹏, 丁建丽, 王飞, 等. 植被覆盖地表土壤水分遥感反演 [J]. 遥感学报, 2010, 14 (5): 959-973.

[90] ABOLAFIA-ROSENZWEIG, R., LIVNEH, B., SMALL, E. E., et al. Soil moisture data assimilation to estimate irrigation water use. J. Adv. Model. Earth Sy. 2019, 11, 3670-3690. doi: 10.1029/2019MS001797.

[91] AGAM N, et al. A vegetation index based technique for spatial sharpening of thermal imagery. Remote Sensing of Environment, 2007, 107 (4): 545-558.

[92] ALLEN R. G., PEREIRA L. S., RAES D., et al. Crop evapotranspiration. Guideline for computing crops water requirements [M]. FAO Irrigation and drainage paper No. 56, Rome, 1998, 300.

[93] ALMOROX, J., ARNALDO, J., BAILEK, N., et al. 2020. Adjustment of the Angstrom-Prescott equation from Campbell-Stokes and Kipp-Zonen sunshine measures at different timescales in Spain. Renew [J]. Energy, 2020, 154 (C): 337-350.

[94] AMAYREH J., AL-ABED N. Developing crop coefficients for field-grown tomato under drip irrigation with black plastic mulch [J]. Agricultural Water Management, 2005, 73 (3): 247-254.

[95] ASNOR MUIZAN ISHAK, MICHAELA BRAY, RENJI REMESAN, et al. Estimating reference evapotranspiration using numerical weather modelling [J]. Hydrological Processes, 2010, 24 (24): 3490-3509.

[96] BASTIAAANSSEN W. G. M., MOLDEN D., THIRUVENGADACHARI S., et. al. Remote sensing and hydrologic models for performance assessment in Sirsa Irrigation Circle, India [R]. Research Report no. 27, IWMI, Colombo, Sri Lanka, 1999, 29 pp.

[97] BASTIAANSSEN W., MOLDEN D. J., MAKIN I. W. Remote sensing for irrigated agriculture: examples from research and possible applications [J]. Agricultural Water Management, 2000, 46 (2): 137-155.

[98] BERENGENA J., GAVBILÁN P. Reference evapotranspiration estimation in a highly advective semiarid environment [J]. Journal Of Irrigation And Drainage Engineering, 2005, 131 (2): 147-163.

[99] BOUSBIH, S., ZRIBI, M., EL HAJJ, M., et al. Soil moisture and irrigation mapping in A semi-arid region, based on the synergetic use of Sentinel-1 and Sentinel-2 data. Remote Sens. 2018, 10, 1953. doi: 10.3390/rs10121953.

[100] CAI J. B., LIU Y., LEI T., et al. Estimating reference evapotranspiration with the FAO Penman-Monteith equation using daily weather forecast messages [J]. Agricultural and Forest Meteorology, 2007, 145 (1-2): 22-35.

[101] CHANCE, E. W.; COBOURN, K. M.; THOMAS, V. A. Trend detection for the extent of irrigated agriculture in Idaho's Snake river plain, 1984-2016 [J]. Remote Sensing. 2018, 10 (1), 145. doi: 10.3390/rs10010145.

[102] DASTANCE N. G. Effective rainfall in irrigated agriculture [A]. Irrigation and Drainage Paper No. 25 [C]. New York: Food and Agriculture Organization, United Nations, 1974.

[103] DJAMAN K., TABARI H., BALDE A. B. et al. Analyses, calibration and validation of evapotranspiration models to predict grass - reference evapotranspiration in the Senegal river delta [J]. Journal of Hydrology: Regional Studies, 2016, 8 (C): 82 - 94.

[104] DONG J., XIAO X. Evolution of regional to global paddy rice mapping methods: A review [J]. ISPRS Journal of Photogrammetry and Remote Sensing, 2016, 119.

[105] DONG W., FANG S., YANG Z. et al. A Regional Mapping Method for Oilseed Rape Based on HSV Transformation and Spectral Features [J]. International Journal of Geo - Information, 2018, 7 (6): 224.

[106] EJIEJI, C. J., GOWING, J. W. Real - time scheduling of supplemental irrigation for potatoes using a decision model and short - term weather forecasts [J]. Agricultural Water Management, 2001, 47 (2): 137 - 153.

[107] FAN Z. X., THOMAS A. Decadal changes of reference crop evapotranspiration attribution: Spatial and temporal variability over China 1960 - 2011 [J]. Journal of Hydrology, 2018: 461 - 470.

[108] FAO. The Future of Food and Agriculture: Alternative pathways to 2050; Food and Agriculture Organization of the United Nations Publications: Rome, Italy, 2018; 224.

[109] FENG, Y., CUI, N., CHEN, Y., et al. Development of data - driven models for prediction of daily global horizontal irradiance in Northwest China [J]. Journal of Cleaner Production, 2019, 223: 136 - 146.

[110] GAO, Q., ZRIBI, M., ESCORIHUELA, M. J., et al. Irrigation mapping using Sentinel - 1 time series at field scale [J]. Remote Sensing. 2018, 10, 1495. doi: 10. 3390/rs10091495.

[111] GARCIA M., RAES D., ALLEN R. G., et al. Dynamics of reference evapotranspiration in the Bolivian highlands (Altiplano) [J]. Agriculture and Forest Meterology, 2006, 125: 67 - 82.

[112] GUSSO A., DUCATI J. R. Algorithm for Soybean Classification Using Medium Resolution Satellite Images [J]. Remote Sensing, 2012, 4 (10).

[113] HAO P., WANG L., ZhENG N. et al. The Potential of Time Series Merged from Landsat - 5 TM and HJ - 1 CCD for Crop Classification: A Case Study for Bole and Manas Counties in Xinjiang, China [J]. Remote Sensing, 2014, 6 (8): 7610 - 7631.

[114] HART W E, PERI G, SKOGERBOE G V. Irrigation performance: an evaluation [J]. Journal of the Irrigation and Drainage Division, 1979, 105 (3): 275 - 288.

[115] HARTFIELD K. A., MARSH S. E., KIRK C. D. et al. Contemporary and historical classification of crop types in Arizona [J]. International Journal of Remote Sensing, 2013, 34 (17):

[116] IMMITZER M., VUOLO F., ATZBERGER C. First Experience with Sentinel - 2 Data for Crop and Tree Species Classifications in Central Europe [J]. Remote Sensing, 2016, 8 (3).

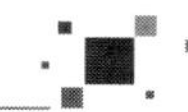

[117] JABLOUN M, SAHLI A. Evaluation of FAO－56 methodology for estimating reference evapotranspiration using limited climatic data application to Tunisia [J]. Agricultural Water Management, 2008, 95: 707－715.

[118] JI S., ChI Z., XU A. et al. 3D Convolutional Neural Networks for Crop Classification with Multi－Temporal Remote Sensing Images [J]. Remote Sensing, 2018, 10 (2): 75.

[119] JIA K., QIANGZI L. I. Review of Features Selection in Crop Classification Using Remote Sensing Data [J]. Resources Science, 2013.

[120] JIANG L, ISLAM S. A methodology for estimation of surface evapotranspiration over large areas using remote sensing observations [J]. Geophysical research letters, 1999, 26 (17): 2773－2776.

[121] JIN, N., TAO, B., REN, W., et al. Mapping irrigated and rainfed wheat areas using multi－temporal satellite data. Remote Sens. 2016, 8, 207. doi: 10.3390/rs8030207.

[122] KAICUN WANG, ZhANQING LI, M. CRIBB. Estimation of evaporative fraction from a combination of day and night land surface temperatures and NDVI: A new method to determine the Priestley－Taylor parameter [J]. Remote Sensing of Environment. 2006 (3).

[123] KAMTHONKIAT, D., HONDA, K., TURRAL, H., et al. Discrimination of irrigated and rainfed rice in a tropical agricultural system using SPOT vegetation NDVI and rainfall data. Int. J. Remote Sens. 2005, 26, 2527－2547. doi: 10.1080/01431160500104335.

[124] KELLER A A, SECKLER DW, KELLER J. Integrated Water Resource Systems: Theory and Policy Implications [R]. Research Report no. 3, IWMI, Colombo, Sri Lanka, 1996, 14.

[125] KIM, YEOM. Effect of red－edge and texture features for object－based paddy rice crop classification using RapidEye multi－spectral satellite image data [J]. International Journal of Remote Sensing, 2014, 35 (19).

[126] KUSSUL N., LAVRENIUK M., SKAKUN S. et al. Deep Learning Classification of Land Cover and Crop Types Using Remote Sensing Data [J]. IEEE Geoscience and Remote Sensing Letters, 2017, (99): 1－5.

[127] LANDERAS G., ORTIZ－BARREDO A., LOPEZ J J. Forecasting weekly evapotranspiration with ARIMA and artificial neural network models [J]. Journal of Irrigation and Drainage Engineering, 2009, 135 (3): 323－334.

[128] LAWSTON, P. M., SANTANELLO Jr, J. A., HANSON, B., et al. Impacts of Irrigation on Summertime Temperatures in the Pacific Northwest. Earth Interactions, 2020, 24, 1－26. doi: 10.1175/EI－D－19－0015.1.

[129] LIN C., QING－SHENG L., CHONG H. et al. Monitoring of winter wheat distribution and phenological phases based on MODIS time－series: A case study in the Yellow River Delta, China [J]. Journal of Integrative Agriculture, 2016, 15 (10): 2403－2416.

[130] LIU J., FENG Q., GONG J. et al. Winter wheat mapping using a random forest classifier combined with multi－temporal and multi－sensor data [J]. International Journal of

Digital Earth, 2018, 11 (8).

[131] LÖW F., MICHEL U., DECH S. et al. Impact of feature selection on the accuracy and spatial uncertainty of per - field crop classification using Support Vector Machines [J]. ISPRS Journal of Photogrammetry and Remote Sensing, 2013, 85.

[132] LUO, Y., CHANG, X., PENG, S., et al. Short - term forecasting of daily reference evapotranspiration using the hargreaves - samani model and temperature forecasts [J]. Agricultural Water Management, 2016, 136 (2), 42 - 51.

[133] MC CA BE M. F., WOOD E. F. Scale influences on the remote estimation of evapotranspiration using multiple satellite sensors [J]. Remote Sensing of Environment, 2006, 105 (4): 271 - 285.

[134] MRINAL S., WU B., ZHANG M. An Object - Based Paddy Rice Classification Using Multi - Spectral Data and Crop Phenology in Assam, Northeast India [J]. Remote Sensing, 2016, 8 (6): 479.

[135] NATIONAL RESEARCH COUNCIL (NRC). Opportunities in the Hydrologic Sciences [M]. Washington D C: National Academy Press, 1990.

[136] PATWARDHAN A. S., NIEBER J. L., JOHNS E. L. Effective rainfall estimation methods [J]. Journal of Irrigation and Drainage Engineering, 1990, 116 (2): 182 - 193.

[137] PERRY C. J. Efficient irrigation; inefficient communication; flawed recommendations [J]. Irrigation and Drainage, 56 (2007): 367 - 378.

[138] QIU B., LI W., TANG Z. et al. Mapping paddy rice areas based on vegetation phenology and surface moisture conditions [J]. Ecological Indicators, 2015, 56:

[139] RICHARD G. ALLEN, MASAHIRO TASUMI, RICARDO TREZZA. Satellite - Based Energy Balance for Mapping Evapotranspiration with Internalized Calibration (METRIC) —Model [J]. Journal of Irrigation and Drainage Engineering. 2007 (4).

[140] ROERINK G, et al. S - SEBI: A simple remote sensing algorithm to estimate the surface energy balance [J]. Physics and Chemistry of the Earth, Part B: Hydrology, Oceans and Atmosphere, 2000, 25 (2): 147 - 157.

[141] SHARMA, A. K., HUBERT - MOY, L., BUVANESHWARI, S., et al. Irrigation history estimation using multitemporal landsat satellite images: Application to an intensive groundwater irrigated agricultural watershed in India [J]. Remote Sensing. 2018, 10, 893. doi: 10.3390/rs10060893.

[142] THENKABAIL P. S., BIRADAR C. M., NOOJIPADY P. et al. Global irrigated area map (GIAM), derived from remote sensing, for the end of the last millennium [J]. International Journal of Remote Sensing, 2009, 30 (14): 3679 - 3733.

[143] TRAJKOVIC S., TODOROVIC B., STANKOVIC M. Forecasting of reference evapotranspiration by artificial neural networks [J]. Journal of Irrigation and Drainage Engineering, 2003, 129 (6): 454 - 457.

[144] TUINENBURG, O. A.; dE VRIES, J. P. R. Irrigation patterns resemble ERA - Interim Reanalysis soil moisture additions. Geophys. Res. Lett. 2017, 44, 10 - 341. doi:

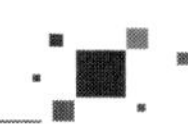

10.1002/2017GL074884.

[145] US Interagency Task Force. Irrigation Water Use and Management [R]. US Gov' t. Printing Office: Washington DC, USA; 1979, 143.

[146] VENN B J, JOHNSON D W, POCHOP J O. Hydrologic impacts due to changes in conveyance and conversion from flood to sprinkler irrigation practices [J]. Journal of Irrigation and Drainage Engineering. 2004, 130 (3): 192-200.

[147] HATFIELD J L, DOLD C. Water-use efficiency: advances and challenges in a changing climate [J]. Frontiers in Plant Science, 2019, 10: 103.

[148] W. G. M. BASTIAANSSEN, E. J. M. NOORDMAN, H. PELGRUM, et al. SEBAL Model with Remotely Sensed Data to Improve Water-Resources Management under Actual Field Conditions [J]. Journal of Irrigation and Drainage Engineering. 2005 (1).

[149] WALLACE J. S. Increasing agricultural water use efficiency to meet future food production [J]. Agriculture, Ecosystems and Environment, 2000, 82 (1).

[150] WALLENDER W W, GRISMER M E. Irrigation hydrology: crossing scales [J]. Journal of Irrigation and Drainage Engineering, 2002, 128 (4): 203-211.

[151] WANG Z., XIE P., LAI C. et al. Spatiotemporal variability of reference evapotranspiration and contributing climatic factors in China during 1961-2013 [J]. Journal of Hydrology, 2017, 544.

[152] WOLTERS W. Influences on the efficiency of irrigation water use [M]. International Institute for Land Reclamation and Improvement (IILRI). Publications no. 51, Wageningen, The Netherlands, 1992, 150.

[153] XIA Z, WANG X, CAO G, et al. Crop Identification by Using Seasonal Parameters Extracted from Time Series Landsat Images in a Mountainous Agricultural County of Eastern Qinghai Province, China [J]. Journal of Agricultural Science, 2017, 9 (4): 116.

[154] XIONG, Y., LUO, Y., WANG, Y., et al. Forecasting daily reference evapotranspiration using the Blaney-Criddle model and temperature forecasts [J]. Archives of Agronomy and Soil Science, 2016, 62 (6): 790-805.

[155] XU Y., XU Y., WANG Y. et al. Spatial and temporal trends of reference crop evapotranspiration and its influential variables in Yangtze River Delta, eastern China [J]. Theoretical and Applied Climatology, 2017, 130 (3-4).

[156] XU, H. Modification of normalised difference water index (NDWI) to enhance open water features in remotely sensed imagery. Int. J. Remote Sens. 2006, 27, 3025-3033. doi: 10.1080/01431160600589179.

[157] YANG H., YANG D. Climatic factors influencing changing pan evaporation across China from 1961 to 2001 [J]. Journal of Hydrology, 2011, 414:

[158] YANG, Y., CUI, Y., LUO, Y., et al. Short-term forecasting of daily reference evapotranspiration using the pemnan-monteith model and public weather forecasts [J]. Agricultural Water Management, 2016, 177, 329-339.

[159] ZHANG H., LI Q., LIU J. et al. Corrections to "Image Classification Using RapidEye Data: Integration of Spectral and Textual Features in a Random Forest Classifier" [J].

IEEE Journal of Selected Topics in Applied Earth Observations and Remote Sensing, 2018.

[160] ZOEBL D. Is water productivity a useful concept in agricultural water management [J]. Agricultural Water Management, 84 (2006): 265－273.

[161] ZOHAIB, M. , KIM, H. , CHOI, M. Detecting global irrigated areas by using satellite and reanalysis products. Sci. Total Environ. 2019, 677, 679－691. doi: 10.1016/j. scitotenv. 2019. 04. 365.